生物能源

（下册）

（美）安瑞·达西亚　主编

艾莉　李桂英　韩粉霞　李博涵　译

冯志杰　校

中国三峡出版传媒

中国三峡出版社

图书在版编目（CIP）数据

生物能源 . 下册 /（美）安瑞·达西亚主编；艾莉等译 . — 北京：中国三峡出版社，2017.1

书名原文：Bioenergy

ISBN 978-7-80223-980-7

Ⅰ.①生… Ⅱ.①安… ②艾… Ⅲ.①生物能源—研究 Ⅳ.① TK6

中国版本图书馆 CIP 数据核字 (2017) 第 018254 号

This edition of **Bioenergy: Biomass to Biofuels** by **Anju Dahiya** is published by arrangement with **ELSEVIER INC.,of 360 Park Avenue South,New York,NY 10010,USA**

由 **Anju Dahiya** 创作的本版 **Bioenergy:Biomass to Biofuels**
由位于**美国纽约派克大街南** 360 **号，邮编** 10010 **的爱思唯尔公司**授权出版

北京市版权局著作权合同登记图字：01-2017-7655 号

中国三峡出版社出版发行

（北京市西城区西廊下胡同 51 号　100034)

电话：(010) 57082566　57082645

E-mail:sanxiaz@sina.com

北京环球画中画有限公司印刷　新华书店经销

2018 年 1 月第 1 版　2018 年 1 月第 1 次印刷

开本：787×1092　1/16　印张：17　字数：315 千字

ISBN 978-7-80223-980-7　定价：60.00 元

目　录

1

第六篇　生物燃料的经济学、可持续性与环境政策

第七篇　测验与自测问题

第五篇　生产具有成本效益的生物燃料的转化途径

　　正如本部分描述，多种生物质转化途径已经在商业规模（如加氢处理）上进行了尝试。许多将生物质转化为碳氢燃料和通向随意添加燃料中间体的研发正在进行中。比如，美国生物能源技术办公室描述的转化途径有：糖生物转化成碳氢化合物，将糖催化升级为碳氢化合物，藻脂升级，全藻水热液化，快速热解升级和加氢处理，非原位催化快速热解，原位催化快速热解，合成气升级成碳氢燃料。本部分对很多转化进行了描述。

　　第五部分是关于转化途径的描述，共有 7 章，包括转酯化转化生物柴油、乙醇生产、热解、多种生化技术（水解和酶解等）以及与生物炼制整合的技术。案例研究包括生物柴油生产过程、沼气和木质纤维素生物质的真菌降解。

　　第 20 章（生物柴油生产）对生物柴油生产进行了概述，提到了一些生物柴油生产中的重点，涵盖生物柴油生产过程，包括原料选择，生物柴油生产中所用催化剂，生物柴油生产工艺，比如分批加工，连续加工，高游离脂肪酸系统，共溶剂系统—biox 工艺，非催化剂系统—超临界系统，工艺参数的作用，后反应加工（酯/甘油分离，洗酯，酯干燥，其他酯处理，酯的加成反应）。还包括副产物的处理回收，脂肪酸组成和总甘油/游离甘油，高游离脂肪酸原料的预处理，最后总结了生物柴油生产。

　　第 21 章 （转酯化）为学生提供了一个在实验室规模的，实质上像工业生产一样的制作生物柴油的方法。利用碱催化途径将甘油三酯（大豆油）转酯化生产脂肪酸甲酯（FAME）（生物柴油），为从高中到大学高年级的学生提供了一个合成和部分鉴定一种替代燃料的简单有效的动手演示和等例。它增加了更为详细的鉴定方法使实验更适合大学水平的化学专业。

　　第 22 章（全藻生物质原位转酯化合成脂肪酸甲酯作为生物燃料的原料）讨论了使用不同催化剂和催化剂组合的脂类产量（以 FAMEs 量计算），用酸性催化剂盐酸获得了一致地高水平 FAMEs 转化。讨论紧跟着联系到这种工艺全生物质转化途径的大规模应用。描述了以微藻为核心的脂生物燃料应用技术以及可再生和生物柴油燃料特性。还描述了油藻全生物质原位转酯化及其催化剂选择，利用原位转酯化进行微藻生物质油脂含量的鉴定分析。

　　第 23 章 （如何用玉米生产燃料乙醇）描述了燃料乙醇，酵母在乙醇发酵中的作用，玉米作为乙醇原料，乙醇工业生产，它包括湿法和干法乙醇工艺步骤（粉碎、液化、糖化、发酵、蒸馏和回收）。最后，在结论前描述了乙醇生产中的能源消耗。

　　第 24 章（小规模评价生物质生物转化成燃料和化学品的方法）描述生物质处理，包括机械处理、不处理、化学/热处理（酸预处理、中性预处理、碱预处理）、有机预处理（离子液预处理、有机溶剂预处理）、生物预处理。还包括了生物质预处理和分析的典型方法程序。以小规模预处理为例，描述了小规模生物质发酵的方法，包括的例子有同时糖化发酵、分别水解和发酵、联合生物处理和发酵抑制物的鉴定。

第25章（降低酶成本，利用酶的优势和全新组合，可以改进生物燃料生产，提高成本效益）提供国家可再生能源实验室的三个简介。第一个简介探讨了与两个领先的酶公司（杰能科和诺维信）合作的有关酶的工作。从最初生产每加仑乙醇的酶成本4—5美元，这个团队使成本下降。这一研究的重要意义在2014年得到R&D杂志认可，获得"RD100"的奖项，即年度100项最重要的创新之一。第二个简介描述了混合完全不同的酶系，可比单一系统更快、更有效地降解纤维素。第三个简介中，该团队分离了一个具有全新纤维素消化机制的高活性纤维小体，代表了一个新的明显不同的纤维素消化的范例。

第26章（木质纤维素生物质热解：油、碳和气）描述生物质热解，这是个非常复杂的系统，涉及同步固态热转移、固相化学反应、液体蒸发和热喷射、液相反应、通过固体骨架的水汽质量转移以及水汽相反应。开始认识这些相互作用的最佳起点是看木质纤维素材料的结构和化学组成，然后，详细描述木质纤维素结构和热解化学作用，还有生物质热解策略，即慢热解：焦炭途径，快速热解：油途径。还包括产品使用方法和应用，液体燃料生产、生物油升级、生物油生产的有用化学品等内容。

第27章（可持续航空生物燃料：一种开发利用的成功模式）以"航空替代燃料2006年简况"："如果你的家庭是航空公司，那会怎么样？"作为开端。然后，"航空替代燃料2013简况"：可持续运输燃料方面公认的领导，可持续进步的关键方法——创造"新燃料动力"，优化燃料认证过程和解决途径，对替代燃料研发进行综合风险管理，组织促进综合环境效益的评估。最后，通过令人振奋的新型生物燃料行业产品的开发，对可持续航空生物燃料独特的苛刻要求的确正在获得满足。

第28章（尖端生物燃料转化技术整合到基于石油的基础设施和整合生物炼制）描述了生物燃料、生物柴油和可再生柴油，他们与石化柴油有哪些区别，将生物燃料转化为柴油燃料的加工途径，FAMEs作为替代现有基础设施中柴油燃料的挑战，生物燃料存在氧引起的问题及可能的解决方案。这些过程包括水热加工、间接液化、加氢处理等工艺，以及加氢处理柴油产品的燃料特性。还描述了这些工艺与现有炼制的整合，或者形成新的整合生物炼制，实现生物燃料商业化，达到行业标准。也介绍了对美国乙醇生产和FAMEs运输的最大能源公司的个例研究和生物柴油的效益。探讨了可再生柴油的商业化，加氢处理可再生飞机燃料，未来生物原油的利用和共处理方面的关注，整合生物炼制和生物炼制厂共置。

第29章（生物燃料转化途径服务性学习项目和案例研究）包括将废餐油转化为生物柴油的教育实践，利用磁铁矿粉提高废水沼气原料的收获，真菌降解木质纤维素生物质。

第二十章
生物柴油生产

Rudy Pruszko

美国爱荷华迪比克生物燃料顾问

20.1 引 言

本章对生物柴油生产进行了概述，触及一些生物柴油生产中的重点，资料节选自 Van Gerpen 等（2004）。虽然只涉及生产生物柴油所需的总体知识和细节的小部分，但仍可让读者认识一些生物柴油生产中所使用的概念。在试图生产生物柴油之前，需要更完整地理解生物柴油及其生产，这可从书籍《建设一个成功的生物柴油行业》（Van Gerpen 等，2006）获得，该书提供的见解构成了本章。

20.2 生产过程

这部分概括了生物柴油生产的步骤，从原料准备到脂肪酸甲酯（生物柴油）和副产品甘油的回收、纯化。我们将评述转酯化和酯化所用的一些化学过程，以及产物制备和纯化的不同方法。

本文着重强调原料选择、生产能力、基本过程化学的选择与运转模式、工厂设计和所用技术。本文没有青睐特别的加工技术，只是尽力对目前行业里正在使用和发展的主要方法进行了描述。

20.2.1 生物柴油生产所用原料

生物柴油生产中使用的主要原料有植物油、动物脂肪和回收的油脂。这些材料含有甘油三酯，游离脂肪酸和其他污染物，这取决于转化前它们所受预处理的程度。由于生物柴油是单烷基脂肪酸酯，因此，用于形成酯的主要醇是另一主要原料。

制造生物柴油的绝大多数过程中都使用催化剂启动转酯化和酯化反应。催化剂充当增溶剂，是启动反应所必需的。需要增溶剂是因为醇较少溶于油相，非催化反应极慢。催化剂可增加醇的溶解性，使反应以合理的速率进行。最常见的转酯化催化剂是强无机碱，如氢氧化钠、氢氧化钾、甲醇钠或甲醇钾。转酯化完成后，碱催化剂主要积累在甘油副产品相。在均匀酯化反应中所用的无机酸催化剂倾向于积累在酸—醇—水相。

通过转酯化制造生物柴油所有化学品的典型比例见下表 20-1。

表 20-1　典型化学比例

反应物	脂或油（比如 100kg 大豆油）
	主要醇（如 10kg 甲醇）
催化剂	无机碱（如 0.3kg 氢氧化钠）
中和剂	无机酸（如 0.25kg 硫酸）

20.2.1.1　脂或油

生产生物柴油所用油脂的选择即是过程化学决定的，也是经济决定的。就过程化学而言，油脂选择的最大差异是和甘油三酯相关的游离脂肪酸的量。其他污染物，比如呈色物质和气味物质，会降低所产甘油的价值，如果燃料中持续有颜色和气味，会降低公众对燃料的接受程度。

大多数植物油有较低比例的相关游离脂肪酸。粗植物油含有一些游离脂肪酸和磷脂。磷脂可在脱胶环节去除，游离脂肪酸可在精炼环节去掉。采购的油可以是粗油、脱胶油或者是精炼油。油脂种类和质量的选择影响所需的生产技术。

动物脂和回收（黄色）脂肪具有很高水平的游离脂肪酸。黄色油脂限于 15% 游离脂肪酸，是一种贸易商品，通常加工成动物或宠物食品。在原料准备章节描述了黄色油脂的标准。地沟油来自厨房下水道的 TRAP，这些油脂可能含 50%—100% 游离脂肪酸，这样的油脂没有市场，大部分被送到垃圾填埋场。地沟油还未用于生产生物柴油，有些技术挑战尚未完全解决，比如难于破乳（胶），细泥会引起设备磨损。含水量高、很浓的呈色和呈味物质影响生物柴油和甘油产物。还有些相关的存在于燃料中的少量其他污染物，如杀虫剂。

甘油三酯的选择有很多。植物油源的油有：大豆、油菜、棕榈等。动物脂肪有渲染操作产品，包括牛油、猪油、禽脂、鱼油。黄色油脂可能是植物油和动物油的混合物。还有其他没人要的、比较便宜的甘油三酯资源，比如棕色油脂和皂料。游离脂肪酸含量影响所用生物柴油工艺的种类和该工艺燃料的产量。存在的其他污染物可能会影响生产符合标准产品所用某一反应化学所需原料的准备程度。

20.2.1.2 醇

生物柴油生产中最常用的醇是甲醇，虽然也用其他醇如乙醇、异丙醇和丁醇。醇的一个关键质量因子是含水量（<0.08wt%）。水干扰转酯化反应，可能导致最终产物中产酯量很低或根本没有酯，而皂、游离脂肪酸、甘油三酯的水平很高。不幸的是，所有低级醇都是吸湿性的，因此，能够从空气中吸水。

许多醇已被用于制造生物柴油。只要产物酯达到美国测试与材料协会的标准ASTM D6751，工艺中用什么醇都一样。其他的问题，比如醇的成本、反应所需醇的量、醇回收再利用的难易、燃料税抵免以及全球变暖，都会影响醇的选择。一些醇对生产过程也需要稍微进行技术修改，比如提高工作温度，延长或延缓的混合时间，或者降低混合速度。因为形成酯的反应是在摩尔基础上的，因此我们按体积购买醇。他们的特性使其原料价格具有显著差异。与1摩尔甘油三酯发生完全反应需要3摩尔醇。今天，1加仑甲醇0.61美元，含有93.56克分子甲醇，折合每克分子0.00652美元。相比之下，1加仑乙醇，目前价格是1.45美元/加仑，合0.02237美元/克分子，也就是高3.4倍。

此外，一个碱催化过程通常使用操作摩尔比6:1的醇，而不是反应所需的3:1。多用醇的原因是它利用了质量作用定律，驱使反应达到燃料级生物柴油总甘油标准所需的接近99.7％产出。未被利用的醇必须回收再循环到过程中，使运行成本和对环境影响最小化。甲醇比乙醇容易回收得多，因为乙醇和水形成共沸混合物，使之回收时将其纯化到所要求的干性比较昂贵。如果不把水去除，将会干扰反应。甲醇回收更容易些，因为它不形成共沸混合物。

就是因为这两种因素，使得即使甲醇更有毒，它仍然是生产生物柴油中的优选醇类。甲醇闪点10度，乙醇的闪点是8度，所以两者都被认为高度易燃。永远不要让甲醇接触皮肤、眼睛或者通过呼吸接触，因为它很容易被吸收，过度暴露在甲醇下，可能引起失明或其他健康问题甚至死亡。

甲醇确实也存在可变的定价结构。当强制减少冬季汽油引擎甲基叔丁基醚（MTBE）排放时，该材料的世界产能显著扩大。过剩的产能和需求的崩溃，导致2002年年初甲醇价格只有0.31美元/加仑。然而，2002年7月下旬，生产/消费水平重新得到平衡，甲醇价格翻倍，回到更为典型的价格0.60美元左右/加仑。

醇质量要求是没有变性和无水。由于化学级醇通常用有毒物质变性去避免误用，很难找到未变性的醇。如果可能的话，购买用甲醇变性的醇。

20.2.1.2 催化剂和中和剂

催化剂可以是碱、酸或者酶。将甘油三酯转化为生物柴油最常用的是催化剂材料有氢氧化钠、氢氧化钾和甲醇钠。大多数碱催化系统使用植物油作为原料。如果植物油是初榨的，含有少量（<2% 游离脂肪酸），会形成皂出现在粗甘油中。精炼原料，比如精炼大豆油，也可用碱催化剂。

碱催化剂是高度吸湿性的，当溶于醇反应物时，他们形成化学水，他们也会在贮藏过程中从空气中吸收水分。如果吸收太多水分，催化剂表现不佳，生物柴油可能达不到总甘油标准。

虽然酸催化剂也可用于转酯化，但对于工业化过程来说，一般认为它们太慢。酸催化剂更常用于游离脂肪酸的酯化。酸催化剂包括硫酸和磷酸。在一个实验的均相催化过程中，使用了固态碳酸钙作酸催化剂。这个酸催化剂和甲醇混合，然后，将混合物加到游离脂肪酸中或者含有高水平游离脂肪酸的原料中。游离脂肪酸转变成生物柴油。反应过程结束需要对酸进行中和，但加入碱催化剂转化剩余的甘油三酯时，即可完成这步。

人们对于使用脂肪酶作为催化剂生产烷基脂肪酸酯的兴趣一直不断。一些酶作用于甘油三酯，将其转化为甲酯，一些酶作用于脂肪酸。酶的商业化应用目前限于能源成本高的国家如日本，或者用于用特种脂肪酸生产特别化学品。酶的商业化应用还很有限，因为成本高、反应速度慢、甲酯产量低于燃料级生物柴油所要求的99.7 %。人们正在考虑将酶用于脂肪酸转化为生物柴油中的预处理，但该系统目前尚未商业化。

中和剂用于从生物柴油和甘油产品中去除碱催化剂或酸催化剂。

如果你使用碱催化剂，那么中和剂通常是酸，反之亦然。如果生物柴油要清洗，中和剂可加到洗涤水中。如前面介绍的那样，通常选择盐酸中和碱催化剂，如果使用磷酸，得到的盐具有作为肥料的价值。

20.2.1.3 催化剂的选择

碱催化剂基本上用于所有植物油加工厂。最初的游离脂肪酸和水含量一般较低。游离脂肪酸含量高于牛脂和油脂约 1%，开始碱催化反应前必须进行预处理，去掉游离脂肪酸，或者将 FFA 转化成酯。否则，碱催化剂会和游离脂肪酸反应，形成脂肪酸盐（皂）和水。形成皂的反应非常快，酯化还未开始就结束了。

目前所有的生物柴油商业生产者基本上都使用碱催化反应。碱催化反应相当快，根据温度、浓度、混合度和醇 / 甘油三酯的比例，停留时间大约 5 分钟至 1 小时。大部分使用 NaOH 或 KOH 作为催化剂，但甘油精炼者更喜欢 NaOH。虽然 KOH 成本较高，但当产物用磷酸中和时，钾可以以磷酸钾的形式沉淀，可作为肥料。但这会因为对磷排放的限制，使废水排放达到标准有些困难。

甲醇钠，通常是 25 %（W/W）甲醇溶液，是比 NaOH 甲醇混合液更强的催化剂。

这似乎部分因为 NaOH 和甲醇反应形成甲醇钠产生的化学水的负效应。

酸催化剂系统的特征是反应速度慢、要求醇甘油三酯比例高（20:1 或更高）。一般来说，酸催化反应用于转化 FFAs 为酯，或者将皂转化为酯，作为高游离脂肪酸原料的预处理步骤。据报道，停留时间是 10 分钟到约 2 小时。

逆流酸酯化系统数十年一直用于转化纯脂肪酸流成为甲酯，产率 99 % 以上。这些系统倾向于促使产率达到 100 %，同时将水洗出系统，因为原料和硫酸／甲醇混合物向相反方向移动。酸酯化系统产生一种副产品——水。在分批系统中，水倾向于在容器中一直积累到它可能提早关闭反应。硫酸倾向于从甲醇中迁移到水中，使之反应得不到执行。

所有酸酯化系统都需要一个水分管理策略。好的水管理可使反应所需甲醇量最小化，在分批反应中，一般需要过量的甲醇（如 20:1），因为有水分积累。另一个策略是让反应分两步走：新鲜甲醇和硫酸反应后去除，换上更新鲜的反应物。第一轮去掉大部分水，第二轮新鲜的反应物驱使反应接近完成。关于酸催化酯化在高 FFA 原料预处理一章有较为详细的讨论。

酯酶催化反应具有室温反应，不需要生产消费催化剂的优点。酶可以回收再利用，或者固定在一种基质上。如果固定的话，当产率开始下降时，需要更换基质。酶反应是高度特异性的。因为醇对某些酶是抑制性的，典型的策略是分三步喂入醇，每次均按 1:1 的比例。反应非常慢，分三步需要 4—40 小时，或更长。反应条件适中，温度为 35—45 度。转酯化产量一般达不到 ASTM 标准，但酯化产量出现的相当快而且产量好。多余的游离脂肪酸可以在后面的转酯化或者碱溶出环节以皂的形式去掉。

20.2.2 生物柴油生产工艺选择

20.2.2.1 批量加工

生产醇酯最简单的方法是使用一个分批搅拌的罐反应器。据报道，醇／甘油三酯比例从 4:1 到 20:1(摩尔／摩尔)，以 6:1 最常见。反应器是可以密封的，或者装备回流冷凝器。运行温度通常是大约 65 度，虽然从 25 到 85 度的温度都有报道。

最常用催化剂是 NaOH，也有用 KOH 的。典型的催化剂用量是在油质重量的 0.3 %—1.5 %。

反应开始时，需要彻底混合，使油、催化剂和醇密切接触。临近反应终点时，减少搅拌可促进增加反应程度，使抑制性产物甘油从酯—油相中分相。有报道单一一步即可完成 85 %—94%。

一些研究小组使用两步反应，在两步间去掉甘油，使最终反应程度增加到 98

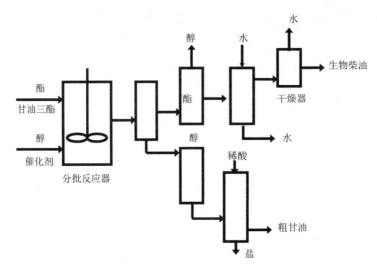

图 20-1　反应过程

% 以上。较高的温度和较高的醇 / 油比例也可以提高反应百分率。典型的反应时间从 20 分钟到 1 小时。

图 20-1 显示典型分批系统的工艺流程图。首先将油载入系统，然后加入催化剂和甲醇。反应时进行搅拌，然后，停止搅拌。在某些工艺里，允许反应混合物在反应器中沉淀，进行酯和甘油的初步分离。在其他工艺里，则将反应混合物抽到沉淀容器中或者用离心机分离。

使用蒸发器或者闪光单元从甘油流和酯流中去除甲醇。用温暖的稍酸性水轻轻洗涤酯，去掉剩余的甲醇和盐，之后干燥。然后，最终的生物柴油转到储存。甘油流可以中和，然后送到甘油精炼部门。

对于黄色油脂和动物脂肪，需要对系统稍加修改，增加酸酯化容器和酸催化剂的存储。有时在填充酸酯化罐前对原料进行脱水（含水量降至 0.4 %）并过滤。加入硫酸甲醇混合物，然后搅拌。使用与转酯化相似的温度，有时给系统加压，或者添加助溶剂。这是不产生甘油的。如果采用两步酸处理，要暂停搅拌，一直到甲醇相分离并去掉，加入新鲜甲醇和硫酸，再恢复搅拌。

一旦脂肪酸到甲酯的转化达到平衡，通过沉淀或者用离心机把甲醇 / 水 / 酸混合物去掉。对残余的混合物进行中和或者直接送去转酯化，利用多余的碱催化剂进行中和。在转酯化这步，所有残余的游离脂肪酸都被转化成皂。转酯化各阶段的过程如上所述。

20.2.2.2 连续过程系统

分批过程一个流行的变异是串联使用连续搅拌罐反应器（CSTR）。CSTR 体积可以变化，可以在第一反应器停留时间更长，以取得更大程度的反应。当轻轻倒出初形成产物甘油后，CSTR2 中的反应相当快，反应完成 98% 以上的情况很常见。

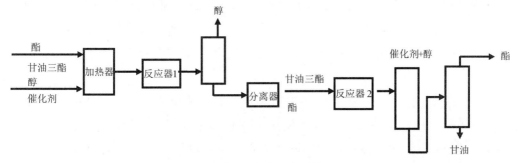

图 20-2 塞流反应系统

设计 CSTR 时一个必须因素，是充分混合，以确保整个反应器的成分基本上持续不变，也有增加酯相中甘油产物弥散的作用。因此，相分离所需时间可能会延长。

有几个工艺，用泵或者静止混合器进行剧烈搅拌，来启动酯化反应。大多数转酯化反应都是在管式反应器中进行，在反应器中通常有混合装备。反应混合物经过连续活塞中的反应器，几乎不进行轴向混合。这种反应器称为塞流反应器（PFR），表现为好像是一系列小的串联在一起的 CSTR。

因此，一个连续系统要求的停留时间相当短，短到 6—10 分钟即完成反应。PFRs 可以分阶段，期间轻轻倒出甘油。这种类型的反应器经常在高温高压下运行，以增加反应速度。PFR 系统如图 20-2 所示。

20.2.2.3 高游离脂肪酸系统

如果将高游离脂肪酸原料加到碱催化系统中，会和催化剂反应形成皂。在碱催化系统中，可接受的游离脂肪酸的最大量是大约油重的 2%，以小于 1% 为好。一些利用高游离脂肪酸原料的工艺利用这个概念把游离脂肪酸从原料中提炼出来进行处理，或者在酸酯化设备中进行分离处理。向原料中加入苛性碱，将得到的皂用离心机分离出来，或者将水抽出来。这个过程被称为碱溶出。

一些甘油三酯在碱溶出时会随皂损失掉。可以用酸化皂混合物回收脂肪酸和分离反应罐丢失的油。将精炼油脱水后，输送到转酯化设备进行进一步加工。以这种方式去掉的游离脂肪酸不仅不会浪费，还可以用酸酯化过程转化成甲酯。如前面所述，酸催化工艺可用于直接酯化高 FFA 原料的游离脂肪酸。比较便宜的原料，如牛脂或者黄脂其特点就是富含 FAAs。牛脂和黄脂的标准是 FFA 小于 15%，但许多都超过这个标准。

高游离脂肪酸的直接酸酯化需要在反应期间去除水分，不然反应会提早终止。

还有，通常需要较高的醇 /FFA 比例，通常在 20/1 到 40/1 之间。根据所用工艺，直接酯化还需要大量酸催化剂。

FFAs 和甲醇的酯化反应产生的副产品水必须去除，但是脱水后得到的酯和甘油三酯的混合物可直接用于常规碱催化系统。水分可通过蒸发、沉淀或者离心，以甲醇—水分混合物的形式除去。逆流连续流动系统会随着现有的酸甲醇流洗去水分。

酸催化系统有一种方法一直使用磷酸作为初始催化剂，基础步骤是用多余的 KOH 中和碱，然后用磷酸中和直到结束。回收不可溶的磷酸钾，经过冲洗、干燥之后作为肥料。图 20-3 显示典型的酸催化直接酯化过程。

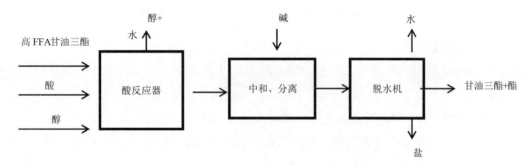

图 20-3　酸催化直接酯化过程

有一个利用高 FFA 原料的替代方法，是用碱催化剂故意让 FFAs 形成皂，然后回收皂，将油脱水后用于常规碱催化系统。

这种策略可能导致一种虚假的经济意识。如果丢弃皂料，原料的有效价格与残余油的百分比成反比地增加。然而，皂料可以利用酸催化反应转化成酯。这个策略的问题是皂料系统含有大量水分，必须去掉才能使产物酯达到生物柴油的标准。皂料工艺如图 20-4 所示。

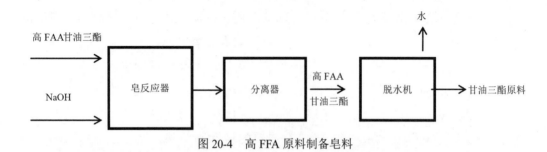

图 20-4　高 FFA 原料制备皂料

处理高 FFA 原料另一种方法是将原料水解成纯 FFA 和甘油。通常在逆流反应器中使用硫酸 / 磺酸和蒸汽完成。产物是纯游离脂肪酸和甘油。原料中的任何污染物大部分都在甘油中，一些可能留在水 / 气排出物中。一些污染物继续留在 FAA 中，根据工艺和产物标准可以去除或留下。然后， 将纯 FFA 在另一个逆流反应器中进行酸酯化，将其转化为甲酯。然后，将甲酯中和、脱水，产率约 99%。该工艺的设备必须抗酸，但一般原料成本非常低。

碱催化系统的一个变型为避免高 FFAs 问题，是使用一个固定床以及不可溶的碱。这一系统有个例子，是使用碳酸钙作为催化剂，已经在实验室规模进行了示范。该工艺如图 20-5 所示。

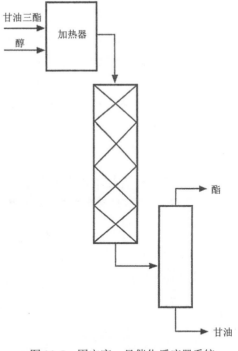

图 20-5　固定床，见催化反应器系统

20.2.3 非催化系统

20.2.3.1 BioX 方法

该方法设计了助溶剂选项，克服由于醇在甘油三酯相的低溶性引起的反应时间慢。一个正接近商业化的方法是 BioX 方法。该方法反应快，大约 5—10 分钟，在酯相和甘油相均没有催化剂残留。选择四氢呋喃（THF）作助溶剂的部分原因是它具有与甲醇非常相近的沸点。反应结束后，多余的甲醇和 THF 助溶剂一步回收。该系统需要相当低的运行温度——30 度。其他助溶剂，如 MTBE 也已经研究过。酯—甘油相分离得很干净，终产物是既没有催化剂也没有水。对于相同量的终产物，设备必须要大，因为加入了助溶剂。BioX 方法如图 19 所示。被列入危险或者空气毒害 EPA 空气污染物表格的助溶剂，整个系统都需要特别防漏设备，包括甲醇 / 助溶剂回收再利用。

严格控制逸散性排放。助溶剂必须完全从甘油和生物柴油中去除。BioX 方法如图 20-6 所示。

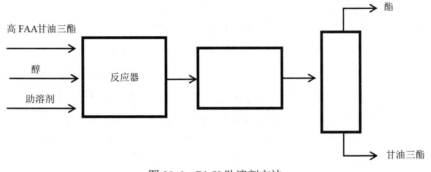

图 20-6　BioX 助溶剂方法

20.2.3.2 超临界方法

当一种液体或气体受到温度和压力超过其临界点时，会有大量非同寻常的特性表现出来。不再有明显的液相和气相，只有单一的液相存在。含有 OH 基团的溶剂，比如水或者伯醇，呈现超酸的特性。

生产酯的一个非催化方法是采用高醇/油比（42:1）。在超临界条件下（350—400 度，> 80 atm 或者 1200 psi），反应大约 4 分钟完成。资本和运行成本比其他方法大，能源消耗较高。

该方法一个有趣的例子已经在日本示范，油中加入非常过量的甲醇，加以短时很高的温度和压力。结果反应很快（3—5 分钟）形成酯和甘油。该反应必须快速终止，以至于产物不会分解。迄今为止，这项工作所用反应器是 5 mL 圆筒，将其投入熔融金属浴，然后用水终止反应。显然，虽然结果有趣，但升级成有用的工艺相当困难。图 20-7 描绘了超临界酯化过程配置构想。

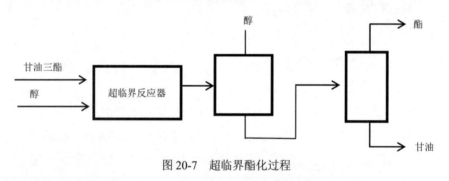

图 20-7 超临界酯化过程

20.2.4 本节小结

制作生物柴油有多种操作可供选择。其中很多可以在不同的条件和原料下以无数的方式组合。技术选择是依据期望的生产能力、原料类型和质量、醇回收、催化剂回收等决定的。生物柴油生产中的主要成本是原料成本，资本成本只占终产物成本的约 7%。

然而，一些反应系统能处理多种不同质量的原料，而其他的不能。不同酯化工艺的方法也会导致相当不同的操作要求、不同的用水要求以及不同的操作模式。

一般而言，对于生产能力较小的厂和多变的原料质量，建议采用分批系统。

一般连续系统是主要系统（连续系统/分批系统的比例是 24:7），需要较大生产能力安排更多员工，并且要求更一致的原料质量。

20.3 反应后加工

这节的目的是更为详细地描述酯化引起的酯相加工的步骤。这节将讨论从反应混合物回收酯，然后讨论达到 ASTM D6751 所需要的精炼。话题包括酯/甘油分离，酯洗涤，酯脱水，其他酯处理以及添加剂的添加。

20.3.1 酯/甘油分离

绝大部分生物柴油工艺中酯/甘油分离通常是产物回收的第一步。分离过程是基于脂肪酸醇酯和甘油少量互溶，酯相和甘油相的密度显著不同。在一相或两相存在甲醇会影响酯在甘油中的溶解性，以及甘油在酯中的溶解性。

酯洗涤这步用于中和任何参与的催化剂，去除任何酯化反应中形成的皂，去除无残留的甘油和甲醇。

必须进行酯脱水以满足对最终生物柴油中存在水量的严苛限制。此外，也有其他处理，用来降低燃料中的色体，去除燃料中的硫、磷，或者去除甘油酯。

添加剂的添加是指添加具有特别功能的材料，改变一种或多种燃料特性。例子包括浊点/流点添加剂，抗氧化物，或其他稳定增强剂。

脂肪酸醇酯的密度约 0.88gm/cc，而甘油相密度在 1.05 gm/cc 以上。甘油密度取决于甘油中甲醇、水和催化剂的量。这种密度差异足以用简单地重力分离技术分离两相。

然而，分离速率受几个因素的影响。大部分生产生物柴油的工艺，至少在反应开始时，进行相当剧烈地搅拌，使稀溶醇整合到油相。如果这种搅拌持续整个反应过程，甘油以非常纤细的微滴分散于整个混合物。这种分散需要 1 小时到几小时不等，才使微滴聚成明显的甘油相。因此，随着反应开始进行，一般减慢搅拌，减少相分离所需时间。

pH 越接近中性，甘油相聚集越快。这是催化剂总使用量最小化的一个原因。在一些分批处理系统中，反应混合物是在甘油/酯分离这步开始的时候进行中和。

最终混合物中存在大量甘油一酸酯、甘油二酸酯和甘油三酯，可能会导致在酯—甘油界面形成乳胶层。向好的方面说，这层代表产物的净损失，除非将其分离回收。向不好的方面说，酯相将达不到生物柴油的标准，必须重来。如果出现甘油一酸酯、甘油二酸酯和甘油三酯的问题，你应该重新评估整个反应，看看改进什么地方能改善前面步骤的过程产量。

用过量的醇进行酯化过程，确保反应完成，达到较高的反应速度。残余的醇分布于酯相和甘油相之间。醇可作为分散剂使酯分散于甘油相，甘油分散于酯相。结果可能需要对产物进行额外加工，以达到标准。其他人声称，甲醇有助于相分离，这是回收甲醇前一般对产物进行项分离的一个原因。

20.3.2 酯／甘油分离的工艺设备

20.3.2.1 撇水器系统

有三种类型的设备可用于分离酯相和甘油相。撇水器系统只靠密度差异和停留时间来进行分离。对于通量相对较小或者分批工艺，完成相分离需要1—8小时，可能是可接受的。然而，需要1小时停留时间的分离，需要求至少体积为700加仑的撇水器，才能应对一个5000000加仑／年的连续操作装置。对于较低程度的反应，分离较慢，撇水器则必须非常大。

设计用于生产生物柴油的撇水器的主要决定因素是预期的停留时间。这与产物混合物流速一起，决定了设备的大小。撇水器设备应该相当高细，以使酯和甘油的出油层能够得到物理分离。长度／直径（L/D）比在5—10时效果很好。

撇水器内的温度影响醇在两相中的溶解性和两种液体的粘度。撇水器温度过高，会引起残余醇闪光，可能会限制酯相流出罐。相反，温度过低，两相粘度会增加，而粘度增加则减慢系统中的聚集速度。

乳胶层的存在表示存在甘油一酸酯和甘油二酸酯。乳胶层在两相之间形成。在连续运行中，必须有清除乳胶层的装置，以使它不至于充满撇水器。

20.3.2.2 离心机系统

许多连续操作装置使用离心机进行相分离。离心机通过高速旋转创造高人工高重力场，可以迅速而有效地完成分离。离心机的缺点是它的最初成本，以及还需要相当多的细致的维护。然而，离心机广泛使用于食品加工、渲染操作和生物柴油行业。离心机是高速旋转装置，离心机的人工重力来自旋转。2000—5000rpm的转速并不罕见。产生离心效果的高速旋转也需要相当小心经常的维护。虽然离心机相当贵，但建议配置多套设备保证在线的可获得性。

当生产能力较小时，可采用分批离心或者连续离心。在连续工艺中采用分批离心需要一个缓冲罐，使循环时间和连续加工速度匹配。

20.3.2.3 水力旋流器

已经考虑用于生物柴油厂的一个有趣的相当新的装置是水力旋流器。液—液水力旋流器利用倒锥形和液体的不可压缩性，来加速液体进入旋风分离器。其效果与离心机相似，较重的材料被推向壁边并向下，较轻的材料被推向中心向上。结果是按密度分离。虽然水力旋流器现在用于油—水分离，但用于生物柴油生产已处于试验阶段。

水力旋流器按照在不可压缩流动系统中压力换速度的 Bernoulli 原理运行。液体的相对密度决定采用的分离力量，而相对粘度决定分离的抗性。液体混合物进入适度高压（约 125psig）的水力旋流器，当液体通过倒锥体的宽处到窄处时，压力降低，而速度增加。密度较大液体加速流向外壁，而密度较小的集中于中心。结果是根据诱导引力分离。

看来存在挥发性物质在水力旋流器中产生了一个问题。快速降低装置里的压力会诱发挥发性液体（纯）的闪光，阻断或者停止分离过程。过量的甲醇应该在将反应混合物引入水力旋流器之前从系统中去除。

20.3.3 酯洗涤

酯洗涤这步骤的主要目的是去除所有转酯反应中形成的皂。此外，水分为多余的酸中和残余催化剂提供了一个介质，是去除产物盐的一种手段。在洗涤步骤之前应该去掉残留的甲醇，这样可以避免向废水排出物中添加甲醇。然而，一些工艺是用洗涤水去除甲醇，再从洗涤水中去除甲醇。

使用热水（120—140°F）防止饱和脂肪酸酯沉淀，采用温和洗涤延缓乳状液的形成。

软化水（微酸）消除钙镁污染，中和残余的碱催化剂。类似地，去除铁铜离子并且排除一个降低燃料稳定性的催化剂来源。温和洗涤避免形成乳状液，导致快速完整地相分离。酯和水的相分离通常非常清晰完整。然而，水在酯中的平衡可溶性高于 B100 规定的含水量。因此，洗涤之后，会有多余平衡量的水存在。

真空干燥机可以是分批的，也可以是连续的脱水装置。系统在高度减压的条件下运行，使水在较低温度下蒸发。有一个也允许相当高的加热和蒸发速率的变型是降膜蒸发器，这个装置是在减压下运行。当酯沿蒸发器内壁流下时，直接接触加热壁，迅速将水蒸发掉。要特别小心高温蒸发器，避免使燃料变暗，如果变暗，说明多不饱和甲酯发生了聚合。

因为酯的总水负荷低，分子筛、硅胶等也可以用于脱水。用这些系统的好处是，他们是被动的。然而，不足是这些设备必须定期再生。

20.3.4 其他酯处理

市场上有些吸收剂可以选择性地吸收亲水性材料，如甘油和甘油单酯、甘油双酯（即 Dallas 集团的酸式硅酸镁）。这个处理后再用合适的过滤器，已表明可有效降低甘油酯和总甘油水平。

一些植物油和许多黄脂与棕脂带给生物柴油令人讨厌的颜色。虽然 ASTM D6751 没有颜色标准，但活性炭床是去除多余颜色的有效方法。油脂业文献有其他漂白技术，生物柴油生产商也可以探索。

欧洲的硫含量标准比美国要求的严格得多。因此，许多欧洲生产商诉诸使用真空蒸馏从生物柴油中去除硫化合物。到 2006 年，美国生物柴油必须达到新 15 ppm 以下的硫标准。因此，生物柴油生产商需要知道其产品的硫含量，如果需要的话，必须在此日期前整合减硫技术。真空蒸馏具有额外脱味以及去除其他微量污染物的好处，这可能对使用高度降解的原料（如地沟油）的公司有益。

过滤是生产生物柴油必不可少的一部分。进入工厂的原料应该进行至少 100 微米的过滤，离开工厂的生物柴油应该进行至少 5 微米的过滤，确保燃料不带有任何可能损害引擎的污染物。曾有建议，在过滤前冷却燃料，捕获一些结晶的饱和酯，因而降低燃料浊点。结晶的酯可加热融化，用于工程锅炉燃料。

20.3.5 酯中加入添加剂

使用广泛的添加剂处理石油基柴油燃料，来改进润滑性、去垢性、氧化稳定性、抗腐蚀性、传导性以及许多其他特性。生物柴油的添加技术还不够先进，所以，可用于改善性能的添加剂较少。

生物柴油生产商需要认真考虑的一个领域是氧化稳定性。生物柴油因为含有大量双键分子，氧化稳定性远不如石油基柴油燃料。幸运的是，稳定增强添加剂技术在食品行业已经得到很好开发，其中的许多添加剂可以用来稳定生物柴油。

20.4 侧线馏出物的处理和回收

有三种非酯类侧线馏出物作为生物柴油总过程的一部分，必须进行处理。他们是：

（1）工艺内回收的多余醇

（2）甘油副产品

（3）过程废水

在本单元中，假定工艺中所用的醇是甲醇。相似的评论适合其他醇。

甲醇的重复利用是必需的，因为有效的转酯化系统要求过量的甲醇。未利用甲醇的回收可节省工艺的投入成本，并从根本上消除甲醇排放到环境中。因为甲醇高度易燃有毒，因此必须减少排放。要回收甘油并进行部分精炼作为生物柴油生产的副产品。大约有投入反应物重量的 10% 转化成甘油，无论是以重量计，还是体积计，其价值都超过生物柴油产品。

废水构成工厂的运行成本，即因为工厂消耗了水，也因为工厂的水处理成本。

20.4.1 甲醇管理

有些物理参数对甲醇回收和重复利用很重要。甲醇相对较低的沸点——64.7℃，意味着它相当易挥发，基本上可以从油、酯和水蒸气中通过闪蒸或者再浓缩去除。低沸点加上低闪点——8℃，也意味着甲醇被认为是高度易燃的。

甲醇与水、甘油完全混溶。然而，它在脂和油中的溶解性低（牛脂中接近10% wt/ wt，65℃）。甲醇在酯中较易溶解，但不能完全混溶。在甘油和水中的溶解性，意味着当存在两相系统时，甲醇倾向于这些相。甲醇在油脂中的低溶解性是总转酯反应的限溶相的原因。

当存在的两相是酯和甘油时，甲醇将分布于两相之间。在90 %:10 %（wt/ wt）酯和甘油时，甲醇两相分布比是60:40 wt%。这个事实很重要，因为反应在90:10（wt%）时完成。如果在相分离过程中，让甲醇保留在系统中，甲醇将充当相稳定剂，延缓重力分离速率。在相分离前去除甲醇是有利的。

甲醇可采用蒸馏回收，或者常规蒸馏或者真空蒸馏。或用单期闪热部分回收。一个蒸馏的替代方法是降膜蒸发器。酯相中残余的甲醇可以在酯后加工的水洗这步去除。产物酯通常用热的软化水洗涤，去除皂和残余甲醇。

20.4.2 甘油精炼

从转酯化反应中回收的甘油含有残醇、催化剂残留、遗留油脂和一些酯。来自渲染原料的甘油还可能含有磷酸盐、含硫化合物、蛋白质、醛、酮以及不可溶物质（土、矿物质、骨或纤维）。

20.4.2.1 化学精炼

在甘油化学精炼中有几个因素很重要。首先，催化剂往往集中于甘油相，这时必须要中和。中和步骤会产生盐的沉淀。酯化产生的皂也必须用硫酸铝或者氯化铁凝结沉淀后去掉。

控制 pH 值非常重要，因为 pH 值低会导致甘油脱水，pH 值高会导致甘油聚合。还有，甘油可以用活性炭或者粘土漂白。

20.4.2.2 物理精炼

物理精炼的第一步是通过过滤和／或离心，去除含脂肪的、不可溶的或者沉淀的固体。这步可能需要调整 pH 值。然后，通过蒸发去除水分。所有物理过程通常是在 150—200°F 下进行，此时甘油粘性较低，但仍然稳定。

20.4.2.3 甘油纯化

完成甘油的最后纯化是使用带蒸汽喷射的真空蒸馏，再进行活性炭漂白。这种方法的优点是该技术已经十分成熟，主要的缺点是资本和能源消耗。甘油的真空蒸馏最适合每天 25 吨以上的操作。

对于生产能力较小的工厂，用离子交换方法纯化甘油是替代真空蒸馏的一个很有吸引力的方法。离子交换系统使用阳离子、阴离子和混合床交换器取出催化剂和其他杂质。首先，用软水将甘油稀释到 15%—35% 的甘油水溶液。然后用真空蒸馏或急骤干燥去除水分，通常可得到 85% 的部分精炼甘油。该方法的优点是所有纯化均发生在树脂容器中，所以该系统适合生产能力较小的操作，缺点是该系统易沉积脂肪酸、油和皂。该系统也需要交换床再生而产生大量废水，再生还需要平行系统运行与再生同时运转。

20.4.3 废水方面的考虑

洗涤每加仑酯产生大约 1 加仑的水。所有的过程水都必须软化，以消除钙和镁盐，并通过处理去掉铁和铜离子。酯洗涤水有相当高的来自残余油脂、酯和甘油的生化需氧量（BOD）。

甘油离子交换系统中会由于再生过程而产生大量的低盐水。此外，水软化、离子交换和冷却水排放也会产生中度溶解盐负担。

如果工厂完全回收甲醇，使废水中不存在甲醇，那么工艺聚集的废水应该达到当地城市废水处理厂的处置要求。在许多地区，过程水的内部处理和再循环可能会节约成本，使加工设施更易通过许可。

20.5 总 结

甲醇影响所有产物回收操作。为了经济性最佳并避免污染，甲醇必须全部回收再利用。甘油是一个重要的经济副产品，应该尽可能充分精炼。适当管理的废水虽可在城市污水系统中处理，但应该考虑内部处理和循环利用。

20.5.1 高游离脂肪酸原料的预处理

许多低价原料可供生物柴油生产。不幸的是，其中很多原料含有大量游离脂肪酸（FAAs）。如其他地方所讨论的那样，这些游离脂肪酸会和碱催化剂反应产生抑制反应的皂。

生物柴油原料中 FFA 的范围通常如下表：

精炼植物油	<0.05%
初榨植物油	0.3%—0.7%
餐馆废油脂	2%—7%
动物脂肪	5%—30%
地沟油	40%—100%

一般来说，当 FFA 水平小于 1% 时，并确切小于 0.5%，FFAs 可以忽略。通常催化剂的量如表 20-2 所示：

表 20-2 催化剂常用量

氢氧化钠	甘油三酯重量的 1%
氢氧化钾	甘油三酯重量的 1%
甲醇钠	甘油三酯重量的 0.5%

皂可能会乳化，引起甘油和酯相的分离不太清晰。皂的形成也产生水而水解甘油三酯，促使形成更多的皂。而且，已经转化成皂的催化剂不能在用于加速反应。

当 FFA 水平高于 1% 时，可能要加入额外的碱催化剂。这让一部分催化剂去中和 FFAs 形成皂的同时，还有足够多的催化剂作为反应催化剂。

由于中和 1 摩尔 FFA 需要 1 摩尔催化剂，额外催化剂的量可通过下面的公式计算。

氢氧化钠	[% FFA]（0.144）＋1%
氢氧化钾	[% FFA]（0.197）/ 0.86＋1%
甲醇钠	[% FFA]（0.190）＋0.5%

例如：当向 FAA 含量 1.5% 的原料中加氢氧化钠时，催化剂用量是：（1.5）（0.190）+0.5 = 甘油三酯重量的 0.79%。

注意因子 0.86 包括在氢氧化钾的计算中，反应试剂级别 KOH 纯度只有 86%。如果使用其他级别的催化剂，该因子应该调整到实际纯度。

这种中和 FFAs 的方法有时对 FFA 高到 5%—6% 的水平有效。实际限制取决于是否存在其他类型的乳化剂，特别重要的是要确定原料不含有水分。如果有痕量水存在，2%—3% 的 FFAs 可能是个限度。

对于高 FFA 原料，额外多加催化剂不仅不能解决问题，可能还会产生比要解决的问题还要多的问题。产生大量的皂会凝胶，还会阻碍甘油从酯中分离。此外，FFAs 本来能够转化为生物柴油时，该技术却把他们转化成了废品。

当处理含有 5%—30% 甚至更高 FFA 的原料时，重要的是将 FFAs 转化为生物柴油，否则，过程产量会很低。至少有 4 种技术可以将 FFAs 转化为生物柴油：

20.5.1.1 酶法

这些方法需要昂贵的酶，但看起来受水影响较小。目前，尚无人在商业规模上使用这些方法。

20.5.1.2 甘油解法

该技术包括，向原料中加甘油，加热到高温（200℃），通常和催化剂如氯化锌一起加热。甘油与 FFAs 反应，形成甘油一酯或二酯。图 20-8 表示在一批动物脂肪酸中脂肪酸水平降低的速率。该技术产生一种可用传统碱催化技术进行加工的低 FAA 原料。

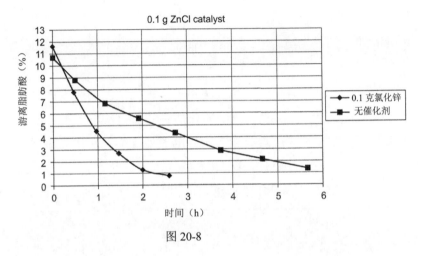

图 20-8

甘油解的缺点是需要高温而且反应相对较慢，优点是预处理中不加甲醇，以至于反应形成水：

$$FAA + 甘油 \rightarrow 甘油一酯 + 水。$$

水分立即蒸发，并可从混合物中排出。

20.5.1.3 酸催化

该技术使用强酸如硫酸，催化 FFAs 的酯化和甘油三酯的转酯化。该反应不产生皂，因为没有碱金属存在。从 FFAs 到醇酯的酯化反应相当快，60 ℃ 时基本上 1 小时完成。然而，甘油三酯的转酯化非常慢，需要几天的时间完成。虽然，加热到 130 ℃ 可以大大加速反应，但是反应时间还是需要 30—45 分钟。酸催化的另一个问题是从下面的反应中产生水：

$$FFA + 甲醇 \rightarrow 甲酯 + 水$$

水留在反应混合物中，并最后使反应停止，通常刚好在快完成时停止。

20.5.1.4 酸催化后再碱催化

该方法解决可反应速率的问题，即利用每一项技术完成其最适合的过程。由于酸催化 FFAs 转化甲酯相当快，所以将酸催化剂用作高 FFA 原料的预处理。然后，当 FFA 水平降低到 0.5% 以下时，再加碱催化剂将甘油三酯转化为甲酯。该方法可以快速有效地转化高 FFA 原料。

水分形成仍然是预处理阶段的一个问题。一个解决方法就是预处理时简单地添加过量的甲醇，使产生的水稀释到不能限制反应的水平。醇和 FFA 的摩尔比可能需要高达 40:1。该方法的缺点是需要更多能源回收过量的甲醇。另一个方法是让酸催化酯化尽快进行，直到被所形成的水停止。然后，煮去醇和水。如果 FFA 水平仍然很高，需要的话，再加入更多甲醇和酸催化剂继续反应。该过程可继续多次，可能比前一方法使用较少的甲醇。缺点还是蒸馏需要大量能源。

一个能源消耗较少的方法是让酸催化反应混合物沉淀。几小时后，甲醇—水混合物将升到顶部，可以去除。然后，可以加入额外的甲醇和酸继续反应（正在申请专利，Earl Hammond，ISU）。也可以使用液体如甘油和乙二醇，从混合物中把水洗出。

20.5.2 高游离脂肪酸原料的方法程序

（1）测定 FFA 水平。

（2）油脂中每克游离脂肪酸加 2.25g 甲醇和 0.05g 硫酸，先将硫酸和甲醇混合，然后慢慢加入油中。

（3）60—65 ℃ 搅拌 1 小时。

（4）让混合物沉淀，甲醇—水混合物将升到顶部，撇去甲醇、水和硫酸层。

（5）取底层部分，测定新的 FFA 水平。

（6）如果 FFA 大于 0.5 %，再用新水平的 FFA 回到第二步，如果 FFA 小于 0.5 %，进行第 7 步。

（7）加入甲醇和氢氧化钾。甲醇加入量 = 0.217 ×（未处理甘油三酯的克数），氢氧化钾加入量 = [0.5 +（% FFA）0.190]/ 100 ×（未处理甘油三酯的克数）。先将氢氧化钾和甲醇混合，然后加入油中。对于未反应甘油三酯这相当于甲醇 / 油 6:1 摩尔比。

（8）60℃ 搅拌 1 小时。

例子：100 g 12 %FFA 动物脂肪

预处理：2.25 × 12 g=27.0 g 甲醇

　　　　0.05 × 12 g=0.6 g H_2SO_4(硫酸)

将酸和甲醇混合，然后经混合物加入脂肪中，60 度搅拌 1 小时，沉淀，分离底部相，酸值应该大幅度下降到至少 5—6 克 KOH/g。因此，FFA = 2.5%。

预处理第二步：

2.25 × 2.5 = 5.6g 甲醇

0.05 × 2.512 g = 0.13 g H_2SO_4

和油混合，60°C 搅拌 1 小时，FFA 应该小于 0.5%。通常在此时去除顶部相。

然后，加入：0.217 × （88）= 19.1 g 甲醇

[0.5 +（0.5）（0.190）]/ 100 × 88 = 0.52 g 氢氧化钾

60°C 搅拌 1 小时。如果甘油和酯不分离，加 50g 热蒸馏水促进分离。洗 3—4 次。

20.5.3 生物柴油生产总结

生物柴油生产貌似复杂的过程，而不是乍看上去相当简单，特别是如果你要想制造合格的生物柴油，达到 ASTM D6751 标准不损害柴油引擎的产品。用于制造生物柴油的工艺类型和设备决定于生产生物柴油你计划使用的原料。有许多工艺和运行参数影响用于生产生物柴油的转酯化反应，这取决于原料和其他试剂。"生物柴油生产"一章，仅涉及一些关于生物柴油生产的关键概念，在生产任何生物柴油以前，还有许多其他概念需要考虑，使质量和安全不受损害。找生物柴油行业方面的专家帮你设计运行一个工厂，确保质量和安全是生物柴油厂设计和运转的一部分。深入研究生物柴油行业和商业利益，以及原料、化学反应、材料处置、工艺参数、建筑材料和生产生物柴油所需设备类型。

致 谢

本章所包含的信息节录自《国家可再生能源实验室分包者报告》[2014 年 7月 •NREL/SR-510-36244(Van Gerpan 等，2004)]。本章所包含的见解，特别是引言和总结，来自《构建一个成功的生物柴油行业》（Van Gerpen，2006）一书的"生产类型"这章。该书包含关于生物柴油生产、行业和如何构建生物柴油行业的所有方面。"引言"和"生物柴油生产总结"部分是由 Ruddy Pruszko 为介绍 NREL 文件各部分而专门所写。Rudy 和本书作者感激 NREL、国家能源部，允许本书包含该报告的各个部分。

参考文献

Van Gerpen, J., Shanks, B., Pruszko, R., Clements, D., Knothe, G., July 2004. Biodiesel Production Technology. Report from Iowa State University for che National Renewable Energy Laboracory, NREL/SR-510-36244.

Van Gerpen, J., Pruszko, R., Clements, D., Shanks, B., Knothe, G., 2006. Building a Successful Biodiesel Business, second ed. Biodiesel Basics, Dubuque: lA.

第二十一章

通过碱催化转酯化反应合成生物柴油及部分性质鉴定

Sean M McCarthy,Jonathan H.Melman, Omar K. Reffell, Scott W. Gordon-Wylie

美国，佛蒙特，伯灵顿，佛蒙特大学化学系

21.1 引 言

转酯化反应是个很有用的合成反应，但在有机实验室经常被忽视，主要是因为没有简单的相关反应且直接整合进实验室的配置（Zanoni 等，2001；Lindner等，2003；Su 等，2003；Pedersen 等，2005；Yadav 和 Lathi，2005）。我们这里提出一个实验室，目的是教授转酯化的概念，同时给学生们介绍简单的生物柴油合成。生物柴油是一种可再生的替代燃料，在美国主要源于玉米油或者大豆油。生物柴油作为燃料，其使用已有很好的文献记载（Wang 等，2000；Sheehan 等，1998；Tyson，2004）。使用化石燃料增加温室气体排放，而生物柴油被认为是二氧化碳中性的，因为它排到环境的二氧化碳不会超过光合作用所消除的量（Ritter，2004）。此外，生物柴油含有氧，使其燃烧更清洁高效。而且它比标准柴油更润滑，降低引擎磨损。已有大规模用于柴油燃料的基本设施以及生物柴油容易替代柴油，而不需任何引擎或者燃烧器的改装，使得生物柴油成为有吸引力的替代燃料。

生物柴油是通常地通过转酯化反应合成的。该反应可用酸催化，也可用碱催化，是一种平衡反应，必须向期望的方向移动（如图 21-1）。一般来说，转酯化平衡可以几种方式移动。首先，在高沸点醇存在蒸馏低沸点醇的情况下，沸点较低的酯可以转化为沸点较高的酯。第二，可使用脂肪酶进行催化转酯化。第三，可经过本文所述的相转移催化进行转酯化反应。

植物油是甘油三酯，由三个脂肪酸链通过一个酯键共价结合到一个甘油骨架上

（图21-2）。类似于原油裂解成柴油燃料，使用碱性甲醇溶液很容易将植物油转酯化，形成 C_{12}—C_{22} 范围内的脂肪酸甲酯，即生物柴油（图21-3）（Wang 等，2000；Sheehan 等，1998；Tyson，2004；Ebiura 等，2005）。表21-1 和21-2 列出了一些常见植物油、甲酯和脂肪酸的物理特性和化学组成。

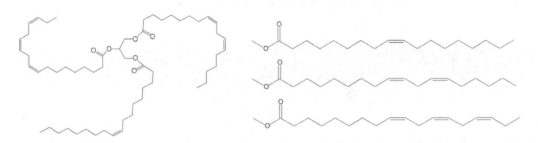

图21-1　转酯化一般反应的化学式，向前向后的反应均可由酸或碱催化，
一般通过增加期望的酯醇浓度移动平衡

图21-2　假设含有油酸（单不饱和）、
亚油酸（双不饱和）和亚麻酸（三不
饱和）链的甘油三酯

图21-3　生物柴油样品脂肪酸酯，油酸甲
酯(上)、亚油酸甲酯(中)和亚麻酸甲酯(下)

表21-1　常见脂肪酸的化学式和熔点（CRC 物理化学手册，1992）

脂肪酸种类	线性式	熔点 游离酸	熔点 甲酯
棕榈酸	$CH_3(CH_2)_{14}COOH$	63	30
硬脂酸	$CH_3(CH_2)_{16}COOH$	70	39
油酸	$CH_3(CH_2)_7CH=CH(CH)_7COOH$	4	−20
亚油酸	$[CH_3(CH_2)_4CH]CHCH_2CH=CH(CH_2)_7COOH$	−5	−35
亚麻酸	$CH_3(CH_2CH=CH)_3(CH_2)_7COOH$	−11	−46

表21-2　常见油脂肪酸组成的百分比（CRC 物理化学手册，1992）

原料	棕榈油	硬脂酸	油酸	亚油酸
玉米	10	3	50	34
橄榄	7	2	84	5
花生	8	3	56	26
芝麻	9	4	45	40
大豆	10	2	29	51
向日葵	6	2	25	66

21.2 材 料

试剂级甲醇 [67- 56-1] 购自 Mallinckrodt（美国化工集团），试剂级氢氧化钠购自 Acros 公司，植物油（大豆油 8001- 22-7）购自当地食品杂货店。所有材料均未经纯化直接使用。

21.3 危 险

甲醇有毒，如果吸入大量会致盲。甲醇氢氧化钠溶液为强碱性，应全程穿戴手套和安全镜。植物油没有危险。

21.4 实验程序

生物柴油是通过碱催化植物油和醇的转酯化反应而合成（图 21-4 和 21-5）。反应中的两个主要种变量，除了植物油的选择外，是反应中所用的醇和碱。考虑到成本的原因，应使用甲醇和氢氧化钾。

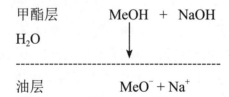

图 21-4 在甲醇层形成氧化甲醇盐。甲醇盐能够相转移到油和甘油三酯反应形成生物柴油。

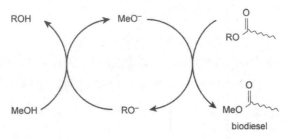

图 21-5 甘油三酯和甲醇阴离子反应合成生物柴油的机理。注意，反应是由甲醇阴离子催化的（Gottlieb 等，1997）。

一旦形成甲醇盐，就会转酯化甘油三酯的脂肪酸链，产生甲酯，并在甘油酯骨架上形成醇盐。这个甘油化物中间物去质子化甲醇，形成甲醇盐阴离子，在甘油酯骨架上形成功能醇。这个过程一直重复，直到所有脂肪酸链都被转化成甲酯和，甘油酯被转化成甘油。

将一份 0.3M 的甲醇氢氧化钠，3 份植物油和一个搅拌棒加入圆底烧瓶，将烧瓶用橡胶隔膜夹紧，将混合物放在力搅拌盘上剧烈搅拌。搅拌 15 分钟后，让混合物静置大约 10 分钟。大约十分钟后产生生物柴油和甘油，分成两个不同层。用核磁共振（NMR）波谱法分析产物，用薄层色谱法分析测试粘度并观察质量密度。

21.5 结果与讨论

从定性上看，很容易看到反应已经发生了。在剧烈搅动前，密度较小（约 0.79g/mL）的甲醇溶液在密度较大（0.89 g/mL）的植物油的上面。反应后，所生成的生物柴油层密度（0.89 g/mL）小于甘油和剩余的甲醇（1.26 g/ mL），后者沉底。通过转酯化合成生物柴油，除了用密度测试证实外，也可使用其他技术进行确定。25℃ 粘度的测定表明生物柴油的粘度（7 cst）显著低于比起初的植物油（57 cst）。反相硅胶薄层色谱分析提供从甲酯中分离和分析植物油的定性方法。比较起初植物油和所生成的生物柴油的 H NMR 谱，清楚地表明，所有植物油都从甘油三酯被转化成了生物柴油，但在 0 和 2.5 ppm 之间的烷基区域，游离脂肪酸和甲基酯之间缺乏有效分辨率。

在生物柴油的 NMR 谱中可以看到一些残余的甲醇。在工业上，通过水洗去除残余的醇类、甘油和游离脂肪酸（对应的钠盐）。在这里，本实验的主要目的仅仅是以相对单纯地形式合成生物柴油，所以省略了水洗这步。如果要水洗，将水慢慢滴入生物柴油即可有效去除杂质，比如甲醇和去质子化的游离脂肪酸。NMR 的比较也清楚表明，在碱催化的转酯化反应中，烯烃成分未发生无显著降解。

21.6 结 论

学生已经发现这个实验操作起来很简单，但获得了很多替代燃料的信息。在亲手操作方面，确认生物柴油实际上是可以制造的，因此，真正的石油基燃料的替代品是确实存在的。从教育学立场，这个实验是通过与真实应用的反应来教授转酯化反应基础化学的完美工具。

参考文献

CRC Handbook of Chemistry and Physics, 73rd ed., 1992. CRC Press, Inc., Boca Raton.

Ebiura, T., Echizen, T., Ishikawa, A., Murai, K., Baba, T., 2005. Applied Catalysis, A: General 283, 111–116.

Gottlieb, H.E., Kotlyar, V., Nudelman, A.J., 1997. Journal of Organic Chemistry 62, 7512.

Lindner, E., Ghanem, A., Warad, I., Eichele, K., Mayer, H.A., Schurig, V., 2003. Tetrahedron: Asymmetry 14, 1045–1053.

Pedersen, N.R., Kristensen, J.B., Bauw, G., Ravoo, B.J., Darcy, R., Larsen, K.L., Pedersen, L.H., 2005. Tetrahedron: Asymmetry 16, 615–622.

Ritter, S.K., 2004. Chemical and Engineering News 82, 31.

Sheehan, J., Camobreco, V., Duffield, J., Graboski, M., Shapouri, H., 1998. Life Cycle Inventory of Biodiesel and Petroleum Diesel for Use in an Urban Bus. U.S. Department of Energy Office of Fuels Development and U.S. Department of Agriculture Office of Energy.

Su, Q., Beeler, A.B., Lobkovsky, E., Porco, J.A., Panek, J.S., 2003. Organic Letters 5, 2149–2152.

Tyson, K.S., 2004. Biodiesel Handling and Use Guidelines. National Renewable Energy Laboratory.

Wang, W.G., Lyons, D.W., Clark, N.N., Gautam, M., Norton, P.M., 2000. Environmental Science and Technology 34, 933–939.

Yadav, G.D., Lathi, P.S., 2005. Journal of Molecular Catalysis B: Enzymatic 32, 107–113.

Zanoni, G., Agnelli, F., Meriggi, A., Vidari, G., 2001. Tetrahedron: Asymmetry 12, 1779–1784.

第二十二章

全藻生物质原位转酯化合成

脂肪酸甲酯作为生物燃料的原料

Lieve M. L. Laurens

美国，科罗拉多州，戈尔登，国家可再生能源实验室，国家生物能源中心

22.1 引 言

用微藻生产食物、燃料和化学品的技术正以几何级速度发展。该领域正迈向大量前沿领域，包括上游技术，比如菌株的发现、改良和培养，还有下游途径的开发，其中将生物质转化为燃料流是个强劲的发展领域。一些主要的挑战是有关生物质表征，开发新颖、有成本竞争力的转化技术，着重突出全生物质高值化，从而提高藻类生物燃料价值定位。脂肪酸的脂肪链是藻类生物质最重要的生物燃料前体组分，因此，确定生物质燃料产量是比较藻株、生长条件和过程的先决条件。最近越来越强调直接转化全生物质的脂质部分。这里讨论的一个重点领域是全生物质的利用——直接原位转酯化，特别是该技术的开发、加工与分析利用以及未来研究方向。与脂质提取会高估或低估脂质含量以及相应的燃料潜力不同，全生物质转酯化反映藻生物质的燃料产量真实潜力。本章探讨了利用不同的催化剂和催化剂组合转酯化获得脂肪酸甲酯（FAME）来定量脂质产量，其中酸催化具有一贯高水平 FAME 转化。讨论紧密联系全生物质转化途径这一过程的大规模应用。

22. 2 以微藻为核心的脂质技术与生物燃料应用

由于藻生物质的高脂含量，微藻生物燃料可以为取代大部分柴油燃料市场做出贡献（Wijffels 和 Barbosa，2010；Williams 和 Laurens，2010）。在当前实施藻类生物燃料面临经济挑战的氛围下，重要的是要有强有力的方法程序，测定脂质含量

并开发脂质和全生物质转化技术。微藻生物柴油在这方面的研究很重要，但在文献里很大程度地被忽视了。

在目前和历史文献中，报道了测定油脂含量和压榨产量的大量方法。将脂质定义为溶于有机溶剂的化合物，一直是按照溶于氯仿：甲醇溶剂混合物的化合物总量来定量微藻总脂组分的基础（Christie，2005；Iverson 等，2001；Bligh 和 Dyer，1959）。在评价溶剂抽提过程的应用文献中有许多报告。比如，最近一个报告，就比较了 15 种溶剂混合物提取集胞藻（Synechocystis）脂质的效率，表明重量法提取的产率高度依赖所用溶剂的极性和藻脂组成。

22.3 可再生和生物柴油燃料特性

生物柴油是第一代生物燃料，一种含氧的柴油燃料，定义为长链脂肪酸的单烷基酯，传统上是用富含甘油三酯的精制植物油经过碱催化转酯化，或者利用富含游离脂肪酸的混合原料通过酸催化转酯化而生产的（Haas 等，2006；Knothe，2011；Al-Zuhair 等，2007）。转酯化反应机理如图 22-1 所示，显示酸或碱催化下醇基团的亲核攻击。所用的醇中最常见的是甲醇，所以产物主要由脂肪酸甲酯（FAMEs）组成。原料中脂肪酰链的结构对生物柴油的许多重要质量参数具有决定作用。生物柴油两个重要的特性是：（1）脂肪酸不饱和度，接下来是（2）链长度。不饱和度可用碘值（IV）定量，碘值是样品单位质量的双键数。典型的陆生作物油和动物脂肪几乎完全是由 C16 和 C18 脂肪酸链组成。对于这种狭窄范围的材料，碘值可能与许多重要的特性相关，比如，十六烷值、粘度、密度以及 H/C 摩尔比（McCormick 等，2001）。如图 22-2 所示，藻类通常具有更宽范围的脂肪酸组分（Rainuzzo 等，1994；Bigogno 等，2002；Cohen 等，2002；Volkman 等，1989），这种组成和相

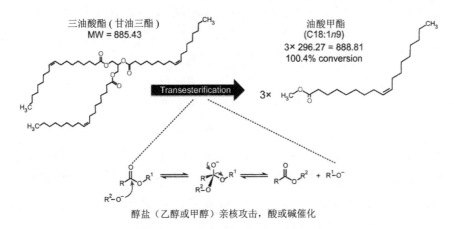

图 22-1　酸或碱催化的转酯化反应机制，以甘油三酯为例

对分布高度依赖于整个培养过程中的收获时间。比如，藻类的栅藻（*Scenedesmus sp*）一个株系，在早期和中期收获时，油酸（C18:1n9）占总脂肪酸约15%，后期收获时，则油酸变成脂质脂肪酸组成中的主要成分（约57%）。因此，生物柴油质量参数与脂质的脂肪酸组成的相关性研究是一个研究热点，特别是有关典型陆地来源脂质的研究（Knothe，2011）。

柴油燃料的另一个重要质量参数是十六烷值，即柴油引擎中燃料点火性能的度量。在美国和欧盟要求最小的十六烷值分别是40和50。完全饱和的脂肪酸甲酯具有较高的十六烷值，所有脂肪酸链中10碳以上的完全饱和脂肪酸甲酯很容易超过美国的最低值40（Graboski 和 McCormick，1998）。完全饱和脂肪酸甲酯具有较高熔点，低温时在生物柴油中或者碳氢柴油燃料基体中溶解性降低。因此，如果生物柴油中饱和脂肪酸含量太高，在寒冷的冬季气候下，即使和石油柴油混合也不能用。混合含有较多不饱和 FAME 的混合燃料或许能够改善低温流动性，然而，燃料氧化稳定性可能会下降（Knothe，2011）。因此，生物柴油中大部分单和多不饱和 FAME（PUFA）是需要的。PUFA 不仅十六烷值很低，而且熔点也很低（很大的低温可溶性）。不饱和酰基链的氧化不够稳定一直受到关注，然而，这个问题可以通过使用抗氧化添加剂而减轻。一个更为挑战性的领域是杂质的影响。对于常规陆地作物油和动物脂肪生产的生物柴油，这些杂质有来自转酯化过程的单双甘油酯、植物醇和甾醇葡萄糖、游离脂肪酸和残留金属（Chupka等，2011）。

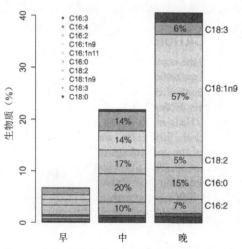

图 22-2　脂质总含量（基于 FAME 占生物质的比例）和在培养早、中、晚期收获的栅藻生物质样品的 FAME 组分构成。命名惯例：C18:1n9 = 脂肪酸链含 18 个碳，从脂肪酰基链末端数第 9 和第 10 个碳之间有一不饱和键的脂肪酸甲酯。

作为生物柴油的替代品，碳氢可再生柴油，即绿色柴油，可以用脂质原料，在各种催化剂的作用下，经过加氢、脱羧和异构过程来生产。加氢用于饱和双键，并在某些过程脱氧。因为氢的成本相对较高，使用其他工艺配置通过脱羧作用去除大部分 CO_2 中的氧。用 C16/C18 原料这些反应的产物是 C15—C18 正烷烃，在室温下可能是固体。因此，还需要异构催化剂引入分支，可大幅降低浊点，适度降低十六烷值（Kalnes 等，2007；Smith 等，2009；Smagala 等，2013）。这些材料通常含有 80% 以上的异烷烃，是一种浊点为-25℃ 燃料，十六烷值高于 70（Smagala 等，

2013）。这些燃料具有与石油燃料非常相似的优点，几乎不含引起运行问题的杂质。

既然在生物柴油和绿色柴油转化途径中酰基链将决定利用微藻生物质燃料的潜力，那么，在本讨论背景下，将脂质定义为脂肪酸组分的总和是贴切的。类似地，在生物燃料、食物或饲料应用的背景下，将脂质定义为脂肪酸及其衍生物是合适的。特别地，根据这个建议的定义和已出版作品的定义，原位转酯化是个全新概念，特别适用于具有不同藻脂水平及其混合物的藻类生物质。

22.4　油藻生物质的原位转酯化

原位转酯化是指不用先提取脂质的生物质脂质的转化。采用这种方法作为定量基础，所有脂肪酸都可用脂肪酸甲酯（FAMEs）来度量，最重要的是，这个转化不依赖于脂质提取效率（Carrapiso 和 Garcia，2000）。该方法作为一种藻类脂质测定和生物质转化的方法程序正受到重视（Haas 等，2006；Bigelow 等，2011；Griffiths 等，2010；McNichol 等，2012；Laurens 等，2012；Haas 和 Wanger，2011；Ehimen 等，2010）。已有研究对该技术的经济性以及作为简化生物柴油生产策略的工艺策略进行了探索（Haas 等，2006）。由于藻脂的高度复杂性，催化转酯化反应或者任何其他生物燃料相关的反应都不是件简单的事（Smith 等，2009；Huber 等，2006）。最近有报道，深入研究了不同藻类株系、不同催化剂的反应产量，并和标准方法进行了比较（Laurens 等，2012）。原位转酯化的主要技术优点之一是消除了对抽提方法的依赖，抽提方法可能会由于杂质的共提取而有一定的局限性，而这些杂质可能会抑制下游的催化脂质升级。另外，抽提会有因细胞壁的顽抗性引起的生物质不完整的溶剂转移的损失。原位转酯化结合有效的"生物质预处理"步骤和脂质组分的同时催化转化 FAMEs，由于 FAMEs 的非极性性质，使其适于用有机溶剂（比如正己烷）抽提。

22.5　用于原位全生物质转酯化的催化剂选择

对于酸催化和碱催化剂的研究表明，碱催化反应快得多，但对脂质类型有更多局限。比如，使用碱催化剂，游离脂肪酸就臭名昭著地难以转化成脂肪酸甲酯（Nagle 和 Lemke，1990）。如果藻类生物质样品含有高水平的游离脂肪酸，通过碱催化原位转酯化获得的总 FAME 产量可能会由于部分碘化而低估生物质实际 FAME 产量（Al-Zuhair，2007）。当基于藻油转化率比较酸催化剂和碱催化剂的影响，发现酸催化剂导致一致地较高产量，尽管需要较长的反应时间（Carrapiso 和 Garcia，2000；Nagle 和 Lemke，1990）。

文献中报道了使用不同的催化剂进行转酯化。当使用由不同催化剂获得的总

FAME 产量时，可以对酸碱催化剂（或者两者组合）的表现进行对等比较。Laurens 等（Laurens 等，2012）的论文中所描述的研究目标是寻找一个简单的对不同株系和条件都很稳健的一步程序。根据浓 HCl 溶于甲醇的特点简化试剂的准备，从而消除无水乙酰氯的使用，对准备步骤有极大帮助，但不影响转化产量。这个定量和转化的方法程序已被 Ichihara(Volkman 等，1989) 使用，表明没有像预测的那样，因为缺乏完全无水环境而影响到脂肪酸的转化效率。增加的事先用氯仿配比甲醇溶解生物质脂质的步骤，可以促进试剂接触到包裹在藻细胞基质中的脂质。这种方法与以前建立的 AOAC 油酯交换反应测定法（AOAC991.39，也称为 NaOMe:BF$_3$ 法）相当一致。尽管原始的 AOAC991.39 方法旨在使用 20mg 左右的油，这个方法被改成将总样品需用量降低为分析规模的 4—10mg 生物质。当只用 BF$_3$ 作为反应催化剂时，转化产量显著下降。另外，当只使用 NaOMe 时，没有测到有 FAME 的转化，说明两个阶段（NaOMe 和 BF$_3$）是获得与 HCl 一步法相当产量所必需的。有趣的是，Laurens 等（2012）研究的两种碱催化方法都没有显示出与酸催化相当的 FAME 产量。即使对一系列时间和温度区间进行反应条件优化后（数据未列出），仍然存在转化效率不高的情况。可能的解释是，催化剂没有透过细胞壁，以及存在高水平游离脂肪酸，导致这种碱催化剂的低效。与 HCl:MeOH 或者酸碱结合（NaOMe:BF$_3$）方法相比，AOAC992.06 和 989.05 改良方法的总 FAME 产量有所降低。这个观察结果支持已经发表的标准方法，虽然他们整合了对生物质中大量蛋白质和碳水化合物组分的预处理，也未能全部回收藻生物质中的脂肪酸。进一步的工作将包括深入研究不同催化剂用量及过程相关的条件对全生物质脂质转化为 FAMEs 效率的影响。这将便于把获得的一些小规模数据外推到生物燃料规模的过程。

由于酸催化具有可催化各种脂类转酯化的能力，使之成为普遍的采用酸催化进行脂质和游离脂肪酸的转酯化的方法。根据一些作者的观点，在所有催化剂中，氯化氢（HCl:MeOH）是最通用的酯化试剂，是被最广泛提到的用于原位转酯化程序的催化剂（Haas 等，2006；Carrapiso 和 Garcia，2000；Griffiths 等，2010；Laurens 等，2012；Nagle 和 Lemke；1990；Ichihara 等 2010；Lepage 和 Roly，1986）。在一种分析尺度上经过简单的一步反应即完成藻生物质水解和转酯化的改良 HCl 催化法被开发出来。

作为大规模进行原位转酯化的例子，Ehimen 等（Ehimen 等，2010）以硫酸作为催化剂，研究了影响藻脂转化效率的参数，分析了醇用量、温度、反应时间和水分对转酯化的影响，发现需要较高催化剂用量和甲醇消耗量，并对生物质中的水分高度敏感。对于 Ehimen 等来说，过程催化剂的选择、催化剂用量和甲醇需要量等参数被认为是重要的经济性参数。该方法中重要的是保留了精确的脂肪酸组分的组成，最大限度地减少了脂肪酸氧化引起的降解，能够解释和报告总脂肪酸含量和组成，脂肪酸组成对下游燃料质量很重要（Knothe，2011）。Haas 和 Wanger（Haas 和 Wanger，2011）深入研究了应用全生物质原位转酯化作为降低复杂性及其生物柴油生产工艺中原料和加工相关成本的一种方法。和 Ehimen 等相似，作者也确认催化剂用量和甲醇需要量是主要经济因素。改进生物质预处理，已经降低了的原位转酯化甲醇需要量，作为一种工艺选择，这可能是一种更为经济的直接从诸如藻等含油生物质生产生物柴油的方式（Haas 和 Wanger，2011）。

22.6 用原位转酯化分析鉴定微藻生物质油脂含量

原位转酯化也可应用于少量生物质（通常 20mg 以下）脂质含量或者生物燃料潜力的定量，来快速评估不同来源的脂质潜力或者生物质原料的品质。通常藻培养物的生物质浓度较低（<1g/L），因此，在实验室规模的摇瓶培养中，只能产生少量生物质样品。如果设定毫克水平的最小样品量，将允许重复和多个时间点使用少量藻培养物。因此，修订一个适合少量生物质样品的方法程序，是最近发表成果的重点。最近发表的文献中，已有报告将适合小规模的原位转酯化作为微藻脂质定量的首选方法（Laurens 等，2012；Bigelow 等，2011；Lohman 等，2013），特别是展示了用 4—10mg 原位转酯化的方法，这可以大大提高燃料潜力评价试验的通量。

对于脂质含量的精确定量，按照定义，也就是藻燃料潜力，在脂肪酸定量的文献中有几种方法已经发表出来。AOAC（美国分析化学家协会）所列的方法通常被用于食品工业和农业（如 AOAC922.06，989.05，991.39）的脂肪酸测定，然而，AOAC 还没有报道为藻生物质特别制定或者优化的方法，虽然所列的一些方法已经被应用到藻生物质（Griffiths 等，2010；Bigelow 等，2011）。如果对这些方法进行修改，增加蛋白水解步骤，可以从复杂的蛋白网络中释放更多的 FAMEs。相似地，922.06 方法旨在围绕面粉脂肪酸测定方面的利用，包括转酯化前的浓盐酸水解步骤、水解碳水化合物、释放 FAMEs。因为研究报道藻类具有刚硬顽抗的细胞壁，因此，在文献中，都包括了该方法作产量比较（Laurens 等，2012）。AOAC 991.39 方法是作为一种定量 FAMEs 的有效转酯化方法而发布的，通常用于鱼油转酯化。该方法包括一个两步催化反应，先用 NaOMe 催化，然后是 BF_3 催化。该方法的改良版也被称为 NaOMe:BF_3 方法，经常与一步酸催化法进行比较（Laurens 等，2012；Lohman 等，2013）。

脂质提取经常被报道为一种定量测定生物燃料前提产量的方法。然而，脂质提取的总产量高度依赖于溶剂系统和所用脂质提取参数。加压流体萃取系统，比如 Thermo Fisher 公司生产的加速溶剂抽提仪（ASE）具有高通量提取藻生物质的潜力。

然而，其重量产量取决于温度和压力。例如，在加压流动提取过程中，提高温度和压力会增加两种溶剂的回收重量，使用正己烷，异丙醇作为溶剂会使总提取产量降低约 70 % 或者 50 %（Laurens 等，2012）。重量产量和提取效率随提取强度而异（Laurens 等，2012；Folch 等，1957）。这些观察结果说明了基于溶剂提取方法进行脂质含量定量的不确定性。一个可变的脂质抽提率定量数据的例子如图 22-3 所示（摘自 Laurens 等，2014），图中对于三个不同微藻株系，可抽提脂质的定量是基于用正己烷：异丙醇溶剂系统的加速溶剂抽提方法，与通过原位转酯化测定的燃料潜力相比较。数据表明，对所有三个株系，最初的抽提定量高估了燃料潜力，而在较晚时间点可抽提脂质或者燃料潜力相当（微绿球藻，*Nannochloropsis sp.* 和栅藻 *Scenedesmus sp.*），或者低估了燃料潜力 (小球藻，*Chlorella sp.*)。时间点越靠后，两者越接近，可能是由于脂质组分中甘油三酯积累的增加，而甘油三酯转化 FAME 的效率较高，而对于小球藻（Chlorella sp.）燃料潜力的低估，说明细胞对溶剂抽提的顽抗性提高了，正如以前的报道那样（Laurens 等，2012）。

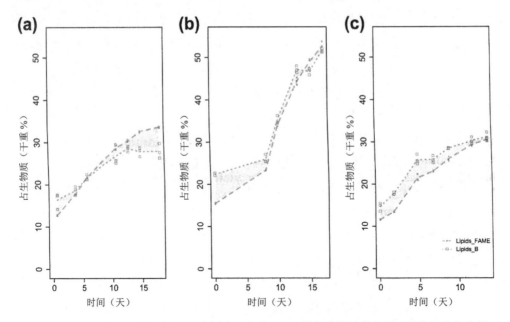

图 22-3　图示三个藻株系可抽提脂质定量（脂质 B），并与总燃料潜力即以原位转酯化获得的总 FAME 含量来反映（脂质—FAME）相比。（a）小球藻（Chlorella sp.）；(b) 微绿球藻 (Nannochloropsis sp)；(c) 栅藻 (Scenedesmus sp.)

对于基于溶剂抽提的脂质生产燃料的另一个考虑是这些抽提物也经常含有非燃料成分（如叶绿素、色素、蛋白质和组成部分糖脂的碳水化合物，如来自半乳糖脂的半乳糖）。在本文中，将燃料潜力定义为，由适合升级的脂肪酸组成的脂质部分。为了研究脂质抽提产量（重量）是否反映真实的燃料潜力，抽提物的燃料部分应该将脂肪酸转化为 FAMEs 再进行测定。不同类型的脂质可以不同程度地转化为燃料。例如，甘油三酯 100 %（基于重量）转化为 FAME，因为在水解这一步，甲基的添加平衡了甘油的流失。藻中一些最常见的脂质以及各自的理论转化效率计算值如图 22-4 所示。由于较大一部分与碳水化合物功能性关联的质量，糖

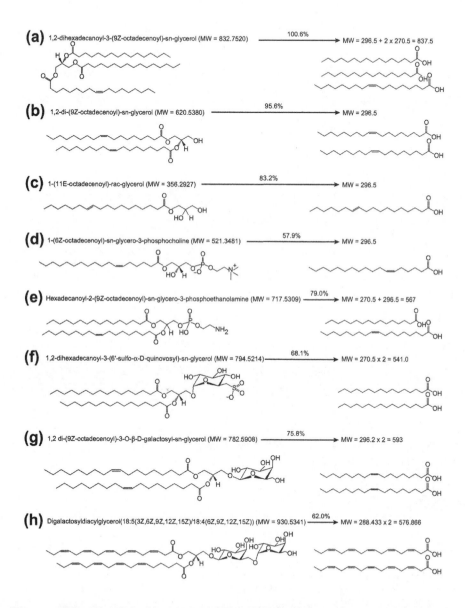

图 22-4　最常见的七类脂质代表的化学结构总体概况，甘油三酯（a）、甘油二酯（b）、甘油一酯（c）、磷脂（d，e）、硫脂（f）、和糖脂（单半乳糖基甘油二酯，MGDG；双半乳糖基甘油二酯，DGDG）（g，h）。结构来自 www.Lipid MAPS.org. 图解每一类脂质转化为 FAME 转化率定量的理论计算（注意：图示了游离脂肪酸的结构，但在计算中使用了 FAME 分子量）。

脂，比如双半乳糖基甘油二酯，只转化成 63% 的 FAME。因此，脂质的相对组成影响所抽提脂质的燃料潜力（Nagle 和 Lemke，1990）。取样时应包括一个株系低脂和高脂生物质样品（假设分别具有低和高甘油三酯含量），这样才可以研究不同样品脂质抽提和转化效率。

与图 22-3 所示相类似，对于营养缺失的普通小球藻（*Chlorella vulgaris*）和微绿球藻（*Nannochloropsis sp*），抽提的重量产量远远超过实际的燃料潜力。只有 30.9% 和 51.5% 的脂质可以转化为 FAME。这支持了通过抽提和重力回收进行脂质定量具有局限性的看法，支持采用原位转酯化方法进行藻生物质脂质定量。

22.7 结 论

为了对更精确地更完整地获得藻类全生物质燃料潜力提供支持，建立了替代基于抽提的脂质定量和转化的方法。其中一个例子是一步酸催化方法，通过原位全生物质转酯化为 FAMEs，进行藻生物质脂质定量的测定和完全转化。这种方法在转化过程中具有大大简化全生物质利用的潜力，而不依赖两步法的抽提和脂质升级途径。已经验证了基于藻生物质原位 HCl 催化的一步法适于用少量材料，其产量与 AOAC991.39 NaOMe:BF$_3$ 两阶段法相当，该方法已经应用于不同藻株的高通量筛选，或者跟踪整个培养过程中的脂质生产率。4—7mg 小规模的应用可以对多个菌株的脂质含量进行快速筛选，或者选择特定菌株和培养的适宜收获方案。研究已经证明了该技术的高分析精度，可用于快速跟踪菌株和燃料生产率的增长。

对于工业加工应用，要进行大规模示范，还需要更多的工作，或许需要比较便宜的酸源（比如硫酸）。这种示范工作也可能包括改进（降低）甲醇需要量和反应产量的耐水性，也包括不同来源藻生物质的示范。以总脂肪酸产量为主要衡量标准以及单个脂肪酸的分布，比较了不同催化剂的转酯化效率，证明转化效率可能与方法相关。

参考文献

Al-Zuhair, S., 2007. Production of biodiesel: possibilities and challenges. Biofuels, Bioproducts and Biorefining 1, 57–66.

Al-Zuhair, S., Ling, F.W., Jun, L.S., 2007. Proposed kinetic mechanism of the production of biodiesel from palm oil using lipase. Process Biochemistry 42, 951–960.

Bigelow, N.W., Hardin, W.R., Barker, J.P., Ryken, S.A., MacRae, A.C., Cattolico, R.A., 2011. A comprehensive GC-MS sub-microscale assay for fatty acids and its applications. Journal of the American Oil Chemists' Society 88, 1329–1338.

Bigogno, C., Khozin-Goldberg, I., Boussiba, S., Vonshak, A., Cohen, Z., 2002. Lipid and fatty acid composition of the green oleaginous alga Parietochloris incisa, the richest plant source of arachidonic acid. Phytochemistry 60, 497–503.

Bligh, E.G., Dyer, W.J., 1959. A rapid method of total lipid extraction and purification. Canadian Journal of

Biochemistry and Physiology 37, 911–917.

Carrapiso, A.I., Garcia, C., 2000. Development in lipid analysis: some new extraction techniques and in situ transesterification. Lipids 35, 1167–1177.

Christie, W.W., 2005. Lipid Analysis: Isolation, Separation, Identification and Structural Analysis of Lipids, third ed. American Oil Chemists Society.

Chupka, G.M., Yanowitz, J., Chiu, G., Alleman, T.L., McCormick, R.L., 2011. Effect of saturated monoglyceride polymorphism on low-temperature performance of biodiesel. Energy and Fuels 25, 398–405.

Cohen, Z., Bigogno, C., Khozin-Goldberg, I., 2002. Accumulation of arachidonic acid-rich triacylglycerols in the microalga *Parietochloris incisa* (Trebuxiophyceae, Chlorophyta). Phytochemistry 60, 135–143.

Ehimen, E.A., Sun, Z.F., Carrington, C.G., 2010. Variables affecting the in situ transesterification of microalgae lipids. Fuel 89, 677–684.

Folch, J., Lees, M., Sloane-Stanley, G.H., 1957. A simple method for the isolation and purification of total lipids from animal tissues. Journal of Biological Chemistry 226, 497–509.

Graboski, M.S., McCormick, R.L., 1998. Combustion of fat and vegetable oil derived fuels in diesel engines. Progress in Energy and Combustion Science 24, 125–164.

Griffiths, M.J., van Hille, R.P., Harrison, S.T.L., 2010. Selection of direct transesterification as the preferred method for assay of fatty acid content of microalgae. Lipids 45, 1053–1060.

Guschina, I. a., Harwood, J.L., 2006. Lipids and lipid metabolism in eukaryotic algae. Progress in Lipid Research 45, 160–186.

Haas, M.J., Wagner, K., 2011a. Simplifying biodiesel production: the direct or in situ transesterification of algal biomass. European Journal of Lipid Science and Technology 113, 1219–1229.

Haas, M.J., Wagner, K.M., 2011b. Substrate pretreatment can reduce the alcohol requirement during biodiesel production via in situ transesterification. Journal of the American Oil Chemists' Society 88, 1203–1209.

Haas, M.J., McAloon, A.J., Yee, W.C., Foglia, T.A., 2006. A process model to estimate biodiesel production costs. Bioresource Technology 97, 671–678.

Harwood, J.L., 1998. Membrane lipids in algae. In: Siegenthaler, P.-A., Murata, N. (Eds.), Lipids in Photosynthesis. Structure Function and Genetics. Springer, Netherlands, pp. 53–64.

Huber, G.W., Iborra, S., Corma, A., 2006. Synthesis of transportation fuels from biomass: chemistry, catalysts, and engineering. Chemical Review 106, 4044–4098.

Ichihara, K., Yamaguchi, C., Araya, Y., Sakamoto, A., Yoneda, K., 2010. Preparation of fatty acid methyl esters by selective methanolysis of polar glycerolipids. Lipids 45, 367–374.

Iverson, S.J., Lang, S.L.C., Cooper, M.H., 2001. Comparison of the Bligh and Dyer and Folch methods for total lipid determination in a broad range of marine tissue. Lipids 36, 1283–1287.

Kalnes, T., Marker, T., Shonnard, D.R., 2007. Green diesel: a second generation biofuel. International Journal of Chemical Reactor Engineering 5.

Knothe, G., 2011. A technical evaluation of biodiesel from vegetable oils vs. algae. Will algae-derived biodiesel perform? Green Chemistry 13, 3048.

Laurens, L., Quinn, M., Van Wychen, S., Templeton, D., Wolfrum, E.J., 2012. Accurate and reliable quantification of total microalgal fuel potential as fatty acid methyl esters by in situ transesterification. Analytical and Bioanalytical Chemistry 403, 167–178.

Laurens, L.M.L., Van Wychen, S., McAllister, J.P., Arrowsmith, S., Dempster, T.A., McGowen, J., et al., 2014. Strain, biochemistry, and cultivation-dependent measurement variability of algal biomass composition. Analytical Biochemistry 452, 86–95.

Lepage, G., Roy, C.C., 1986. Direct transesterification of all classes of lipids in a one-step reaction. Journal of Lipid Research 27, 114–120.

Lohman, E.J., Gardner, R.D., Halverson, L., Macur, R.E., Peyton, B.M., Gerlach, R., 2013. An efficient and scalable extraction and quantification method for algal derived biofuel. Journal of Microbiological Methods 94, 235–244.

McCormick, R.L., Graboski, M.S., Alleman, T.L., Herring, a M., Tyson, K.S., 2001. Impact of biodiesel source material and chemical structure on emissions of criteria pollutants from a heavy-duty engine. Environmental Science and Technology 35, 1742–1747.

McNichol, J., MacDougall, K.M., Melanson, J.E., McGinn, P.J., 2012. Suitability of soxhlet extraction to quantify microalgal fatty acids as determined by comparison with in situ transesterification. Lipids 47, 195–207.

Nagle, N., Lemke, P.R., 1990. Production of methyl-ester fuel from microalgae. Applied Biochemistry and Biotechnology 24, 355–361.

Rainuzzo, J.R., Reitan, K.I., Olsen, Y., 1994. Effect of short and long term lipid enrichment on total lipids, lipid class and fatty acid composition in rotifiers. Aquaculture International 2, 19–32.

Smagala, T.G., Christensen, E., Christison, K.M., Mohler, R.E., Gjersing, E., McCormick, R.L., 2013. Hydro-carbon renewable and synthetic diesel fuel blendstocks: composition and properties. Energy and Fuels 27, 237–246.

Smith, B., Greenwell, H.C., Whiting, A., 2009. Catalytic upgrading of tri-glycerides and fatty acids to transport biofuels. Energy and Environmental Science 2, 262–271.

Volkman, J.K., Jeffrey, S.W., Nichols, P.D., Rogers, G.I., Garland, C.D., 1989. Fatty acid and lipid composition of 10 species of microalgae used in mariculture. Journal of Experimental Marine Biology and Ecology 128, 219–240.

Wijffels, R.H., Barbosa, M.J., 2010. An outlook on microalgal biofuels. Science 329 (80), 796–799.

Williams, P.J.L.B., Laurens, L.M.L., 2010. Microalgae as biodiesel & biomass feedstocks: Review & analysis of the biochemistry, energetics & economics. Energy and Environmental Science 3, 554–590.

第二十三章
如何利用玉米生产燃料乙醇

Nathan S. Mosier, Klein E. lleleji

美国，印第安纳州，西拉斐特，普渡大学农业与生物工程系

23.1 引 言

在过去的 20 年里，燃料乙醇已变成一种很重要的农产品。2005 年，美国玉米产量的 13.5 % 以上都用来生产这种燃料添加剂 / 燃料混合添加物。这减轻了美国对进口石油的依赖，对环境更清洁，对农村经济和农业生产具有重大影响。

23.2 燃料乙醇

乙醇是由酵母从糖生产的一种醇。这和啤酒、葡萄酒和白酒中酵母产生的醇一样。燃料乙醇就是高度浓缩脱去水分的乙醇，并混入其他化合物，使之不能饮用。燃料乙醇可以单独作为燃料使用，比如在印地赛车联盟（Indy Racing League）的汽车中使用，也可以和汽油混合作为燃料。今天道路上的所有汽车和卡车都可使用含有高达 10 % 乙醇的汽油 / 乙醇混合燃料（90 % 汽油），亦称"E10"。混合高达 85 % 的乙醇，也称"E85"，可在经过稍加改装的汽车和卡车上用作运输燃料（每辆车约需 100 美元改装费）。这些灵活燃料汽车即可用汽油，也可用乙醇混合燃料，包括 E85。

23.3 酵母在乙醇生产的作用

所有乙醇的生产都是基于一种对人类非常重要的微生物 —— 酵母（*Saccharomyces cerevisiae*）的活动。通过被称为"发酵"的过程，酵母吃掉单糖，产生二氧化碳和作为废物的乙醇。酵母用每磅单糖可生产大约 1/2 磅（0.15 加仑）的乙醇和相当质量的二氧化碳。

23.4 用玉米作为乙醇原料

2005 年，美国生产了将近 110 亿蒲式耳的玉米。2005 年印第安纳州的玉米产量约 8.99 亿蒲式耳（USDA，2006）。2005 年美国乙醇产量达到 40 亿加仑，创历史新高，消耗玉米 14 亿蒲式耳，价值 29 亿美元。这表示玉米作为乙醇原料成为作为动物饲料和出口产品之后的第三大需求。随着更多乙醇厂的建设，以及乙醇需求的日益增长，乙醇产量预计将在 2012 年前超过 2005 年能源政策法案设定的 75 亿加仑的目标（EPACT05）。

用玉米为原料生产乙醇的价值，是由于玉米中存在大量的碳水化合物，特别是淀粉。（表 23-1），淀粉可以很容易地加工分解成单糖，然后可用单糖喂养酵母来生产乙醇。在现代乙醇生产中，每蒲式耳玉米可生产约 2.7 加仑的燃料乙醇。

表 23-1　玉米成分

成分	干物质百分比（平均）
碳水化合物 总	84.1%
淀粉	72.0%
纤维素	9.5%
单糖	2.6%
蛋白质	9.5%
脂肪酸	4.3%
矿物质	1.4%
其他	0.7%

23.5 工业化乙醇生产

在美国，燃料乙醇的商业化生产（工艺）包括，把玉米中的淀粉降解成单糖（葡萄糖），再把这些单糖饲喂酵母（发酵），然后回收主要产物（乙醇）和副产物（如动物饲料）。在美国，生产燃料乙醇的两个主要工业化方法是：湿磨法和干磨法。干磨法乙醇生产代表了美国大多数的乙醇加工工艺（大于 70% 的产量）。所有新建的乙醇厂都在基本的干磨法工艺的基础上，进行了一些演变，因为这样的工厂可以小投资、小规模建设。

23.6 湿磨法

湿磨法用于生产除了燃料乙醇的许多产品。大规模资本密集的玉米加工的湿磨工厂可产生各种产品如高果糖玉米糖浆（HFCS）、生物可降解塑料、食品添加剂（如柠檬酸、黄原胶）、玉米油（食用油）、牲畜饲料。

湿磨法之所以称之为"湿"，是因为加工的第一步要将籽粒浸泡在水中，软化籽粒，使之易于分离玉米籽粒的各种组分。通过分离工艺，将淀粉、纤维素和胚芽分开，可使这些不同的组分分别加工成各种不同的产品。利用湿磨法生产乙醇的主要副产品是两种动物饲料，即玉米谷朊粉（高蛋白，40%）和玉米蛋白饲料（低蛋白，28%）。玉米胚芽可以进一步加工成玉米油。

23.7 干磨法

在干磨法乙醇加工中，整个籽粒一起加工，残余组分是在工艺最后阶段进行分离。干磨法生产乙醇包括 5 个主要步骤：

23.8 干磨法生产乙醇的步骤

（1）磨碎
（2）液化
（3）糖化
（4）发酵
（5）蒸馏回收

23.9 磨　碎

磨碎就是让玉米通过一个锤式碾磨机（过 3.2—4.0mm 的锣）生产成玉米粉（Rausch 等，2005），这种玉米全粉用水搅成糊状，加入热稳定酶（α 淀粉酶）。

23.10 液　化

将上述玉米浆煮熟，也称为液化。使用喷射式蒸煮锅 (jet cooker) 进行液化，向玉米粉浆喷入蒸汽，用 100℃ 以上的温度蒸煮。蒸煮过程中的高温和机械剪切作用将籽粒胚乳中的淀粉颗粒打散，酶将淀粉聚合物分解成小片段。接着将蒸煮好的玉米糊状物，冷却至 80—90℃，再添加淀粉酶，让玉米糊浆继续液化至少 30 分钟。

23.11 糖 化

玉米浆液化后（此时称为玉米糊），冷却至约 30℃，加入另一种酶——葡糖糖化酶。葡糖糖化酶将淀粉分解成单糖（葡萄糖）。这一步称为糖化，经常是在将玉米糊注入发酵罐准备下步发酵的时候进行，然后贯穿下一步。

23.12 发 酵

在发酵这一步，将在种子罐中生长的酵母加到玉米浆中，开始单糖转化成乙醇的过程。其他玉米籽粒组分（蛋白质、油等）在发酵过程中很大程度上保持不变。在绝大部分干磨法乙醇厂，发酵过程是分批进行的。将一个发酵罐充满，分批发酵完全结束后，将发酵灌排净，再注入新一批。

上游工序（磨碎、液化和糖化）和下游工序（蒸馏回收）同时进行（籽粒不停地通过设备加工）。这样，这种设计中干磨法的设备通常有 3 个发酵罐，任何时间都有一个发酵罐充料，一个发酵罐在发酵（通常 48 小时），一个发酵罐空着准备开始下一批。

发酵过程中还会产生二氧化碳，通常不回收二氧化碳，而从发酵罐直接排放到大气中。如果回收，这种二氧化碳可以经过压缩后出售，充入软饮料，或者冻成干冰用于冷产品的贮藏。发酵完成后，发酵过的玉米浆此时称为酒醪（beer），从发酵罐中排到酒醪池，暂存批次间发酵后的酒醪，为乙醇回收（包括蒸馏）提供持续不断的物流。

23.13 蒸馏与回收

发酵后，玉米浆的液体部分含有 8 %—12%（重量）的乙醇。因为乙醇沸点低于水，乙醇可以通过称为蒸馏的过程分离出来。常规蒸馏 / 精馏系统可以生产纯度 92 %—95% 的乙醇。然后使用分子筛将残余的水去掉，分子筛选择性地从乙醇 / 水蒸气混合物中吸收水，可获得几乎完全纯的乙醇（大于 99 %）。

蒸馏过程后残留的水和玉米固体称为釜馏物，然后将这些釜馏物一起离心，将液体（稀的釜馏物）和固体的玉米碎片（湿酒糟或者酒糟颗粒）分离。将一些稀的釜馏物（backset）再回流到干磨加工的开始环节，使设备用水持续利用。

23.14 乙醇生产中使用的能量

的确，如物理定律所描述，能量从一种形式转化成另一种形式的过程中，会有损失。这样，乙醇的确要比生产所用玉米的能量要少。然而，把原油转化成汽油以及把煤转化成电的过程也是一样。关于乙醇生产的重要问题是，乙醇是不是一种真的可再生燃料？（生产中）使用了多少化石燃料？答案是肯定的，乙醇是可再生燃料。生产乙醇所使用的能源包括拖拉机、联合收割机所用的燃料，籽粒运输到乙醇厂的过程中所使用的燃料，也包括把玉米加工成乙醇的过程中所使用的能源。然而，玉米总能量中最大部分的能量是被玉米植株捕获的以淀粉的形式贮藏在籽粒中的太阳能。当把这些总计时，乙醇中的能量超过生长和加工玉米过程中所使用化石能源的20%—40%（Farrell 等，2006）。

玉米加工成乙醇过程中所消耗的大部分能量，是在蒸馏和 DDGS 干燥过程中。当湿磨法所得到的酒糟用来喂养乙醇厂附近的牲畜时，可节省干燥过程中的天然气用量，即节省玉米加工成乙醇过程总能量消耗的20%。

23. 15 结 论

现代干磨法乙醇厂可以把玉米籽粒转化乙醇（每蒲式耳 2.7—2.8 加仑乙醇）和DDGS（每蒲式耳生产 17 磅 DDGS）（注：中文意思是"干酒糟及其可溶物"，业内都知道 DDGS）。这种高能效的工艺可生产出一种可再生液体燃料，对美国农业经济和能源利用具有重要意义。

随着对玉米用于饲料、燃料和出口市场需求的增加，提高乙醇产量将为美国农业提供很多机遇和挑战。此外，生物技术和工程的进步，正在开辟将来用新原料如柳枝稷草、玉米秸秆生产更多燃料乙醇生产的可能性。

致 谢

此文是为普渡大学推广生物能源系列准备的。

参考文献

Farrell, A.E., Plevin, R.J., Turner, B.T., Jones, A.D., O'Hare, M., Kammen, D.M., 2006. Ethanol can contribute to energy and environmental goals. Science 311 (5760), 506-508,

National Corn Growers Association (NCGA) Annual Report, 2005.

Rausch, K.D., Belyea, R.L., Ellersieck, M.R., Singh, V., Johnston, D.B., Tumbleson, M.E., 2005. Particle size distributions of ground corn and DDGS from dry grind processing. Transactions of the ASAE 48 (1), 273-277.

U.S. Department of Agriculture. National Agriculture Statistics Service. http://www.nass.usda.gov. Accessed in 2014.

Watson. S.A., 1987. Structure and composition. In: Watson, S.A., Ramstad, P.E. (Eds.), Corn: Chemistry and Technology. American Association of Cereal Chemists, Inc, pp. 53-82.

第二十四章
小规模评价生物质生物转化
燃料和化学品的方法

Jonathan R. Mielenz

美国能源部橡树岭国家实验室，罗克伍德白崖生物系统

24.1 引 言

植物生物质是可再生材料（不管是运输燃料、中间化学品、大宗化学品还是热源和发电）的宝贵资源。运输燃料包括汽油添加剂或者替代品，比如增氧剂（如乙醇），或者所谓的随意添加燃料（Drop-in fuel）。类似地，石化柴油可用植物油转化的生物柴油（或与新近开发的可随意添加分子一起）替代。在化学品方面，机会广阔，可通过发酵和热化学裂解将各种生物质替代物转化成多种化学分子。热和发电包括用生物质部分替代电厂的煤，包括锅炉燃烧和先进的气化技术。使用生物质热发电是一项基本成熟的技术，但评估生物质的化学转化需要复杂的、仍在发展的以及广义上归为生化或者热化学转换的技术。虽然两种转化技术各有其自身的优势和挑战（Lynd 等，2009），这章稍加详细地描述了有效地评价生物质资源的方法，探明优选的生化转化方案，同时还对许多同行评议论文中已发表的方法，做了最简要的描述。（因为篇幅有限）所以，这章对评价生物质生物转化的实验室程序提供了一个更为详细的描述。

24.2 生物质种类

生物质是指多种类型的植物物质，每种都有其特定的组成和特点。生物质广义地被分为木质类、草本类以及特殊植物物质如微藻。这章只综述了陆生生物质的利用技术，因此不包括藻类技术。从结构上说，生物质包含两大类复杂的碳水化合物：

纤维素和半纤维素。纤维素主要由聚合葡萄糖组成,以晶体形式和无组织的多孔纤维素存在。半纤维素由高度多变的五碳糖木糖的聚合物组成,这个糖常常被其他糖替代,比如阿拉伯糖、半乳糖、甘露糖以及葡萄糖(Dodd 和 Cann 2009)。此外,半纤维素在其骨架上有多个醋酸酯。这些称为 O—乙酰化聚合物的醋酸酯构成干硬木重量的 4%(Samara,1992)。半纤维素还连接第三个主要化学组分:木质素。木质素是复杂多酚结构,有大量 O—甲基侧官能团(Boerjan 等,2003;Ralph 等,2004),它经常被称为生物质的重要结构组分,起到连接半纤维素复合体的作用(Zhao 等,2012)。木质素是植物通过芳香氨基酸途径产生的,特别来自苯丙氨酸途径的前体,是苯丙氨酸衍生的三个单体化学物质(香豆醇、松柏醇,芥子醇)的聚合物。每种植物种类都有其自身的聚合这些单体的过程,所以,木质素组成和含量因物种而异。

木本生物质包括软木和硬木树,以及更多的灌木,比如柳树。软木树种包括松树和杉树,大量种植用于造纸和建材工业。这些物种的组成成分各不相同,但一般都含有高水平的沥青和树脂物质,这些物质必须通过各种利用工艺除去或者控制(燃烧除外),使之从终产品中消除。这些材料可能构成副产品的一个来源,比如粘合剂和纯化树脂。另外,软木树(松树)含有大约 42 % 的纤维素、21 % 的半纤维素和 26 % 的木质素。除了这些成分,还发现松树含有高水平(大约 11%)的单糖,简单六碳糖—甘露糖(NREL 生物质数据库)。硬木树包括栎树、枫树、桉树、杨树以及外来物种比如桃花心木和柚木,在世界许多地方都很常见。在美国,黑木棉树(*Populus trichocarpa*)已经被能源部选为模式硬木能源作物,因为其生长迅速,树林相对容易管理,包括收获。硬木树一般含有 44 %—50% 的纤维素、15%—19% 的半纤维素和 18 %—26% 的木质素。黑木棉树是这个组成的平均值,约 49 % 纤维素,约 15% 半纤维素和约 22 % 木质素(Zhao 等,2012;NREL 数据库)。

草本物种包括所有粮食和饲料作物,比如玉米、大豆、小麦、燕麦、苜蓿以及其他干草以及潜在的能源作物(如柳枝稷和其他高产草原禾草)。虽然粮食作物本身(粮食和种子),不被看作生物质应用,但每种作物都有一部分是非粮的,并产生农业剩余物,这些是转化为更多产品的重要生物质资源。在美国,草原禾草草柳枝稷(*Panicum virgatum*)已被美国能源部选为模式草本能源作物(译者注:原文有误,此处根据上下文进行了更正),因其生长迅速(Sokhansanj 等,2009;Mclaughlin 和 Kszos,2005)。草本农业剩余物(玉米秸秆、甘蔗渣、小麦秸秆)有大约 38%—41% 纤维素、21% 半纤维素、17%—25% 木质素(Zhao 等 2012;NREL 生物质数据库)。其他类型的生物质还包括造纸厂加工后的废弃物等,比如污泥和纸厂废水、建筑业的拆建废料、林业剩余物(修剪下的树枝)、消费后垃圾,还有城市固体垃圾以及回收分离的垃圾。这些类型的废物每种都是高度异质的，不同来源差异很大。但是，本章所描述的技术适用于特别处理过的这些材料。特别处理包括去除非生物质物质，比如金属和非木质建筑废料，以及还要从城市固体垃圾中去除塑料类物质。

24.3 生物质处理

生物质天然抵抗降解，因为植物物种进化成了在开放的环境中生长时能够抵抗天气的影响、昆虫和微生物的侵袭。此外，还对结构强度的需求，特别是对木本种类，也促成了植物抵抗迅速降解为单个化学取代基。因此，在过去几十年里，已经开发了生产易于生物转化或者生化/化学联合转化成高附加值燃料和化学品的简单组分的技术。这个综合技术被称为预处理，它包括6—7种成熟技术，每种技术都有特别的优点和缺点。本章主要评述领先的方法。

24.4 机械处理

前面所述各种类型的生物质来源不同，形式大小多样。为了能够在商业化设备中或者试验室里处理这些材料，需要进行粉碎。因为商业化规模大，对大小的要求没有实验室的要求严格，额外粉碎会增加成本，估计1.6美元/吨（Sokhansanj等，2009）。实验室评价任何来源的生物质都需要磨碎到可接受的大小。一个通常的方法是用一个带筛子的粉碎机粉碎干生物质。具体地说，在粉碎以前，我们已经用45℃烘干，然后用带有20目（0.84 mm）筛子的Wiley粉碎机粉碎。如果希望的话，可以将植物物质进一步过筛，除去很小的颗粒，因为最小的颗粒更容易生化降解，可能对生物质转化结果产生偏见。如果植物材料灰尘特别多，表示存在相当量的细小颗粒，特别推荐这样做。虽然可以用其他粉碎方法产生不同大小的材料，但是当确定了一个可接受的方法程序以后，粉碎方法不应该变来变去，因为在任何转化过程中，这都是一个重要的参数，因此需要连续一致的生物质颗粒大小和表面积。

24.5 不进行预处理

消除预处理这一步对处于起步阶段的生物质加工是非常有利的，因为这步成本很高（Lynd等，2008；Foust等，2009）。如果某些转化目标得到满足，只从经济立场看，这也许是可能的。当然，自然界有大量微生物，容易消耗未经处理的生物质作为食物和能量来源。但是这消耗与碳水化合物转化率或程度无关。初期工业加工的一个通常目标可能是利用生物质碳水化合物的80%，未来目标是90%（USDOE

MYPP，2011）。尽管这样要求，一些文章声称，选择的微生物不经过处理也能够转化生物质。报道的结果包括 Caldicellulosiruptor bescii 转化 26% 的柳枝稷不可溶碳水化合物和 15% 的黑木棉树不可溶碳水化合物（Yang 等，2009）。从商业化角度看，这种程度的生物质转化是完全不能接受的。虽然 Caldicellulosiruptor sp 微生物具有有趣的生物质降解酶的组合，但在开发出缺乏典型顽抗性的生物质之前，对于商业上利用生物质生产燃料和化学品的现实可行的工艺来说，预处理是一项重要而关键的要求。

24.6 化学 / 热预处理

虽然已经开发了一些温和温度下的预处理，比如石灰预处理，但这些是例外。预处理通常包括将生物质暴露在各种高温化学（包括酸、中性、碱）条件下。预处理方法包括蒸汽爆破、稀酸、自水解、氨纤维爆破（AFEX）、氨水、热水、石灰、亚硫酸盐、磷酸和离子液体预处理（Grous 等，1986；Grethlein 和 Converse，1991；Balan 等，2009；Kim 等，2009a，2009b；Yang 和 Wyman，2009；Yang 等，2009；Sierra 等，2009；Ewanick 等，2007；Zhang 等，2007；Kilpeläinen 等，2007）。这些预处理方法都是在过去数十年里开发的，其中的大多数已经通过合作仔细评估过，以鉴别出针对特定生物质转化问题的最好方法。所有这些方法的挑战是他们是否能经济有效地放大，以及确定每种预处理方法对工艺总体经济性的影响。

24.6.1 酸预处理

一种最常见的预处理方法是稀酸处理，即让生物质暴露于 140—200°C 高温的 0.1%—1% 浓度的硫酸中 5—30 分钟以上。这种方法产生高度可消化的生物质固体，外加含有大部分半纤维素糖、寡聚物（小糖链）分子的液体部分。必须仔细确定每种生物质来源的预处理条件，因为过度预处理（比如 1% 的酸，200°C，30 分钟）会产生葡萄糖和木糖的酸解产物，也产生木质素的降解产物（Klinke 等，2004）。这些降解产物的产生不仅降低了诸如乙醇或丁醇的产物产量，糖降解产物也不能发酵。此外，这些酸解产物还会抑制微生物（无论是酵母、细菌还是真菌）进行生物转化。将生物质过度暴露于苛刻条件的关注对于所有预处理方法都是一样的，所以，对于每一个选定的生物质进行生物转化时，其处理条件都需要精心调控。

24.6.2 中性前处理

已经开发了中性或者近中性 pH 预处理比如热水预处理，以尽可能降低高酸预处理所特有的抑制物影响，但他们也经常也酸性的（pH4—6），因为前面提到过的乙酰基的存在，一旦从半纤维素中释放出来，就会产生醋酸。这些热水预处理比酸预处理更温和，但仍然需要高温和增加保温时间，才能产生相同程度的固体可消化率（Allen 等，2001）。蒸汽爆破预处理通常是通过暴露于蒸汽中，然后快速释放压力来完成的。给生物质快速减压，会使植物材料的结构产生与固体淀粉产生的玉米爆米花不同的膨胀。这种方法容易在中试车间和大规模地进行，但出于设备和安全的考虑，在小规模上它不太有吸引力。因此，通常做法是在生物质暴露于高温后冷却，这样降低高温产生的高压。使用特别装置和实验反应器，后面将描述。

24.6.3 碱预处理

碱预处理方法包括石灰预处理，这是一个常温过程，处理时让生物质长时间接触石灰使其在控制下缓慢地降解。前面已提到，评价这一过程的实验室方法已经开发（Sierra 等，2009）。其他使用高 pH 条件的预处理方法还有氨水预处理，这种方法与稀酸和中性热水预处理方法相似，除使用氢氧化铵作为化学催化剂之外（Kim 等，2009a）。更为复杂但比较雅致的方法是氨纤维爆破法 (AFEX)，使用氨气作为催化剂，结合前面提到的快速减压过程（Balan 等，2009）。这种结合容易去除绝大部分氨气并进行回收，同时，产生更易于生物转化的生物质（Lau 等，2008）。测试表明，比其他预处理方法相比，AFEX 产生较少的抑制性化合物，还有更多好处，残余的氨可作为氮源，供后续发酵利用。AFEX 测试设备具有和气爆装置相同的限制，但可以在拥有经过正当培训人员的专门实验室使用。

24.7 有机预处理

24.7.1 离子液前处理

离子液（IL）是带有一个离子有机部分外加一个带相反电荷离子无机部分的有机盐，顾名思义，他们在中温下是液体。目前正在对这些新化学品作为分解生物质有潜力的方法进行仔细评价，因为已经证明这些独特的化学品可以溶解生物质（Swatloski 等，2002；Sun 等，2009）。例如已经证明，当材料粉碎后，1- 丁基 -3-甲基咪唑氯盐（1-butyl-3-methylimidazolium chloride）和 1- 烯丙基 -3- 甲基咪唑氯盐（1-allyl-3-methylimidazolium chloride）溶解高达 8% 的木质生物质（Kilpeläinen 等，2007）。一项离子液预处理的技术经济分析（Klein-Marcuschamer 等，2011）对大规模使用离子液的效益和所面对的重要挑战的进行了重要评价。例如，溶解生物质消耗大量离子液，他们还非常贵（Mora-Pale 等，2011），而且他们的存在还抑制生物质酶和发酵微生物（Turner 等，2003；Docherty 和 Kulpa，2005）。最后一点，就是难于去除他们，导致废水中离子液浓度很高，废水处理系统难于去除（Geriche 等，2012；Zhu 等，2012，2013a，b）。在降低成本和加强回收，加之显著使用这些化学品的改善工艺取得重要进展之前，这些问题限制了这种有趣的另类化学品的经济利用。

24.7.2 有机溶剂预处理

有机溶剂方法涉及去除植物材料碳水化合物中的木质素，为支撑制浆造纸工业，该技术已经开发（Kleinert 等，1974）。国家可再生能源实验室研究了利用有机溶剂处理进行生物燃料开发和木质素开发利用（Chum 等，1985，1988，1990）。就生物质处理来说，有机溶剂处理的确改善了纤维素和半纤维素处理，但是有大量购买溶剂的成本，还有很贵的资本和从残余生物质中全面去除溶剂的处理成本，同时还要控制挥发性有机物质的排放。因此正如 Zhao 等所评述的，有机溶剂预处理太昂贵，难于大规模商业化用于生物燃料生产（Zhao 等，2009）。

24.8 生物预处理

生物预处理的能量投入最少，依靠生物质与选择的能够产生修饰生物质、改善其被用于生物或者热化学加工的能力的胞外酶的微生物一起温育，来完成预处理。生物预处理最大规模的利用是用内源微生物进行生物制浆（Akhtar 等，2010）。然而早期工作就表现出添加真菌微生物加速并控制该过程的优点（Eriksson 和 Vallander，1982）。首选接种物是各种真菌微生物，其中白腐菌具有显著的脱木质素活性（Zeng 等，2011）。然而，正如 Chen 等（2010）所评述的，处理时间从 28—60 天不等，因此，生物预处理被认为时间太长，对于生物燃料生产经济上不可行。

24.9 小规模预处理示例

生物质酸性、中性或碱液预处理很容易用少量生物质操作，用几种方法结合处理，从而可用于对新生物质资源的评价（Kim 等，2009b；Yang 等，2009；Balan 等，2009）。

对于预处理计划和最终发酵的一个考虑是整个过程的所有步骤需要多少材料。特别是，需要测定预处理前和处理后生物质的碳水化合物，有时可能还有木质素的含量以及发酵后残余物的组成。生物质碳水化合物和木质素组分通常可用 0.1 克生物质（干基）来测定，重复 3 次（共需要 0.3 克）。根据方法不同，预处理经常会导致 40%—50% 固体材料的损失，其中酸性条件通常损失较多。最后，如果发酵将 50% 固体转化成产品，需要添加额外的起始材料来完成一项完整地评价。橡树岭国家实验室（ORNL）生物科学部在已发表方法的基础上开发的预处理方法，确定进行生物质预处理、发酵和残余物分析的最小干生物质的量是 10 克（干重）（Mielenz 等，2009；Fu 等，2011；Yee 等，2012）。

24.10 生物质预处理的典型程序

（1）具体讲，预处理开始时，先将 10 克待处理生物质浸泡在 100ml 适当的液体如 0.5% 硫酸、水或者其他化学溶液中过夜，确保液体渗入干生物质。

（2）通过过滤或者离心将生物质从液体中分离出来，将液体置入已称重的容器中，固体也这样做，以便能够跟踪材料。

（3）将湿生物质分成 3 等份进行预处理。用于小规模预处理的反应器是用不锈钢世伟洛克（Swagelok）螺纹连接密封的直径 0.5 英寸哈氏合金 C275 钢管（Yang 等，2009）。由于没有哈氏合金钢的帽子，所以，为了保护连接以免酸腐蚀，用从 0.5 直径英寸的特氟隆杆上砍下的来特氟隆 (Teflon，聚四氟乙烯) 塞子（0.5 英寸 ×3 毫米）将两头封住。管长根据用于加热反应器的沙浴大小而定。但是，这个例子中使用的是一个 4 英寸的管子。在商店用可用老虎钳将管子一端密封，然后另一端松松地盖上盖子，进行反应器称重。用漏斗加入生物质，再用木棍压入，形成带有极少量液体的固态塞。利用老虎钳将端部用联结密封。密封一定要紧，因为高温下压力很高。对反应器重新称重，测定生物质的湿重。

（4）将反应器安全放置在线夹上，可放多达 4 个含有 10 克按照所述的方法准备材料的反应器。为安全达到 140—200℃ 的温度，需要流化沙浴。ORNL 使用能够夹住 4 英寸管子带有温度调节器的 Omega FSB1 沙浴（Techne 公司），也有较大的沙浴可以买到。将反应器在开水中预热 2 分钟，以加速沙浴中升温。如果可以的话，可以将第二个沙浴设定为高于目标温度 20℃，将反应器转入沙浴中 1 分钟，然后再将最初的反应器调到需要时间（Yang 等，2009）。这个程序使反应器加热到目标温度时所预期的沙浴温度下降达到最小。如果希望的话，人工记录或者用记录器自动记录沙浴温度。

（5）在初级沙浴中达到期望温育时间之后，将反应器插入冰水中 2 分钟，搅拌一下，然后快速淬火热处理。将内含物用木棍从烘干的反应器中取出，放入 50 毫升一次性离心管。有趣的是，一些生物质（比如柳枝稷）容易取出，而林木生物质因为膨胀可能需要费些力才能倒出来。

（6）预处理过的生物质经过 pH 调整后直接用于发酵或者用于冲洗。评价不存在游离糖的固体可能有益于评价固体底物的差异。所以通过冲洗去掉可溶性糖以及其他可能影响发酵的物质。开始冲洗时每克起始材料加入 10 毫升水，所以通常向反应器管中的内含物加入 25 毫升水。离心后（10000g，10 分钟），将液体取出进行分析。将生物质用总共 100 毫升 / 克生物质进一步冲洗，如果过滤的话，在较大的离心管或者其他容器中比较方便。过滤生物质使用三层剪成所需大小的奶过滤器（Kenag 过滤盘）。

（7）预处理后，可以取出一部分进行成分分析。可在冲洗前后取样。这将为四套反应器准备的生物质结合起来，混合，然后取 3 个 0.5 g 湿重样品，放入各自的干燥盘，45 ℃ 干燥后进行组成分析。每样产生约 0.1 g 干生物质，这样既产生干重数据，也产生用于碳水化合物和 / 或木质素分析的样品（将在接下来讨论）。

还有许多其他预处理方法和规模。所以，前面的例子旨在为灵活有效地评价不同类型来源的生物质而进行的小规模预处理提供一个指导。

24.11 生物质分析

研究诸如生物质等固体底物的一个重要方是分析底物的组成，既在过程开始也在加工过程中，特别是关于预处理影响。一个重要的分析是测定生物质中的干物重，这操作起来很简单，或者人工测定或者利用自动湿度探测装置。之所以说这很重要，原因是因为如果加工过程中没有湿度测定，就无法跟踪物流。包好离心后或者过滤到没有可见自由液体的湿生物质通常至多含有 15 % 干生物质，经常只有 20 % 干物质。虽然方法足够简单而不必描述，但重要的是要记住，当你进行加工和分析生物质时，80%—85 % 的液体部分含有大量可溶性的游离液体取代基（糖等），成分评价中应该包括这些物质。另外，如果只测定固体含量，需要用水或者缓冲液进行充分冲洗，以便从大量液体中去除可溶性取代基。

作为分析的一部分，液体和固体两者都称重很关键，因为产生了各部分。所以，如果需要进行物料平衡分析的话，就会有数据可得。一般原则是即使你不认为这个信息有必要，也要追踪重量。所以，万一需要对结果进行进一步分析的话，能够追溯过程和物流。当对多种预处理方法进行合作分析时，评价物料平衡的意义就会显示出来（Garlock 等，2011），这样的分析对任何研究工作都会有指导意义。测定处理过程中的生物质底物的组成很重要，因为这个组成用来评价处理步骤的有效性，还决定酶的用量。关键的分析方法是由 NREL 开发，并被美国测试与材料协会（ASTM）采纳为方法 ASTM E1758-01（ASTM 2003）和高效液相色谱（HPLC）法 NREL/ TP51-42623（这是个测定生物质组成的方法，题目是"生物质中结构性碳水化合物和木质素的测定"）。虽然参考资料中有重要的细节，仍将一些具体的方法在这里做以简要介绍。

本质上，这个方法就是碳水化合物和木质素的酸解，然后利用定量糖化 HPLC 分析法测定所产生的每种碳水化合物糖。木质素分析是利用马弗炉降解测定不可溶木质素，通过可见紫外吸收光谱测定酸溶木质素。对于大部分针对发酵的研究，重要的数据是通过这种定量糖化方法测定的碳水化合物组成。

ORNL 和其他地方的工作已经肯定，碳水化合物方法可以按比例缩减从 300mg 干生物质到仅仅 100 mg，特别是做常规三次重复分析的话。当发酵规模定在 10 g 起始材料（干重）时，这会特别有帮助，因为常常对生物质材料进行全过程分析。当通过发酵评价新的植物变异体时，这个问题变得更加重要，温室种植的品系总生物质量仅限于 10 克。

研究发现，定量化糖化方法容易完成多达 5 个样品三次重复以及标准的测定，但可能需要较多手处理。正如前面所提到的，使用预制的数据模板记录各步样品的重量，这也有助于物料平衡的追踪。安全考虑是最为重要的，需要正式通知其他研究人员，预定好高压釜，最后水解要使用 1 小时，且只能由进行测试的人员打开，避免他人触摸含有硫酸的玻璃压力管。最后，用碳酸钙小心中和样品很重要，这不会改变样品体积，但会释放二氧化碳而冒泡，所以碳酸钙要小量（50mg）多次加入直到 pH 达到中性。用 HPLC 进行含糖量的测定，所用色谱柱是用配以恰当保护柱 Bio-Rad Aminex HPX-87 测糖柱子。用脱气蒸馏作水流动相和中性化的样品运行这个柱子，因为流动相或者样品中的酸性内含物可能有害。我们已经确定保护柱和主要分析柱的质量和寿命可能导致糖峰型变差，所以两柱列部分都要好好维护。当操作好的时候，我们能够检测并定量分析生物质水解物中的 5—6 种糖：葡萄糖、木糖、阿拉伯糖、半乳糖、甘露糖和果糖，如果这些糖存在的话。此外，葡萄糖降解化合物羟甲基糠醛（HMF）、木糖酸解产生的糠醛也可以用相同的 Aminex HPX-87 柱子分离定量，所以评价其水解物中的水平是也很重要。

应当介绍提到的是，这些化合物的标准物对光敏感，所以应在暗室中准备（拉下窗帘，关上灯），尤其要格外注意的是，在定量糖化分析中，没有果糖幸存，正如 Penner 实验室的研究表明的那样（Nguyen，2009），所以果糖定量必须在比较温和的水解方法之后测定。最后，无论是在分析样品获得所关心糖的正常定量之前还是之后，通常都应该多测定几个预期糖和糠醛的浓度，也要确定 HPLC 糖分离恰当，因为这些糖依次分开可能要好几天。

预处理之后，需要进行糖化定量分析，测定半纤维素释放程度以及不太受影响的纤维素物质增加量。图 24-1 显示生物质稀酸处理以及固体冲洗前后的结果。结果表明，固体中木糖显著降低（重量基），纤维素水平明显地补偿性增加。之所以这样，是因为和纤维素的葡萄糖键相比，半纤维素木糖键高度易受破坏。如果期

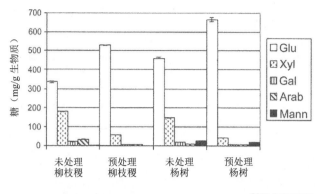

ORNL-Mielenz data

图 24-1　原料和预处理（Pretrd）的柳枝稷 (SWG)、杨树 (Populus) 糖组分组成。显示了标准差符号。Arab- 阿拉伯糖，Gal- 半乳糖，Glu- 葡萄糖，Xyl- 木糖。

望利用纤维素的话，那么，增加纤维素含量特别重要。因为酶的用量通常是基于纤维素含量。此外，用 P 柱分析可以检测糠醛和 HMF 水平，严酷的预处理产生这些化合物。

如果在固体糖化定量分析中检测到高水平糠醛和 HMF，可用 HPLC P 柱分析预处理液体（中和以后）来确定预处理的严酷程度。理想的预处理产生低水平的各种酸解产物（Palmqvist E 和 Hahn- Hägerdal，2000）。

24.12　小规模生物质发酵方法

当原料供应量很有限的时候，小规模生物质发酵最为有用。因为较大规模的比如多升发酵可能需要较多底物，而实际没有那么多。这种情况最好的例子是小规模种在温室里的新培育转基因或者自然变异系。ORNL 的研究工作一直在为由美国能源部科学办公室资助、ORNL 领导的生物能源科学中心评价生物质资源。这些来源主要有两类：柳枝稷和黑木棉树，每类均包括转基因系和自然变异系两种。作为研究的重要部分，生物能源科学中心能够使用 NREL 和加州大学开发的进行大量样品分析所需的高通量机械人程序进行高通量预处理和酶筛选（Sykes 等，2009）。这些方法已经被用于评价 1100 多份采自美国西北部和加拿大的杨树自然变异样品，利用这些高通量方法测定了对离体酶法解离糖有影响的木质素的含量（Studer 等，2011）。类似地，创造的苜蓿和柳枝稷转基因植物在温室产生了大量的变异植株，已对这些（材料）进行了糖解离测定（Chen 和 Dixon，2007；Dien 等，2009）。用高通量筛选获得的快速分析结果对于从开始选择有前景的植物变异体到最终在大田测试很重要。下一步必须做的是通过发酵测试植物材料，以便根据物理特性比如碳水化合物和木质素含量以及离体酶法糖解离确定选择。发酵提供关于生物质转化生产力和鉴定生物质提取物中与可能在发酵中产生的潜在抑制因子的重要信息。

起初的生物质或是转基因的或者是天然变异的柳枝稷或黑木棉树，这些材料起初可获得量比较少，任何转基因系可供量也就 50—100g 的水平。对于杨树自然变异系可获得的材料较多，但也只有在较长时间栽培后，因为木本材料生长较慢。有限的生物质的量迫切需要开发可靠、可重复并能与前面所介绍的预处理流程相匹配的小规模发酵方法。总的目标是用现有方法（三次重复）能够发酵生物质，获得关于特定生物质样品相对于标准材料的表现的可靠数据。通过使用三种不同的发酵方法，已经实现这个目标。

生物质碳水化合物的发酵，需要将聚合的纤维素和半纤维素水解成可发酵糖。这种水解基本上有 3 种方式：（1）用发酵微生物在适宜温度下发酵过程中（称同步糖化发酵 SSF）使用工业用酶，如纤维素酶、半纤维素酶、β - 葡萄糖苷酶、果胶酶。（2）在不存在发酵微生物、接近适合酶的较高温度下使用这些酶。水解后，将混合物的温度降到适合发酵微生物的温度。这种方法被称为分步水解发酵（SHF）。对于用生物质生产乙醇，目前容易得到的微生物有酵母菌属（*Saccharomyces*) 各种酵母菌株，或者遗传改良的大肠杆菌（*Escherchia coli*）菌株，或者运动发酵单胞菌 (*Zymomonas mobilis*)。所有这些微生物都用生物质糖（大部分）生产乙醇。（3）利用发酵过程中能够产生前面所述那些酶并产生碳水化合物水解物的微生物进行固体发酵。这种方法称为联合生物加工（CBP）或者也可称直接微生物转化。这种方法的优点是发酵温度对于微生物的生存和生长以及各种酶产生和活性可以接受。也不需要不同来源的工业酶，因为他们是由微生物活体产生。所有这三种方法都为商业化生产燃料和化学品提供了关于生物质原料评价的有用信息。对于描述缩小规模的预处理，这里提供关于这些缩小规模发酵方法的细节。应该注意的是，所用生物质可以是未经预处理的，也可以是预处理后直接微生物转化（DMC）。

24.12.1 SSF 同时发酵示例

（1）如前面讨论过的，生物质应该粉碎到一定大小（见"机械处理"部分）。这种生物质可以提供干的也可以是湿的，但知道其干生物质，以便开始时就已知干生物质的量。对于预先产生的预处理的生物质后者较为常见。此外，如果要根据纤维素水平计算纤维素酶用量（即每克纤维素单位或酶的重量），那么就必须知道样品的碳水化合物（特别是纤维素）含量。虽然也可以根据总生物质计算酶的量，但是由于固有的结构差异或者预处理的易感程度不同使底物纤维素水平不同，如果不考虑纤维素水平，可能引起误导性结果。在密封的小容器如 100mL 血清瓶或者密封的玻璃瓶进行发酵。发酵通常可以利用排出释放的二氧化碳的重量损失进行跟踪，所以容器应该有个用针能够扎得动的血清密封。将相当于 1g 干生物质的生物质加入预先称重的瓶中，再次记录重量获得每瓶中准确的生物质重量。每个生物质样品准备三次重复的瓶子，总要有一个无生物质的对照，三个重复，包含除了生物质之外所有酶或其他组分，可以检测在酶中是否有可发酵底物或其他发酵问题，比如残糖或者接种物种的产物。

（2）对于酵母SSF，缓冲液母液是1 M柠檬酸钠（pH 4.8）。根据要达到的终体积，将缓冲液和水加到容器内，使缓冲液浓度达到50 mM。对于用其他微生物的SSF方法要求不同的pH值，如大肠杆菌或者发酵单胞菌，使用期望的pH值的较浓缓冲母液。此外，其他微生物的支撑培养基必须分别确定。建议使用较高浓度的养分来使最终体积尽可能小。一个方便的最终体积是20mL，那么使用1g就可到达5%的生物质加样量，瓶子不要密封太紧，在标准条件下高压灭菌30分钟。灭菌前，必须小心，尽可能不让生物质附着在容器壁上，因为灭菌过程中，会让生物质粘在壁上，而不能参与发酵。如果需要的话，在灭菌前用一个小铲子去掉附着的生物质，或者更要注意的是，不要翻倒容器。

（3）在冷却后的容器中加入下列成分（对于酵母 SSF），以启动发酵：预先灭菌的10 % 酵母抽提物，加到 0.5 %，0.5 mL 过夜培养的发酵微生物，如果灭菌过程中有水分损失，补足水分。加入前准备好的工业酶混合物。典型的酶混合物含有 15 滤纸酶活单位 / 克纤维素。其他实验程序是按蛋白的重量加入酶，但是比较研究的关键是加入纤维素酶的剂量要一致，因为纤维素酶的水平显著影响发酵结果。半纤维素酶、β - 葡萄糖苷酶和果胶酶（如果使用的话）可以按照纤维素酶的体积 1/4 加入，或者按照生产商推荐的用量加入。可以通过加入其他组分改变酶混合物。对于酵母发酵，可以加入链霉素（最终浓度 62.5μg/mL）（50μl 的 25mg/mL 母液到 20mL）作为减少嗜温菌厌氧生长的预防措施，但是这步可以省略，如果希望的话。发酵微生物的接种量可根据需要而定。通常在使用前测定培养物 600nm 光学密度（OD）。酵母培养物在 YPD 培养基上过夜培养可达到 10 OD 600-nm 单位以上。确定在取部分细胞（用于测定残糖和接种物中的产物浓度）之后，准备并冷冻一部分接种物培养基。

（4）密封发酵容器，在期望温度下开始温育前，记录零时（T_0）重量。为了让固体充分接触酶和发酵微生物，让容器保持直立，使生物质尽可能不要贴在壁上，因为一旦粘到壁上，自身很难再落回液体中发酵。以 100—125 rpm 转速摇一摇是正常范围。

（5）跟踪重量损失，通常用 25 号针穿刺血清瓶顶部，让二氧化碳气体放出来。如果还有通气声音的话，起初排气 20 秒钟或更长时间。不要让容器通气长于这个时间，因为当容器冷却时，内部气体收缩，吸入空气。通气后，称重并记录结果。为了尽可能减小差异降温，以六个或少些为一组进行通气和容器称重。在前 24—48 小时发酵最为活跃，但是继续通气称重直到发酵重量损失图基本上变平。在大约 18 小时和 24 小时的时候通气，然后每天一次，可以提供关于发酵进展的数据。

图 24-2 显示柳枝稷和杨树的 SSF 生物转化的发酵过程图，显而易见，这两种底物在生物转化过程中反应不同。没有追踪重量，仅仅依靠最后的数据，我们无法确定什么时候是生物转化的结束点，也不能理解发酵进展如何。

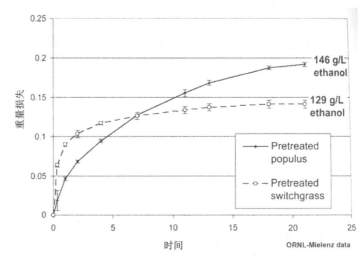

图 24-2　使用糖化和发酵工艺柳枝稷和杨树发酵的时间过程。图中显示了结束时发酵的乙醇浓度。

（6）一旦发酵完成，混合并将内含物倒入一个合适的离心容器中，推荐使用一个去皮称重的 50mL 一次性离心管。离心 10000 g 20 分钟，将固体从培养液液体分离，将液体倒入另外一个称重的离心管中。记录所有离心管的重量，立即处理或者冷冻起来供以后分析。顺便提一下，ORNL 确定预处理后，生物质可以冻融至少 5 次，不会影响 SSF 发酵结果。

24.12.2　SHF 示例

（1）如果发酵以前水解，发酵容器的准备本质上一样的，除非在第一步不要通风。在高压灭菌前，准备好加入生物质、缓冲液和水的容器，包括小心不要把生物质悬浮于水解容器的壁上。如果愿意的话，灭菌并冷却后，加入要求的酶混合液，所入量还是基于纤维素或者可能总的生物质。在要求的温度，80 rpm 下温育容器，避免产生泡沫。关于生物质粘在壁上的问题不那么重要，所以，温育容器侧壁可以更好地混合。

（2）温育 5 天。用诺维信的酶，公司文献说明水解预期在 4—5 天内完成。每天检查一次瓶子，轻轻地摇晃掉贴在壁上的生物质。24 小时里，水解物的粘性显著下降。在温育时间过后，取出并冷却容器。应取出充分混匀样品（10mL）冷冻起来供以后分析游离糖含量。对于特殊的生物质来源，适宜的水解时间可以通过设置 10 个一致的水解瓶来测定，按顺序每天取出 2 个，去掉固体后测定液体部分游离糖含量。

（3）生物质发酵既可以使用总的水解产物，也可以用排除固体的解离糖的水解产物。如果水解完全，前面的方法非常快，很快就有结果。如果底物比较难于水解，用固体启动发酵为酶提供更多时间继续作用，发酵微生物将游离糖转化为产物，这可能会提供更好的结果。如图24-2所示，柳枝稷可能更易水解，只进行液体发酵，因为水解迅速。而木质底物比如这里的杨树，可能最好是在固体存在的情况下发酵，可产生额外的酶水解。无论如何，发酵的准备工作都一样，一部分或者所有水解物（有或者离心去掉没有固体）转移到无菌的已称重的带有可通风盖子的发酵容器，比如血清瓶。对于酵母转化，加入酵母抽提物至0.5% v/v，加入0.5 mL过夜培养的酵母培养物，按要求加入推荐的链霉素和水，达到所希望的体积。正如前面介绍的，其他微生物需要加入各自不同的浓缩养分，与SSF方法中一样，测定T_0重量，以便能够追踪进展。

（4）温育应该在适合发酵微生物的温度下进行，并不断摇晃保持固体和微生物处于悬浮状态。6—12小时的时候通气，因为发酵非常迅速，继续监测直到发酵结束。发酵一结束，混匀后将内含物倒入适当的离心容器中。准备发酵培养液和任何固体，如SSF第六步所述。

24.12.3　CBP示例

CBP要求发酵微生物能够生产可以接触聚合生物质碳水化合物，并能够用其所产单糖生产发酵产物所需的纤维素酶、半纤维素酶和辅酶。有大量天然微生物具有这个能力，但现在遗传修饰技术正在选育更多地CBP候选微生物。

目前生物燃料生产所使用的自然CBP微生物是厌氧菌。这些菌虽然有CBP能力的微生物，但他们是利用生物质的降解产物供自身生长和代谢。下面例子描述的测试使用的是天然CBP微生物，热纤梭菌（*Clostridium thermocellum*），这种菌能够快速降解纤维素和生物质，同时产生乙酸、乙醇和少量乳酸。其他候选微生物包括极端嗜热厌氧菌（*Caldicellulosiruptor*）和热厌氧菌属（*Thermoanaerobium*）/嗜热厌氧杆菌属（*Thermoanaerobacterium*）的种，等等。此外，将酵母菌株培育成具有CBP能力的微生物方面已经取得进展（Ilmén等，2011；Khramtsov等，2011；Olsen等，2012）。SSF和SHF方法的主要区别是CBP微生物是严格的厌氧菌，要获得成功发酵，需要额外准备在无氧条件下进行。准备发酵瓶时使用无氧氮源，清除氧气是重要的要求，其他细节可参照Strobel（2009）。

（1）按SSF第一步所述准备血清瓶。准备使用结实的橡胶塞（如黑橡胶）改善气密性，以便严格厌氧。应该备好已经达到近稳定期，但还在生长的接种物。你可能需要根据所选微生物的具体要求对这一步进行修改。

（2）根据计划好的终体积和预期的培养基以及细胞接种物的体积向生物质中加水。对于特定微生物的培养基应该准备至少2倍浓度，以便于小规模瓶子的准备。

加水后，将小瓶密封，用真空或者无氧氮气充气站交换或者吹出空气，或者用排气针让无氧氮气通过瓶子 10 分钟。这样开始了去除氧气过程。气体交换之后，高压灭菌瓶子 20 分钟。高压灭菌后当瓶子还很热的时候，使用热手套重复去氧这步，如刚刚所说的使用排气针让无氧氮气通过瓶子 20 分钟。高压灭菌使气体从液体中排出，使得氧气更容易去除。

（3）冷却后，注入预先计划体积的培养基和接种物。如果有厌氧室，你可以用浓培养基小心混合接种物，排气针一起注入，避免回压。一定要用吸水垫保护工作台面，以防接种物漏出。如果培养基含有还原剂比如半胱氨，降低任何残留氧气是有益的。利用刃天青（Resazurin）对于指示氧气的存在很有帮助（Yee 等，2012）。

（4）将准备好的小瓶子称量后放入所需温度的恒温摇床上，因为，与前面发酵介绍过的一样，可用重量损失追踪发酵。按 SSF 第 5 步所讨论的那样启动通气。主要的不同是，应该在无氧室完成，以消除可能来自针本身氧气的增加。当使用嗜热微生物时，这点特别重要，因为较大的降温是不可避免的。比较方便的办法是，开始时将小瓶子加热到运行温度，在无氧室通气，这样可以平衡由于开始时加热产生的压力，避免由于从室温加热导致的明显重量损失。当发酵结束，取发酵样品供分析，按 SSF 第 6 步分离固体和液体。

24.13 发酵结果分析

对发酵结果的分析基本上都是一样的，无论采用哪种水解和发酵方法鉴定植物材料。重要的数据包括碳水化合物，可能还有初始底物的木质素含量。如果测定一套预处理底物的数据，那么，根据所问的实验问题，发酵残余物可能也需要测定同样的数据。

这些数据采用前面所述的主要使用配 Bio-Rad Aminex HPX-87P 柱子的 HPLC 糖化定量分析（可能还有木质素分析）获得。发酵结果的鉴定使用相似的方法，即采用配 Bio-Rad Aminex HPX-87H 柱子的 HPLC，用酸流动相（通常为 5 mM H_2SO_4），对发酵液进行分析。幸运的是，这个分析可以产生基于乙醇、丁醇、丁酸、醋酸、乙酸以及其他有机酸如甲酸的标准物的定量数据，还可以获得葡萄糖和木糖的数据。其他生物质糖用这个柱子分离的不够好，需要另外使用 HPX-87P（蒸馏水为流动相）进行分离分析。因此，推荐你用两种分离方法（Aminex HPX-87H 和 Aminex HPX-87P 或者相当的柱子）完成发酵液的分析，去挖掘尽可能多的关于发酵过程中产物产量和底物利用的数据。

24.14 发酵抑制的鉴定

对通过高通量筛选选择的可能感兴趣的转基因或者自然变异系进行发酵分析的一个好处是，活体测试（比如发酵）可以检测到所选择生物质或其预处理制备对发酵过程或者发酵微生物的可能的抑制效应。通过检查其离体结构特点或者游离酶水解的程度检测不到这样的抑制效应。这种抑制对某些发酵微生物可能是特异性的，ORNL 在柳枝稷发酵测试中已经发现这种现象。

ORNL 和塞缪尔罗伯茨诺贝尔基金会（Samuel Roberts Noble Foundation）(起初由美国农业部资助，后来由美国能源部资助) 的研究，检查了木质素代谢途径中的单基因咖啡 -O- 甲基转移酶（COMT）基因修饰的一系列柳枝稷品系的发酵情况（Fu 等，2011）。在最好的系中，这个基因的改变使木质素比野生型柳枝稷降低约 16 %。在离体的酶消化实验中，检测到水解得到改善。这些材料就是为什么需要小规模预处理、发酵和分析方法的很好范例。因为最初可得到的样品量大约在 100 g/ 份，必须用小规模方法。所以，ORNL 使用前面所述的预处理和 SSF 转化方法的分析，表明了转 COMT 基因系比野生型产生更多乙醇（基于生物质重量）。此外，和野生型柳枝稷而不降低酶用量相比，使用 COMT 原料所需加入的纤维素酶的量可能降低至 4 倍，而不降低乙醇产量（Fu 等，2011）。发酵过程非常顺畅，没有显示对发酵所用酵母的抑制。该分析方法被扩展到检测 CBP 转化是否会产生相同结果。用强劲的纤维素降解 CBP 微生物热纤梭菌（C thermocellum）对野生型和 COMT 柳枝稷进行了发酵。用前面所述方法，不加纤维素酶启动 CBP 发酵。热纤梭菌发酵过程图的一个例子，如图 24-3 所示。原料底物是经过稀酸预处理和充分冲洗脱酸的转 COMT 基因和野生型柳枝稷。应该在短暂温育将瓶子加温到温育温度（58℃），排出加温产生的压力后，用瓶子排气的方法检测 T_0 时的起始重量损失值。在本例中（图

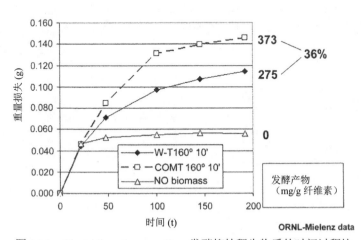

图 24-3　Clostridium thermocellum 发酵柳枝稷生物质的时间过程比较。重量损失包括了无生物质处理和全部未进行预处理，所以由于温差的原因，重量损失从 18 小时时开始显示。图中显示了发酵中每个点的乙醇浓度。COMT, 转咖啡酸 -O- 甲基转移酶基因柳枝稷；W-T，野生型柳枝稷。

24-3），没有这样做，所以，不预先通气的影响从第 18 小时开始显示（图 24-3，空三角形），接下来是发酵导致的重量损失。该图显示转基因柳枝稷的产量提高了 36%，和酵母发酵获得的产量处于相同数量级。

然而，当相同生物质不进行预处理或者仅仅温和热水预处理后发酵时，基于重量损失数据发酵结果令人吃惊。COMT 原料产生比野生原料还差的结果。如图 24-4 所示，转基因 COMT 生物质（三角虚线）表现的显著差于野生型（方形实线），

不管是生物质未处理（空符号）还是只用热水预处理（180 ℃，25 分钟，实心符号）。对发酵液的分析提供了支撑数据，如图 24-5 所示。热纤梭菌（*C thermocellum*）发酵葡萄糖、半乳糖、甘露糖产生乙醇、醋酸、乳酸，但是不发酵木糖或者阿拉伯糖。检查这四个发酵的总产物（乙醇、醋酸和乳酸）的结果表明，所有条件投入每单位纤维素都产生接近一致的总产物，不论是不进行预处理或者热水预处理，而预处理多产生将近 23% 总产物。COMT 柳枝稷未出现预期的提高？然而，当检测未发酵的游离葡萄糖水平时，其原因显而易见。如图 24-5 所示，在未处理的柳枝稷样品中有大量剩余的未发酵游离葡萄糖。类似地，在两种热水预处理的发酵样品中也存在未发酵葡萄糖，但在转 COMT 基因底物中显著地更多。在复杂的固体碳水化合物底物中存在游离的可发酵糖，说明酶很活跃，但热纤梭菌（*C thermocellum*）对这些糖的发酵被受到了抑制。这点很重要，因为酶是由热纤梭菌产生的，所以

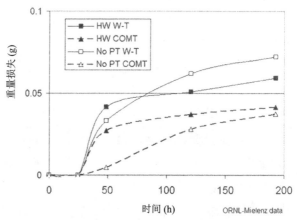

图 24-4　未处理（No PT）和热水预处理（HW）野生型（W-T）和转转咖啡酸 -O- 甲基转移酶基因（COMT）柳枝稷发酵的时间过程比较。

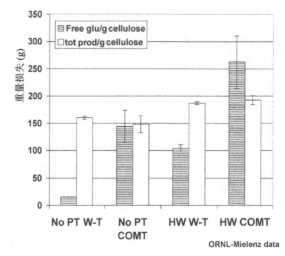

图 24-5　*Clostridium thermocellum* 发酵未处理（No PT）和热水预处理（HW）野生型（W-T）及转转咖啡酸 -O- 甲基转移酶基因（COMT）柳枝稷的产率。残余葡萄糖（glu）和发酵产物以 mg/g 纤维素表示。To prod, 总产量。

很明显，水解酶的生产没有显著受损，因为游离糖被他们的活动释放了出来。的确，虽然每种底物的发酵产物非常相似，但转 COMT 基因的底物释放了更多的游离糖，这支持了早期关于工业酶对 COMT 柳枝稷超凡的离体水解（与野生型相比）的数据（Fu 等，2011）。

后来的研究表明，热纤梭菌对 COMT 柳枝稷敏感，除非从未予处理或者经过预处理样品的固体中洗出可溶性取代基。当去掉可溶性物质后，COMT 柳枝稷表现出超高产量（基于底物）。有趣的是，这项工作还鉴定了第二个 CBP 嗜热厌氧菌——*Caldicellulosiruptor*，对 COMT 柳枝稷极度敏感，无论洗掉可溶性取代基的程度如何。研究人员提出假设，抑制因子物质是由 *Caldicellulosiruptor* 中的酶组合的作用下产生的，这与热纤梭菌不同。另外，用气相色谱—质谱 (GC-MS) 联用仪对热纤梭菌发酵液的组分分析检测到一个以前未知的柳枝稷与木质素途径的中间产物——一种异芥子醇（Tschaplinski 等，2012），但是测试表明，这个分子的存在水平不足以解释这种抑制。可能是阻碍木质素产生的中间步骤引起造成途径底物备份，并可能导致新的副反应。正如前面介绍的，得到的一个教训是固体底物生物转化的整个过程是复杂的，检查过程的各个方面，比如充分了解生物质组成和以重量损失表示的转化动力学以及检查残余底物和产物会获得对转化过程有价值的见解。

24.15 结论性思考

经过 30 多年生物质生物转化成燃料和化学品的研究，已经出现的各种生物加工技术是都有效的，已经充分发展到可以用作分析评价所投入生物质底物的程度。评价新品系和生物质品种所需的重要生物加工方法包括生物质粉碎、预处理和发酵。使用这样的单元操作，最重要的是可重复性、稳健性以及区分用现代植物遗传工程培育的或者来自自然变异的密切相关的生物质资源的能力。这一章提供了很多未发表的正用于转基因或者自然变异柳枝稷和木本生物质（杨树）的细节，以便于其他实验室评价其生物质资源。这些评价方法是很灵活的，可以修改，但应该根据各自的实验室的能力、具体生物质的要求和具体的研究目标进行标准化。总的目的是希望加快鉴定和培育正在兴起的生物质经济所需要的优质原料。

致 谢

作者感谢 ORNL 允许其退休后以图的形式使用其数据。感谢 Choo Hamilton 和 Miguel Rodriquez Jr 在获得图中使用的数据方面的技术帮助。转基因和野生型柳枝稷是由塞缪尔罗伯茨诺贝尔基金会提供，特别是 Wang ZY 和 Fu C 博士。图中数据可能是生物能源科学中心资助研究的结果，该中心是由能源部科学办公室生物与环境研究室资助的一个能源部生物能源研究中心。

参考文献

Akhtar, M., Blanchette, R.A., Myers, G., Kirk, K.T., 1998. An overview of biomechanical pulping research. In: Young, R.A., Akhtar, M. (Eds.), Environmentally Friendly Technologies for the Pulp and Paper Industry. John Wiley & Sons, New York, pp. 309–340.

Allen, S.G., Schulman, D., Lichwa, J., Antal Jr, M.J., Jennings, E., Elander, R., 2001. A comparison of aqueous and dilute-acid single-temperature pretreatment of yellow poplar sawdust. Industrial and Engineering Chemistry Research 40 (10), 2352–2361.

ASTM E 1758-01, 2003. Determination of carbohydrates in biomass by high performance liquid chromatography. Annual Book of ASTM Standards, 2003, vol. 11.05. ASTM International, West Conshocken, PA.

Balan, V., Bals, B., Chundawat, S.P., Marshall, D., Dale, B.E., 2009. Lignocellulosic biomass pretreatment using AFEX. Methods Molecular Biology 581, 60–78.

Boerjan, W., Ralph, J., Baucher, M., 2003. Lignin biosynthesis. Annual Review of Plant Biology 54 (1), 519–546.

Chen, F., Dixon, R.A., 2007. Lignin modification improves fermentable sugar yields for biofuel production. Nature Biotechnology 25, 759–761.

Chen, S., Zhang, X., Singh, D., Yu, H., Yang, X., 2010. Biological pretreatment of lignocellulosics: potential, progress and challenges. Biofuels 1 (1), 177–199.

Chum, H.L., Douglas, L.J., Feinberg, D.A., Schroeder, H.A., 1985. Evaluation of Pretreatments for Enzymatic Hydrolysis of Cellulose. http://www.nrel.gov/docs/legosti/old/2183.pdf.

Chum, H.L., Johnson, D.K., Black, S., Baker, J., Grohmann, K., Sarkanen, K.V., Wallace, K., Schroeder, H.A., 1988. Organosolv pretreatment for enzymic hydrolysis of poplars: I. Enzyme hydrolysis of cellulosic residues. Biotechnology Bioengineering. 31, 643–649.

Chum, H.L., Johnson, D.K., Black, S., 1990. Organosolv pretreatment of poplars, 2: catalyst effect and the combined severity parameter. Industrial and Engineering Chemistry Research 29, 156–162.

DeMartini, J.D., Studer, M.H., Wyman, C.E., 2011. Small-scale and automatable high-throughput compositional analysis of biomass. Biotechnology and Bioengineering 108 (2), 306–312.

Dien, B.S., Sarath, G., Pedersen, J.F., Sattler, S.E., Chen, H., Funnell-Harris, D.L., Nichols, N.N., Cotta, M.A., 2009. Improved sugar conversion and ethanol yield for Forage Sorghum (*Sorghum bicolor* L. Moench) lines with Reduced lignin contents. BioEnergy Research 2 (3), 153–164.

Docherty, K.M., Kulpa, C.F., 2005. Toxicity and antimicrobial activity of imidazolium and pyridinium ionic liquids. Green Chemistry 7, 185–189.

Dodd, D., Cann, I.K.O., 2009. Enzymatic deconstruction of xylan for biofuel production. GCB Bioenergy 1 (1), 2–17.

Eriksson, K.-E., Vallander, L., 1982. Properties of pulps from thermomechanical pulping of chips pretreated with fungi. Svensk Papperstiding 85 (6), R33.

Ewanick, S.M., Bura, R., Saddler, J.N., 2007. Acid-catalyzed steam pretreatment of lodgepole pine and subsequent enzymatic hydrolysis and fermentation to ethanol. Biotechnology and Bioengineering 98 (4), 737–746.

Foust, T.D., Aden, A., Dutta, A., Phillips, S., 2009. An economic and environmental comparison of a biochemical and a thermochemical lignocellulosic ethanol conversion processes. Cellulose 16, 547–565.

Fu, C., Mielenz, J.R., Xiao, X., Ge, X., Hamilton, C., Rodriguez Jr, M., Chen, F., Foston, M., Ragauskas, A., Bouton, J., Dixon, R.A., Wang, Z.-Y., 2011. Genetic manipulation of lignin reduces recalcitrance and improves ethanol production from switchgrass. Proceedings of the National Academy of Sciences USA 108 (9), 3803–3808.

Garlock, R.J., Balan, V., Dale, B.E., Pallapolu, V.R., Lee, Y.Y., Kim, Y., Mosier, N.S., Ladisch, M.R., Holtzapple, M.T., Falls, M., Sierra-Ramirez, R., Shi, J., Ebrik, M.A., Redmond, T., Yang, B., Wyman, C.E., Donohoe, B.E., Vinzant, T.B., Elander, R.E., Hames, B., Thomas, S., Warner, R.E., 2011. Comparative material balances around pretreatment technologies for the conversion of switchgrass to soluble sugars. Bioresource Technology 102, 11063–11071.

Gericke, M., Fardim, P., Heinze, T., 2012. Ionic liquids-promising but challenging solvents for homogeneous derivatization of cellulose. Molecules 17, 7458–7502.

Grethlein, H.E., Converse, A.O., 1991. Common aspects of acid prehydrolysis and steam explosion for pretreating wood. Bioresource Technology 36 (1), 77–82.

Grous, W.R., Converse, A.O., Grethlein, H.E., 1986. Effect of steam explosion pretreatment on pore-size and enzymatic-hydrolysis of Poplar. Enzyme and Microbial Technology 8 (5), 274–280.

Ilmén, M., den Haan, R., Brevnova, E., McBride, J., Wiswall, E., Froehlich, A., Koivula, A., Voutilainen, A.P., Siika-aho, M., la Grange, D.C., Thorngren, N., Ahlgren, S., Mellon, M., Deleault, K., Rajgarhia, V., van Zyl, W.H., Penttilä, M., 2011. High level secretion of cellobiohydrolases by *Saccharomyces cerevisiae*. Biotechnology for Biofuels 4 (30). http://dx.doi.org/10.1186/1754-6834-4-30.

Kataeva, I., Foston, M.B., Yang, S.-J., Pattathil, S., Biswal, A.K., Poole II, F.L., Basen, M., Rhaesa, A.M., Thomas, T.P., Azadi, P., Olman, O., Saffold, T.D., Mohler, K.E., Lewis, D.L., Doeppke, C., Zeng, Y., Tschaplinski, T.J., York, W.S., Davis, M., Mohnen, D., Xu, Y., Ragauskas, A.J., Ding, S.-Y., Kelly, R.M., Hahn, M.G., Adams, M.W., 2013. Carbohydrate and lignin are simultaneously solubilized from unpretreated switchgrass by microbial action at high temperature. Energy and Environmental Science 6, 2186–2195.

Khramtsov, N., McDade, L., Amerik, A., Yu, E., Divatia, K., Tikhonov, A., Minto, M.A., Kabongo-Mubalamate, G., Markovic, Z., Ruiz-Martinez, M., Henck, A., 2011. Industrial yeast strain engineered to ferment ethanol from lignocellulosic biomass. Bioresource. Technology 102 (17), 8310–8313.

Kilpeläinen, I., Xie, H., King, A., Granström, M., Heikkinen, S., Argyropoulus, D.S., 2007. Dissolution of wood in ionic liquids. Journal of Agriculture Food Chemistry 55 (22), 9142–9148.

Kim, T.H., Gupta, R., Lee, Y.Y., 2009a. Pretreatment of biomass by aqueous ammonia for bioethanol production. Methods in Molecular Biology 581, 79–91.

Kim, Y., Hendrickson, R., Mosier, N.S., Ladisch, M.R., 2009b. Liquid hot water pretreatment of cellulosic biomass. Methods in Molecular Biology 581, 93–102.

Klein-Marcuschamer, D., Simmons, B.A., Blanch, H.W., 2011. Techno-economic analysis of a lignocellulosic ethanol biorefinery with ionic liquid pre-treatment. Biofuels, Bioproducts. and Biorefining 5 (5), 562–569.

Kleinert, T.N., 1974. Organosolvent pulping with aqueous alcohol. TAPPI 57 (8), 99–102.

Klinke, H.B., Thomsen, A.B., Ahring, B.K., 2004. Inhibition of ethanol-producing yeast and bacteria by degradation products produced during pre-treatment of biomass. Applied Microbiology and Biotechnology 66, 10–26.

Larsson, S., Reimann, A., Nilvebrant, N.-O., Jönsson, L.J., 1999. Comparison of different methods for the detoxification of lignocellulose hydrolysates of spruce. Applied Biochemistry and Biotechnology 77, 91–103.

Lau, M.W., Dale, B.E., Balan, V., 2008. Ethanolic fermentation of hydrolysates from ammonia fiber expansion (AFEX) treated corn stover and distillers grain without detoxification and external nutrient supplementation. Biotechnology and Bioengineering 99 (3), 529–539.

Lynd, L.R., Laser, M.S., Bransby, D., Dale, B.E., Davison, B., Hamilton, R., Himmel, M., Keller, M., McMillan, J.D., Sheehan, J., Wyman, C.E., 2008. How biotech can transform biofuels. Nature Biotechnology 26, 169–172.

Lynd, L.R., Larson, E.D., Greene, N., Laser, M., Sheehan, J., Dale, B.E., McLaughlin, S., Wang, M., 2009. The role of biomass in America's energy future: Framing the analysis. Biofuels, Bioproducts, and Biorefining 3, 113–123.

Mclaughlin, S.B., Kszos, L.A., 2005. Development of switchgrass as a bioenergy feedstock in the United States. Biomass and Bioenergy 28, 515–535.

Mielenz, J.R., Bardsley, J.S., Wyman, C.E., 2009. Process for fermentation of soybean hulls to ethanol while preserving protein value. Bioresource Technology 100, 3532–3539.

Mora-Pale, M., Meli, L., Doherty, T.V., Linhardt, R.J., Dordick, J.S., 2011. Room temperature ionic liquids as emerging solvents for the pretreatment of lignocellulosic biomass. Biotechnology and Bioengineering 108 (6), 1229–1245.

Mosier, N., Wyman, C., Dale, B., Elander, R., Lee, Y.Y., Holtzapple, M., Ladisch, M., 2005. Features of promising technologies for pretreatment of lignocellulosic biomass. Bioresource Technology 96 (6), 673–686.

Nguyen, S.K., Sophonputtanaphoca, S., Kim, E., Penner, M.H., 2009. Hydrolytic methods for the quantification of fructose equivalents in herbaceous biomass. Applied Biochemistry and Biotechnology 158 (2), 352–361.

NREL biomass database, http://www.nrel.gov/biomass/data_resources.html.

Olson, D.G., McBride, J.E., Shaw, A.J., Lynd, L.R., 2012. Recent progress in consolidated bioprocessing. Current Opinion Biotechnology 23 (3), 396–405.

Palmqvist, E., Hahn-Hägerdal, B., 2000. Fermentation of lignocellulosic hydrolysates. II: inhibitors and mechanisms of inhibition. Bioresource Technology 74, 25–33.

Ralph, J., Lundquist, K.L., Brunow, G., Lu, F., Kim, H., Schatz, P.F., Marita, J.M., Hatfield, R.D., Ralph, S.A.,

Christensen, J.H., Boerjan, W., 2004. Lignins: natural polymers from oxidative coupling of 4-hydroxyphenyl-propanoids. Phytochemistry Reviews 3 (1–2), 29–60.

Samara, M. [M.S. thesis], Colorado State University; 1992.

Sannigrahi, P., Ragauskas, A.J., Tuskan, G.A., 2010. Poplar as a feedstock for biofuels: a review of compositional characteristics. Biofuels, Bioprod, and Biorefining 4, 209–226.

Selig, M.J., Tucker, M.P., Sykes, R.W., Reichel, K.L., Brunecky, R., Himmel, M.E., Davis, M.F., Decker, S.R., 2010. Lignocellulose recalcitrance screening by Integrated high throughput Hydrothermal pretreatment and enzymatic saccharification. Industrial Biotechnology 6, 104–111.

Sierra, R., Granda, C.B., Holtzapple, M.T., 2009. Lime pretreatment. Methods in Molecular Biology 581, 115–124.

Sokhansanj, S., Mani, S., Turhollow, A., Kumar, A., Bransby, D., Lynd, L., Laser, M., 2009. Large-scale production, harvest and logistics of switchgrass (*Panicum virgatum L.*) - current technology and envisioning a mature technology. Biofuels, Bioproducts. and Biorefining 3, 124–141.

Strobel, H.J., 2009. Basic laboratory culture methods for anaerobic bacteria. Methods Mol. Biol. 581, 247–261.

Studer, M.H., DeMartini, J.D., Davis, M.F., Sykes, R.W., Davison, B., Keller, M., Tuskan, G.A., Wyman, C.E., 2011. Lignin content in natural *Populus* variants affects sugar release. Proceedingsof the National Academy of Sciences USA 108 (15), 6300–6305.

Sun, N., Rahman, M., Qin, Y., Maxim, M.L., Rodriguez, H., Rogers, R.D., 2009. Complete dissolution and partial delignification of wood in the ionic liquid 1-ethyl-3-methylimidazolium acetate. Green Chemistry 11 (5), 646–655.

Swatloski, R.P., Spear, S.K., Holbrey, J.D., Rogers, R.D., 2002. Dissolution of cellulose with ionic liquids. Journal of the American Chemical Soceiety 124, 4974–4975.

Sykes, R., Yung, M., Novaes, E., Kirst, M., Davis, M., 2009. High throughput screening of plant cell Wall composition using Pyrolysis Molecular Beam mass spectroscopy. Methods in Molecular Biology 581, 169–183.

Tschaplinski, T.J., Standaert, R.F., Engle, N.L., Martin, M.Z., Sangha, A.S., Parks, J.M., Smith, J.C., Samuel, R., Pu, Y., Ragauskas, A.J., Hamilton, C.Y., Fu, C., Wang, Z.-Y., Davison, B.D., Dixon, R.F., Mielenz, J.R., 2012. Down-regulation of the caffeic acid *O*-methyltransferase gene in switchgrass reveals a novel monolignol analog. Biotechnology forBiofuels 5 (71).

Turner, M.B., Spear, S.K., Huddleston, J.G., Holbrey, J.D., Rogers, R.D., 2003. Ionic liquid salt-induced inactivation and unfolding of cellulase from *Trichoderma reesei*. Green Chemistry 5, 443–447.

US DOE EERE Biomass Multi-Year Program Plan (MYPP), April 2011, www1.eere.energy.gov/biomass/pdfs/mypp_april_2011.pdf

Vanholme, R., Demedts, B., Morreel, K., Ralph, J., Boerjan, W., 2010. Lignin biosynthesis and structure. Plant Physiology 153 (3), 895–905.

Wyman, C.E., Dale, B.E., Elander, R.T., Holtzapple, M., Ladisch, M.R., Lee, Y.Y., 2005. Coordinated development of leading biomass pretreatment technologies. Bioresource Technology 96 (18), 1959–1966.

Wyman, C.E., Dale, B.E., Elander, R.T., Holtzapple, M., Ladisch, M.R., Lee, Y.Y., Mitchinson, C., Saddler, J.N., 2009. Comparative sugar recovery and fermentation data following pretreatment of poplar wood by leading technologies. Biotechnology Progress 25 (2), 333.

Yang, B., Wyman, C.E., 2009. Dilute acid and autohydrolysis pretreatment. Methods in Molecular Biology 581, 103–114.

Yang, S.J., Kataeva, I., Hamilton-Brehm, S.D., Engle, N.L., Tschaplinski, T.J., Doeppke, C., Davis, M., Westpheling, J., Adams, M.W., 2009. Efficient degradation of lignocellulosic plant biomass, without pretreatment, by the thermophilic anaerobe "*Anaerocellum thermophilum*" DSM 6725. Applied Environmental Microbiology 75, 4762–4769.

Yee, K.L., Rodriguez Jr, M., Tschaplinski, T.J., Engle, N.L., Martin, M.Z., Fu, C., Wang, Z.-Y., Hamilton-Brehm, S.D., Mielenz, J.R., 2012. Evaluation of the bioconversion of genetically modified switchgrass using simultaneous saccharification and fermentation and a consolidated bioprocessing approach. Biotechnology for Biofuels 5, 81.

Zeng, Y., Yang, X., Yu, H., Zhang, X., Ma, F., 2011. The delignification effects of white-rot fungal pretreatment on thermal characteristics of moso bamboo. Bioresource Technology 114, 437–442.

Zhang, Y.H., Ding, S.Y., Mielenz, J.R., Cui, J.B., Elander, R.T., Laser, M., Himmel, M.E., McMillan, J.R., Lynd, L.R., 2007. Fractionating recalcitrant lignocellulose at modest reaction conditions. Biotechnology and Bioengineering 97, 214–223.

Zhao, X., Cheng, L., Liu, D., 2009. Organosolv pretreatment of lignocellulosic biomass for enzymatic hydrolysis. Appl Microbiol Biotechnol. 82 (5), 815–827. http://dx.doi.org/10.1007/s00253-009-1883-1.

Zhao, X., Zhang, L., Liu, D., 2012. Biomass recalcitrance. Part I: the chemical compositions and physical structures affecting the enzymatic hydrolysis of lignocellulose. Biofuels, Bioproducts, and Biorefining 6, 465–482.

Zhu, S., Yu, P., Tong, Y., Chen, R., Lv, Y., Zhang, R., Lei, M., Ji, J., Chen, Q., Wu, Y., 2012. Effects of the ionic liquid 1-butyl-3-methylimidazolium chloride on the growth and ethanol fermentation of *Saccharomyces cerevisiae* AY92022. Chemical and Biochemical Engineering Quarterly 26, 105–109.

Zhu, S., Yu, P., Lei, M., Tong, Y., Zhang, R., Ji, J., Chen, Q., Wu, Y., 2013a. Influence of the ionic liquid 1-butyl-3-methylimidaxolium chloride on the ethanol fermentation of Saccharomyces cerevisiae AY93161 and its kinetics analysis. Energy Education Science and Technology Part A: Energy Science and Research 30 (2), 817–828.

Zhu, S., Yu, P., Wang, Q., Cheng, B., Chen, J., Wu, Y., 2013b. Breaking the Barriers of lignocellulosic ethanol production using ionic liquid technology. BioResources 8 (2), 1510–1512.

第二十五章

降低酶成本，利用酶的优势和全新组合可以改进生物燃料生产，提高成本效益

美国能源部国家实验室，美国能源效率和可再生生源办公室

25.1 降低酶成本增强生物燃料的市场潜力

（NREL/FS-6A42-59013　2013 年 8 月，生物能源）

事实快览

· NREL（国家可再生能源实验室）提供了 2 个领先的酶公司，杰能科和诺维信，参与其创新性生物质鉴定、预处理和工艺整合研究，降低了酶成本。杰能科现在是总部位于特拉华州威明顿市的杜邦工业生物科学公司的一部分，而诺维信北美公司总部设在北卡罗莱纳州富兰克林顿。

· 诺维信和杰能科与 NREL 科学家共同工作，确定、降低纤维素酶成本的方法途径；其策略既包括降低酶的生产成本，也包括提高酶效率。该项研究结果使纤维素生物质的产糖量得到提高。

· 该项目在降低纤维素酶预期成本方面取得巨大进展。该团队从开始的 4—5 美元 / 加仑燃料乙醇开始，实现了成本降低，超出了子合同中酶成本降低 10 倍的目标。

· 酶成本的降低极大减少了乙醇生产的预期成本，这意味着向生物质乙醇的大规模商业化生产迈进了重要一步。

· 该研究的重要性被 2004 年 R & D 杂志评为 100 项研发奖，表示这是该年度 100 项最重要的创新之一。

纤维素乙醇的价格严重依赖用于将生物质降解成可发酵糖纤维素酶的成本。为了降低这些成本，国家可再生能源实验室（NREL）和这两家领先的酶公司，诺维信和杰能科（现在属于杜邦工业生物科学公司）合作，设计专用于降解纤维素的新

纤维素酶。这项工作是由美国能源部能源效率与可再生能源办公室部分资助。

乙醇的生产是从生物质释放糖,然后再将其发酵成乙醇。淀粉基生物质（比如玉米籽粒）容易转化成葡萄糖。但是降解纤维素基生物质（比如作物剩余物或者林业剩余物）则困难得多,需要用稀酸或其他技术进行预处理,使纤维素更容易酶解。酶解中需要使用纤维素酶和其他酶,把纤维素转化为葡萄糖和其他五碳和六碳糖。在开发先进纤维素酶之前,将纤维素水解成糖的过程非常昂贵——贵的难于和通常用于将玉米籽粒淀粉降解成糖的技术相竞争,所以,纤维素乙醇不可能和玉米基乙醇竞争。

为了水解纤维素,NREL 与其合作伙伴开发了一项技术,采用主要三类纤维素酶（内切葡聚糖酶、外切葡聚糖酶和 β - 葡萄糖苷酶）的混合物。人们认为内切葡聚糖酶打断纤维素链,每断裂一次就产生两个新的链末端。接下来,外切葡聚糖酶附着在暴露的链末端,通过一个复杂过程将纤维素链移出晶体结构,该过程目前尚在研究中。然后外切葡聚糖酶就沿着链继续作用,酶一边前进一边释放出纤维二糖（由两个葡萄糖分子组成的糖）。最后,β - 葡萄糖苷酶将每个纤维二糖分子分解成两个单独的葡萄糖分子,使之可用于加工化学品或燃料。

图 25-1　在计算机制作的概念图中外切葡聚糖酶附着纤维素分子上。成功地降低将纤维素降解为可发酵糖的酶的成本是消减利用非粮纤维素生物质（比如树木、草河农林剩余物）生产乙醇和其他产品的生产成本的关键。

这项设计改造更加便宜有效的纤维素酶的研究结合生物质转化技术其他方面的进展,一直是推动纤维素乙醇技术朝着最终目标(成本可以和汽油竞争)前进的关键。

25. 2 新的酶系组合可以降低生物燃料成本

(NREL/FS-2700-60026,2013 年 8 月,科学热点)

关键研究结果

成就

研究人员已经证明,将迥然不同的酶系混合,可以比单独酶系更快更有效地降解纤维素。

关键结果

虽然游离纤维素酶和纤维小体采用非常不同的物理机制降解顽抗的多糖,但是这些酶系相结合，却可以对纤维素表现出巨大的协同性酶活。

潜在影响

该研究显示出在产业背景下混合游离酶和纤维小体的新机会，分解生物质的两个自然机制之间具有最佳协同作用潜力，使进一步经济有效地生产生物燃料成为可能。

研究证明，两个作用方式非常不同的生物质降解酶系统，当一起使用时，能更有效地释放植物糖。

两个自然酶系，一个由真菌产生，一个由细菌产生，如果结合使用，降解纤维素更快。由此产生的工艺有希望获得较便宜的生物燃料。NREL 及其伙伴的研究人员研究了解聚生物质的单个真菌酶的混合物和一个将多个生物质降解酶（称为纤维小体）由蛋白骨架连在一起的细菌替代系统。该研究说明，两个研究最彻底的降解生物质的鲜明范例，即游离真菌酶和多酶细菌纤维小体，以一种意料不到的方式，共同发挥作用，有效地降解多糖。

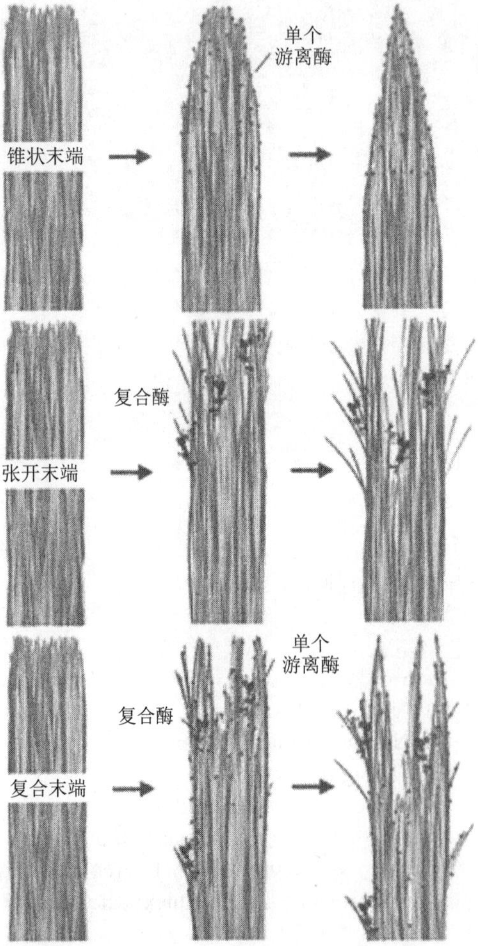

实现低成本生产生物燃料目标的一个大障碍是酶处理成本高，酶处理是将生物质（柳枝稷、能源林、玉米秸秆等类）转化为液体燃料的一个关键步骤。许多酶解策略被应用于将植物细胞壁中的多糖降解为转化生物燃料的糖。游离酶对预处理的生物质更活跃，相比之下，纤维小体对纯化的纤维素要活跃得多。在本研究中，比较游离酶和纤维小体。当两种酶系结合时，能够比单一酶系更快更有效地将纤维素降解为糖。底物的物理变化暗示了协同降解机制。

透射电镜证据显示，游离酶和纤维小体采用不同的物理机制降解纤维素微纤丝。单独的真菌酶系显示由外及里的降解模式，生物质从外表面依次被降解。证据表明，细菌纤维小体系统从纤维素微纤丝中部水解，将纤维素"分裂"较小的片段。当两者结合时，这些酶系对纤维素显示出巨大

图 25-2　游离酶（上）和纤维小体（中）分别作用于纤维素及纤维丝束，以及协同作用降解纤维素（下）的机制图解。

的协同酶活性。暗示着这是一个更快更有效的生物质转化方法,降低生物质衍生的可再生燃料的成本。

技术联系:Michael Resch, michael.resch@nrel.gov

参考文献:Resch, M. G., Donohoe B.S., Baker, J.O, Decker, S.R., Bayer, E, A., Beckham, G.T., Himmel, M.E.,2013. Fungal cellulases and complexed cellulosomal enzymes exhibit synergistic mechanisms in cellulose deconstruction. Energy and Environ mental Science(6), 2013, 6, pp. 1858-1867.

25.3 利用酶的优势可以促进生物燃料生产

科学热点

NREL-2700-61022 2014 年 1 月

关键研究结果

成就:研究团队分离了一种具有全新纤维素消化机制、高度活跃的纤维素酶 CelA。也测定了 CelA 主要蛋白组分的 X 射线结构,推进了对纤维素酶的作用模式的理解。

关键结果

研究表明,CelA 在所有测试的温度中均保持高度活性,在其适宜温度 50℃ 下,转化 60% 的葡聚糖,相比之下,更为常用的外切 / 内切纤维素酶标准混合物 Cel7A/Cel5A 转化 28% 的葡聚糖。

潜在影响

CelA 和类似的多功能纤维素酶代表了一种明显不同的消化纤维素的新范例。这种机制基本上不同于常规纤维素酶,在联合生物加工微生物中以及生物燃料生产所用商业纤维素酶组配中,它可以促进纤维素酶间的协同。

Caldicellulosiruptor bescii 纤维素酶 CelA,是一种活性高而稳定的酶,表现出新的促进纤维素酶间协同作用的纤维素消化模式。*C. bescii* CelA 是一种具有多个功能域的水解酶,和其他真菌和细菌纤维素酶相比,对于生物燃料生产可能具有以下几个优点:非常高的特异活性,高温稳定性以及全新的消化模式。一个来自美国能源部生物能源科学中心的研究团队(由 NREL 和佐治亚大学的科学家组成),从 *C. bescii* 中分离了嗜热纤维素酶 CelA。并将含有里氏木霉 (*Trichoderma reesei*) 葡聚糖外切酶 Cel7A 和 *A. cellulolyticus* 嗜酸纤维素分解菌的葡聚糖内切酶 Cel5A 双重混合物对几种底物的水解纤维素的活性进行了比较。研究人员还利用电子显微镜和模型比较了这两种酶系的纤维素消化机制。研究表明,CelA 在所试温度下都表现出保持高活性,在 85℃时,转化 60 % 的葡聚糖,相比之下,常用的外切 / 内切纤维素

酶标准混合物 Cel7A/ Cel5A 转化 28% 葡聚糖，在其 50 ℃的适宜温度时。这样的活性差异意味着，CelA 的活性在分子水平上增加 7 倍。

纤维素和 CelA 温育后，进行透射电子显微镜研究，结果表明，CelA 不仅有一般的纤维素酶延伸过程常见的表面蚀刻机制，而且，能够在底物表面挖出大量空洞。此外，在消化试验中，CelA 取得本土柳枝稷中木聚糖 60 % 的转化率，表明它具有工业加工使用温和预处理或者不需预处理的潜力。

技术联系：Yannick Bomble, yannick,bomble@nrel.gov

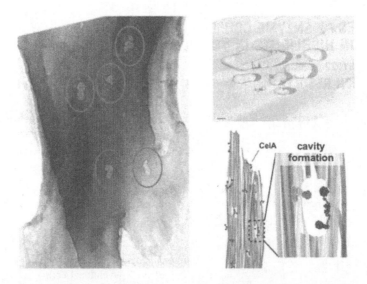

图25-3　部分消化的微晶纤维素小颗粒透射电子显微照片和示意图。
CelA 消化约 65 % 的颗粒，显示大小不同的表面空洞。所有比例尺
均为 500 nm。

参考文献

Brunecky R, Alahuhta P, Xu Q, Donohoe B, Crowley M, Kataeva I, Yang S-J, Adams M, Lunin V, Himmel M, Bomble Y, 2013. Revealing Nature's Cellulase Diversity: The Digestion Mechanism of Caldicellulosiruptor bescii CelA. Science　2342: 6165, pp. 1513-1516. http://dx.doi.org/10.1126/science.1244273.
NREL 是美国能源部能源效率与可再生能源办公室国家实验室，由可持续能源联盟有限责任公司（15013，丹佛西大道，科罗拉多州戈尔登，80401 303-275-3000，www.nrel.gov）承办。

致　谢

编者感谢国家可再生能源实验室（NREL）（Kristi Theis 通讯，燃料与效率部门经理）允许将其三个简介呈现在这里。

第二十六章

木质纤维素生物质的热裂解：油、碳和气

Brennan Pecha, Manuel Garcia-Perez

美国，华盛顿，普尔曼，华盛顿州立大学生物系统工程系

26.1 引 言

大部分人从未听说过"热裂解"这个词，除非他们是可再生能源方面的研究人员或者是风险资本家。然而，这个蒸馏木材的技术在古埃及之前就已经存在了，现在又流行回来，成为生产可再生燃料、化学品和含碳产品的一种方法。

这个词"热裂解（Pyrolysis）"是两个希腊词的组合，$πυρ$（pýr）意思是火，$λύσις$（lýsis）意思是分裂或者破裂。Pyre 是个古老词汇，形容一堆木材或者其他准备燃烧的物质。根据词源学，热裂解 Pyrolysis 意思是"火分裂"，或者更准确一点是"热裂解"。从实践上讲，热裂解目前用于将固态材料，比如木材或者橡胶轮胎转化成焦炭、可凝性油和气体。一些观念里，最后结果是焦炭和产热。

热解的焦炭今天在发展中国家还用于室内加热和厨房燃料，因为它比直接燃烧木材释放的烟少。热解油（也称焦油或者焦木水），是一种从气相释放出来的，通常浓缩供进一步应用的化学混合物。一些化合物溶于水中（水成的），另一些是非水溶的（有机的），所以根据工艺条件（快、慢热解），油可由单相或几相形成。

历史学家和艺术爱好者可以将热解焦炭的使用追踪到文明起源时代，见到用于创作法国拉斯科洞穴壁画（公元前 28000）。图 26-1 说明了一些热解历史的重要发展时间表。更详细的叙述可详见参考文献所列出版物（Antal 和 Grønli，2003），但是我们看看一些至今都十分重要的事件。

在 17 世纪，Johann Rudolf 发现，热解油的液相中的酸是醋酸。18 世纪后期，英国商业使用了非可浓缩气体给城市照明。19 世纪，创造了不需要输入氧气的新反应器。自此期间，发现在油的水相中含有甲醇。19 世纪后期，一种叫苯胺紫

的染料对甲醇的需求撬动了热解行业。类似地，热解也产生了用于生产无烟火药的丙酮。

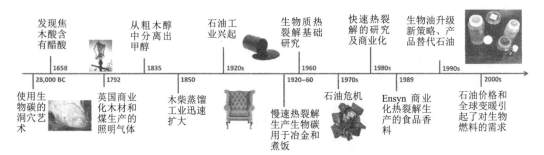

图 26-1　热解发展和使用的重要里程碑时间表

从 1920 年到 20 世纪 50 年代，热解被石油行业替代，证明石油行业当时生产醋酸和丙酮更经济。20 世纪 60 年代，一些研究者继续推动热解技术，探索流化床快速热解。该技术由于 20 世纪 70 年代石油危机而被西方世界接受。20 世纪 80 年代，90 年代，研究者开发了新的反应器，用于热解油和化学产品的转化方法，大大地向前提高了热解技术的活力。最终，21 世纪初，国际动荡提醒世界石油行业的不稳定性，更多资金流向了研究可再生燃料，发展生物油炼制。

当用热裂解制造焦炭时，生物质颗粒非常缓慢地加热，称为慢热裂解。这种慢加热速度，可最大化地生产固态含碳材料，并从脱水反应中产生水。直到 20 世纪60 年代，慢速热裂解是唯一可用的技术方法，那时发现，使用非常小的颗粒（小于 2 mm，用流化或者循环床）非常快速地加热你饲喂的材料，你会形成比较少的焦炭，但是得到更多的油，该方法被称为"快速热裂解"。虽然许多文献说明利用该技术取得高产油量是由于快速加热的结果，但是一些研究者呼吁，当时用细小颗粒时注意低聚物部分减少质量转移的重要性（Shen 等，2009）。

木质素纤维素生物质，如木材和秸秆的热裂解，现在被认为是一种生产可再生燃料和化学产品、替代石油、刺激农业经济的有前景的方法。下一节将说明慢速热裂解，快速热裂解，以及生物质特性如何影响这些过程的结果。

26.2　热化学转化的类型

要真正理解热裂解，至关重要的是明白它只是一类热化学转化技术。顾名思义，热化学转化就是利用加热诱导的化学反应转化某些东西。

让我们从人人都明白的地方开始：燃烧木材。想想你曾经经历的最后一次篝火，从木柴上部升起的火苗，那个味道，那种热，那种噼里啪啦的声音，那些焦炭以及篝火熄灭后的灰烬（如果你是童子军队员）。木柴燃烧包括 5 个类型的热化学转化：

（1）水分和其他挥发性小分子的蒸发（直到200℃），（2）烘焙（225—300℃），（3）热裂解（300—650℃），（4）气化（700—850℃），（5）燃烧（450—2000℃）（注意这里所给出的温度范围只用作初步的近似值）。如果加热速率非常缓慢，并有氧化剂存在的话，这些现象按上述序列发生，如图 26-2 所示。如果加热速率非常快（100℃ 左右 / 秒），则认为所有这些事件都可能同时发生。

生物质水分蒸发通常表现在 200℃ 以下的温度下。这步非常重要，因为水蒸气的潜热很高（2230 J/g），这步将维持生物质接近 100℃，直到大部分水释放。考虑到生物质质量密度和孔隙度是很重要的，因为质量转移限制可能减慢密致材料如硬木的干燥。通过劈砍磨，可将热和质量转移限制最小化。这步产生的蒸汽主要是水，蒸汽往往是白色。

接下来发生的热化学反应是烘焙干燥，也称烧烤。这和制作咖啡豆所用工艺完全相同。（当咖啡豆离开植株时是绿色的）烘焙可被看作是低温热裂解。当温度处于 225—300℃ 时，抽提物和非结构性轻质化合物降解蒸发，半纤维素分解蒸发。在该温度范围内，木质素和多孔纤维素开始解聚，在生物质细胞壁表面形成液态中间产物。像半纤维素等主要大分子的分解（想想关于分裂 / 溶解的论述）是烘焙的特点。

烘焙可以是热裂解、气化或者燃烧反应器的一步，但也可以是单独技术的主要一步。烘焙对于生物质的运输与燃烧很重要，因为它一般能使生物质的燃烧热值增加 25 %（质量基），降低研磨能耗 10 倍以上，主要是由于促成刚性纤维形成的多孔纤维素区域的裂解（Phanphanich 和 Mani，2011）。换言之，燃烧烘焙过的生物质比非烘焙的生物质释放 25 % 以上（相对重量）的热，烘焙后碾磨需要的能量较少。进一步说，烘焙释放出来的有机物蒸汽，可以燃烧。烘焙蒸汽一般是酸性的，由于附着在半纤维素结构中的醋酸得到了释放。

烘焙之后是热裂解，温度在 300—650℃。本书其他章将探讨深度热裂解。简而言之，热裂解首先将半纤维素、纤维素、木质素和其他残余有机大分子分解成较小的分子。较小的分子（单体或者低聚体）可以形成液体中间体，然后，从多孔生物质颗粒中蒸发（或者热射）释放蒸汽。未能从生物质出来的热裂解产品，或者分裂成较小的分子，或者聚合成焦炭。重要的是，注意随着热裂解形成焦炭的进程，生物质的孔隙度增加；这样，固体密度下降。热解蒸汽在这些温度下，遇到氧化即可燃烧。燃烧木材释放出来的浓浓的味道，来自于从燃烧区域逃逸出来的热解蒸汽。

热解之后是气化，温度在 700—850℃。气化过程中，反应将热裂解步骤残留下来的含碳固体（也称焦炭）和热裂解蒸汽转化成 CO、H_2O、CH_4 和 H_2，一种气体混合物，称为"Syngas(合成气)"（Synthesis gas 的缩写词）。合成气通常是由

	（1）蒸发	（2）烘焙	（3）热裂解粗裂	（4）气化	（5）蒸汽燃烧
温度	100—200℃	225—300℃	300—365℃	700—800℃	450—2000℃
产品	固体：干木柴 蒸汽：水	固体：烤木 蒸汽：水、挥发性有机物	固体：焦炭 蒸汽：轻有机物、重有机物	固体：灰分 气化合成气（CO, H_2, CH_4, H_2O） 蒸汽：CO_2, H_2, CH_4, H_2O	CO_2, CO, H_2O
描述	吸热反应；蒸发；外部加热穿透颗粒	吸热反应；半纤维素分解，轻质抽提物分子间脱水反应；质量密度下降，挥发性有机物可以燃烧	快速裂解的吸热反应；慢速裂解的放热反应；固体、液体和蒸汽反应；纤维素分解，木质素分解；质量密度下降；挥发性有机物可以燃烧	如果水是氧化剂，是吸热反应；如果氧气是氧化剂，则是放热反应；焦炭中碳、氢、氧挥发；气化合成气、热解油和挥发性气可以燃烧	放热反应；氧气燃烧；需要高温和/或高压点燃

时间和温度

图 26-2　木柴燃烧中的热化学反应

缺氧环境下产生的，通常在完全燃烧的 18%—28% 的化学计量比。在化学和能源工业，气化用于单独的技术，创造高附加值的氢气，用于各种不同的目的。气化中的重要反应是碳氧反应、布杜阿尔反应、碳—水反应、氢化反应、水气变换反应、甲烷化反应。当存在氧气时，完全这些反应所需的热由燃烧提供——这被称为自动热气化。要获得较高含量的氢，可对生物质进行外部加热（加水）——这个被称为间接加热气化。热裂解考虑气化很重要，特别如果存在加热不均匀时，即一些生物质达到汽化温度，另一部分生物质还在升温。蒸汽气化用于生产活性炭中增加物理活化过程中产生的生物碳的表面积（Kumar 等，2009）。

最后是燃烧。正如你所熟知的那样，燃烧需要三件事：炭、氧气和高温点火源。生物质燃烧的火焰根据水分含量、热值、添加空气的量以及反映其中的气流模式可能超过 2000℃。在慢速热裂解或者直接加热气化过程中，提供氧气，以使一些热解蒸汽即合成气在蒸汽相中燃烧，再向固体生物质或者碳提供热量。另外，也可将蒸汽导入燃烧热解蒸汽的燃烧设备中，将废弃送到反应器给生物质加热。给热裂解反应器加热的方法多种多样，但几乎所有方法都是使用燃烧，因其非常简单。燃烧热裂解的重要组成部分，即使它不发生在热裂解反应器里。许多慢速热裂解反应器（或者其他自热系统）都燃烧一些热裂解产物（蒸汽或者气体），产生维持反应过程所需的热量。氧气攻击热裂解这步形成的含碳残余物时，也会发生燃烧。生物质燃烧结束后留下的白粉被称为灰分，通常是由无机组分形成的。

26.3 木质纤维素结构和热裂解化学

生物质热裂解是一个非常复杂的系统，涉及同步固体传热、固相化学反应、液体蒸发和热喷射、液相反应、蒸汽通过固体网络传递质量和气相反应。理解这些相互作用的最佳起点是看木质纤维素材料的结构和化学性质。木质纤维素材料是植物干物质，包括乔木、灌木、禾草、玉米秸秆/玉米芯（植株去除玉米籽粒以后所剩下的部分）、甘蔗渣（洗去糖以后所剩下的部分）甚至还包括纸厂废弃物。进一步阅读有关木材结构和化学，可见 Sjöström(1993) 所著图书。

26.3.1 木质纤维素结构和对热裂解的影响

为了探讨木质纤维素的结构，让我们从直立植物如亚麻开始，种植亚麻生产食物（种子）、油（生产清漆）和纤维（生产纺织品）。木本茎和树干与亚麻非常相似。在植物中，长长的植物细胞向上穿过植物机体，提供结构、养分和保护。为此，有不同类型的细胞，如图 26-3 所示。

茎中部是髓（1）。髓是软海绵状，由储存并向全株运输养分的薄壁细胞组成。

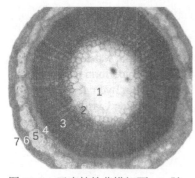

图 26-3　亚麻植株茎横切面。1.髓，
2.原生木质部, 3.木质部, 4.韧皮部,
5.厚壁组织（麻类纤维）, 6.皮层,
7.表皮

来源：Wikipedia.org/wiki/File:Stem-histology-
cross-section-tag.svg

包裹髓部的是原生木质部（2），是髓和木质部细胞的混合体。木质部（3）起着向全株运输水分和矿物质的作用。树木主要是由里面的木质部组成。木质部细胞是管状的，像血管一样，提供一些结构支撑。木质部也包含一些薄壁细胞和纤维细胞。木质部周围是韧皮部（4），向全株输送有机养分，由薄壁细胞、传导细胞和支撑纤维组成。最重要的是，它分配光合作用期间制造的糖（比如蔗糖）和有机物。韧皮部外边是厚壁组织（5），即麻纤维，为植株提供支撑。厚壁组织有时也叫内皮，是有纤维细胞和石细胞组成，具有很厚的细胞壁。再外面是皮层（6），就在表皮里面，大部分都是未分化的细胞。最后，外层是表皮（7），防止植株失水，吸收水分和矿物质，控制植株气体交换，分泌有机化合物。表皮层数多种多样，不同植物不同，但大部分是由专化的薄壁细胞组成。在木本植物里，表皮被树皮包裹，起保护作用。

植物细胞的结构和排列方式在很大程度上决定着热裂解中热量和质量的传递特性。图 26-4 说明热量如何通过侧面和端部进入木质纤维素颗粒，热裂解中产生的蒸汽首先通过颗粒的轴端由细胞中心离开，然后通过侧面离开，因为木柴热解时细胞间的天然空隙膨胀。

如果热裂解中产生的气溶胶碰击到坚固的细胞壁，他们可能会被留在那里，次级反应可能将这些分子转化为碳和更小的、不需要的分子。在慢速热裂解中这还是

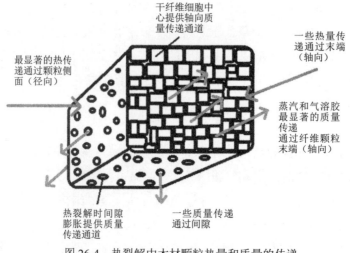

图 26-4　热裂解中木材颗粒热量和质量的传递

不错的，因为我们希望是产碳量最高。然而，在快速热裂解中，这不是所期望的，因为大量热裂解蒸汽和气溶胶产物比碳或者更轻质的化合物更有价值。我们将在下面的章节看这些分子是什么。

所以一般来说，热裂解反应可分成：（1）初级和（2）次级反应。初级反应发生在细胞壁，导致形成产物或者挥发性产物。当初级反应产物从生物质细胞壁表面到冷凝器的过程中，遇到天然催化剂和热的作用下，即次级反应发生。热裂解蒸汽在冷凝器冷却，次级反映急剧减慢。一般而言，次级反应可分成均质和异质反应，根据他们是发生在大量的蒸汽相还是正在转化的生物质颗粒的表面。

根据所用颗粒大小，快速热裂解可分为两个主要方法：（1）单细胞壁，（2）保持细胞壁结构的颗粒（如图 26-5 所示）。去除生物质热裂解单体产物的主要机制就是蒸发。寡聚产物不能蒸发，但是可以通过热射离开。热射是由于液态挥发性中间产物的挥发性成分形成的气泡（Teixeira 等，2011）破裂而发生的。当生物质具有细胞壁结构，颗粒相对较大时，热射的寡聚产物打到内壁并保留在那里（Zhou 等，2013；Kersten 和 Garcia-Perez，2013）。

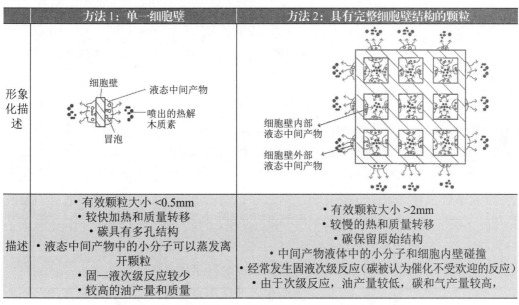

方法1：单一细胞壁	方法2：具有完整细胞壁结构的颗粒
形象化描述	细胞壁　液态中间产物　喷出的热解木质素　冒泡	细胞壁内部液态中间产物　细胞壁外部液态中间产物
描述	• 有效颗粒大小 <0.5mm • 较快加热和质量转移 • 碳具有多孔结构 • 液态中间产物中的小分子可以蒸发离开颗粒 • 固—液次级反应较少 • 较高的油产量和质量	• 有效颗粒大小 >2mm • 较慢的热和质量转移 • 碳保留原始结构 • 中间产物液体中的小分子和细胞内壁碰撞 • 经常发生固液次级反应（碳被认为催化不受欢迎的反应） • 由于次级反应，油产量较低，碳和气产量较高，

图 26-5　基于有效生物质颗粒大小的两个重要的热裂解方法（Zhou，2013）

26.3.2 纤维素：干物重的 40%—45%

纤维素是木质纤维素的主要结构成分，组成细胞壁，如图 26-6 所示。细胞壁是由纤维网格化组成，纤维由微纤丝组成。微纤丝的中心是结晶纤维素，然后是亚晶体纤维素，周围包围着半纤维素，半纤维素像胶一样把微纤丝连接在一起。

纤维素是由 1 → 4 连接的 β-D- 吡喃葡萄糖组成，这就是由醚键连接成的

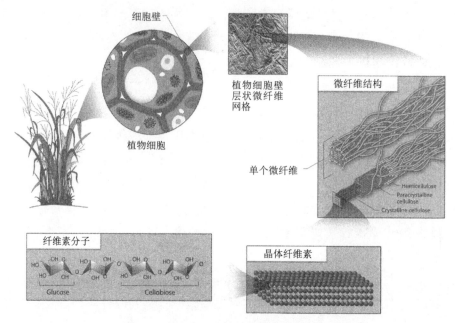

图 26-6 纤维素：木质纤维素材料的结构骨架

（图片来源：橡树岭国家实验室生物学和环境研究信息系统）

10000—15000 单位长直链的葡萄糖。纤维素是木材中最丰富的化学种类，达干重的 40%—45%。

纤维素热裂解最期望的产物是左旋葡聚糖（见下文）。在目前快速热裂解反应器中，通常接近 10%—20%（wt%）的纤维素转化成有价值的糖（左旋葡聚糖）。然而，纤维素转化水解糖（左旋葡聚糖、聚纤维二糖和寡脱水糖）最大理论转化率可以接近 100%。在热裂解中，纤维素通过降解反应分解成其较小的糖单元。该反应机制背后的准确化学虽然难于确定，但一般总体方案已经相当清楚：纤维素的初级反应产生糖（左旋葡聚糖、聚纤维二糖等），次级反应（1）将初级产物分解成小分子，（2）将初级产物转化成较大的分子和碳，正如 Mamleev 等（2009）解释的那样。

至于纤维素热裂解的集总反应路线是什么？纤维素热裂解的研究人员之间一直持续争论。很难通过实验证实每个热裂解路线，但进行数据拟合，近似预测产物的产量很重要。使结论性结果进一步复杂化的是，由于流体力学和热传递效应，从每一套反应器中收集的动力学数据不同。尽管如此，了解文献中和图 26-7 所提供的带有一些动力学数据的常见例子很重要。

26.3.2.1 初级纤维素热裂解反应

在纤维素初级反应中，吡喃（型）葡萄糖单体单元间的 1 → 4 醚键断裂，分子间化学重排内化 1 → 4，产生聚纤维二糖，如图 26-8 所示。

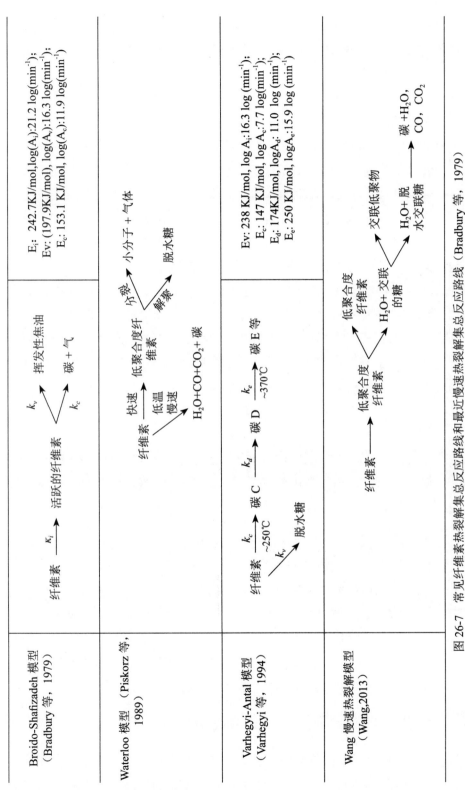

图 26-7　常见纤维素热裂解集总反应路线和最近慢速热裂解集总反应路线（Bradbury 等，1979）
动力学数据遵循阿列纽斯速率法则方程，其本身用于热裂解动力学就是个有争议的方程。

在快速热裂解中，非结晶纤维素和结晶纤维素都是首先熔进聚纤维二糖和脱水寡糖形成的液相，然后，产物能够蒸发或者热射。就是在这个液相里，发生许多成碳反应。图 26-9 显示了我们要讨论的一些建议的纤维素热裂解重要反应的反应机制。

在快速加热条件下，纤维素解聚成左旋葡聚糖发生在 300℃ 以上。动力学参数根据所用反应路线而异。

在慢速加热条件下，在非结晶纤维素温度超过 300℃ 融化时，由于存在交联反应，结晶纤维素大部分保持固态（Wang 等，2013）。记住，整个植物体的细胞各不相同，有三种类型的纤维素。在细胞壁，纤维素介于结晶和非结晶纤维素之间。一般理解，非结晶体首先热解，结晶纤维素随后热解，后者需要一些热打断链间的键。

纤维素的初级产物不仅包括左旋葡聚糖，还有聚纤维二糖，聚纤维三糖和一些较大的糖。然而，较大的糖在热解条件下不太可能蒸发；必须通过被称为"热射"的机制去除他们。左旋葡聚糖的沸点是 290—300℃，聚纤维二糖的沸点是大约 581℃，聚纤维二糖的沸点是约 792℃。因此，较左旋葡聚糖大的糖在大气压热解条件下通常看不到，因为他们只保留在液相，变成碳或者较小的不期望的产物。

重要的是，要认识到左旋葡聚糖通常出现在快速热裂解或者真空慢速热裂解中。在慢速热裂解中，脱水反应占优势，如图 26-9 所示。此外，只有用小颗粒并且迅速冷却蒸汽，或者在真空测试中，才获得高产的左旋葡聚糖。原因之一就是慢速热裂解所用的较大颗粒加热慢，促进了脱水反应。

在碱性纤维素存在时，形成 C1—C4 的断裂反应是催化反应（Patwardhan 等，2010）。这些反应的主要产物是：丙酮醇和乙醇醛。图 26-10 显示了 Richards（1987）提出解释乙醇醛形成的机制。进一步的纤维素断裂反应的反应机制可见 Wang（2013）第 20—31 页。

26.3.2.2 次级纤维素热裂解反应

次级反应可以发生在固态相，液态中间产物相或者蒸汽相；产生小的不期望焦油产物，包括诸如丙酮醇、乙醇醛、糠醛、羟甲基糠醛和一些重排或者脱水的糖。焦油形成总是伴随 CO_2、H_2O、H_2 的产生（Antal 和 Varhegyi，1995）。

液态相中的次级反应，一直讨论是焦油形成的来源。通过（1）分子间脱水和（2）缩聚形成多环芳烃固态含碳材料而启动的一系列反应形成焦油。

26.3.3 半纤维素：木材干重的 20%—30%

半纤维素和纤维素相似，也是由糖组成的。然而，半纤维素非结晶的，变化多样，由葡萄糖、甘露糖、半乳糖、木糖阿拉伯糖、甲基葡萄糖醛酸、半乳糖醛酸组

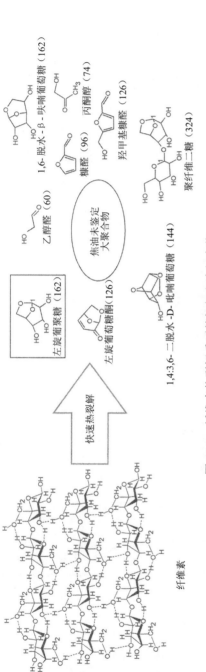

图 26-8　纤维素热裂解重要的初级和次级产物

左旋葡聚糖形成	链间交联	链内脱水途径
通过自由基解聚作用协同打开机制（Mayes 和 Broadbelt, 2012）	脱水反应（Kilzer 和 Broido, 1965）	脱水反应（Scheirs 等，2001）
分子式图	分子式图	分子式图

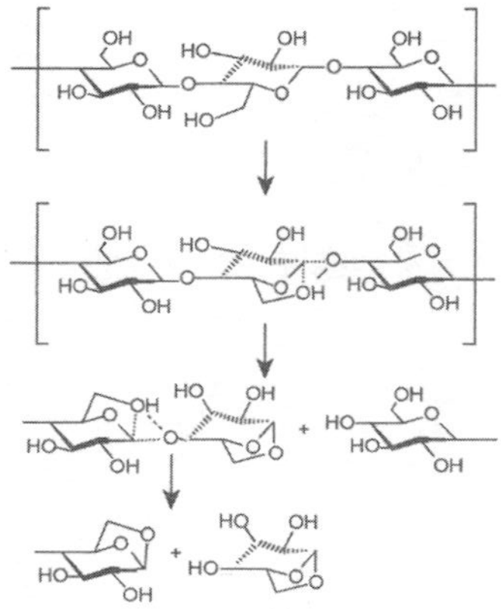

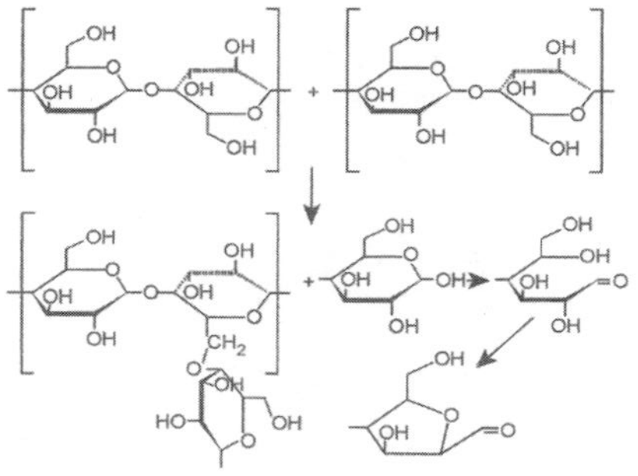

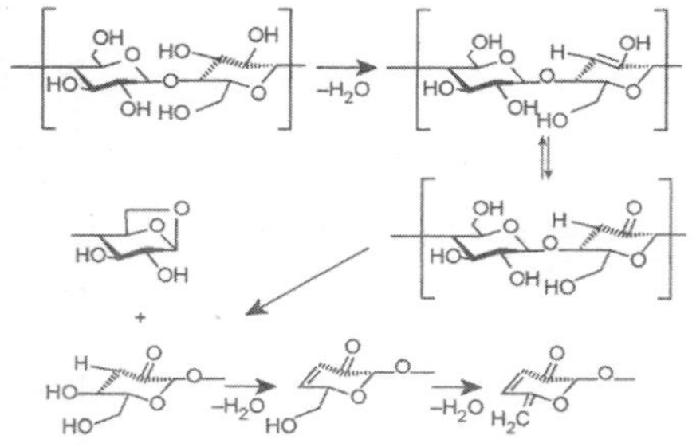

图 26-9　纤维素热裂解反应例子（Kilzer 和 Broido，1965；Mayes 和 Broadbelt，2012；Scheirs 等，2001）

成。这就使之成为一种杂多糖。通常半纤维素具有一定程度的聚合（约200），意味着每个半纤维素链具有200个单体连在一起。此外，半纤维素链可以分支，而不是直链。

果胶是木质纤维素的另一成分，由半乳糖醛酸组成。果胶存在于整个细胞，像半纤维素一样，起粘合剂的作用。它果实中果胶含量比木质纤维素中丰富，所以在进行生物之化学表征时，果胶经常被算入半纤维素含量中。

在接近非结晶纤维素相同温度（250—300℃）时，半纤维素发生重量损失（初级降解反应）。其化学产物难于研究，因为很难提取天生半纤维素，所以，木聚糖经常用作实验的代表。发现半纤维素是热裂解中醋酸、甲酸、丙酮醇、木糖、糠醛和其他小分子产物的来源（Patwardhan等，2011）。

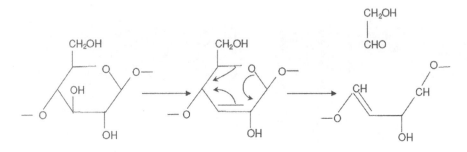

图26-10　左旋葡聚糖断裂形成羟乙醛的机制（Richards, 1987）

26.3.4 木质素：占木材干重的15%—36%

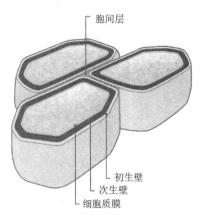

图26-11　胞间层和次生壁高木质素含量

木质素是一种复杂的酚醛聚合物，起到机械支撑、水分运输、防御微生物的作用。木质素是胞间层（细胞壁之间的空间）的主要成分，如图26-11所示。

具体的木质素化学依不同植物而异，但是基础是共同的，即木质素是一个苯丙烷单元的网络。主要醇基单位是对—羟基苯基、愈创木基和紫丁香木质素，分别形成对羟基肉桂醇、松柏醇和芥子醇。这些单体木素由醚键（C-O-C）或者C-C键连接在一起。木质素和三个主要的单体木素如图26-12所示。木质素发生热裂解的温度范围很宽，经常分为低温反应（180—300℃）和高温反应（300—600℃）。

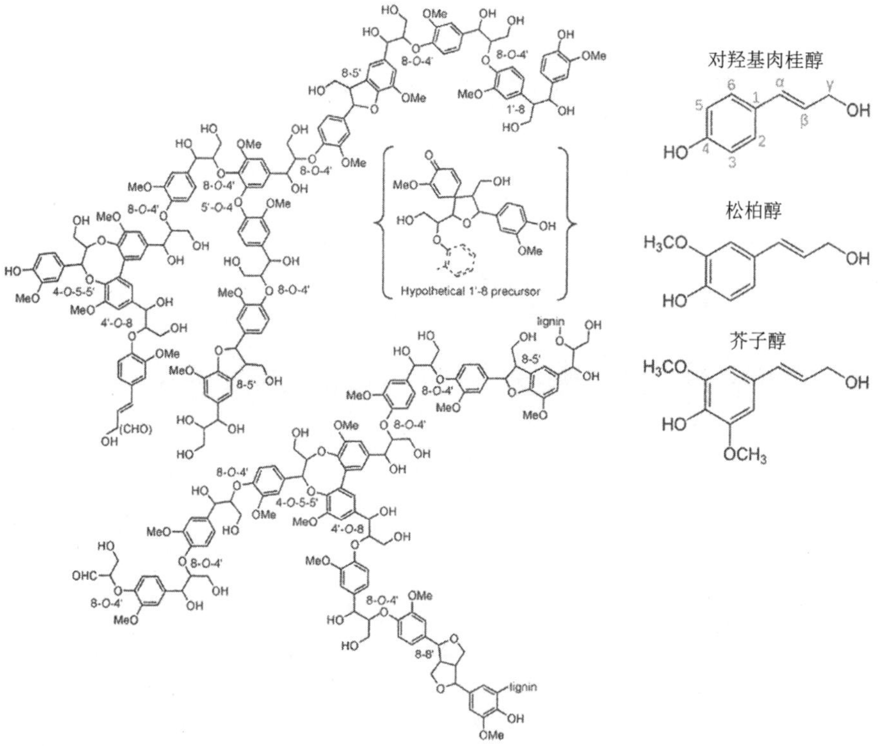

图 26-12　木质素结构示例和三个初级单个木素

26.3.4.1 木质素低温热裂解反应

人们认为在 180—300℃ 范围内的低温反应产生木质素低聚物，然后进一步断裂形成木质素单体。

醚键首先断裂。和纤维素、半纤维素热裂解一样，当大分子在温度压力下不能蒸发时，形成液态中间产物，并继续存在。当液态木质素在这样的温度下持续加热，他们最终交联，形成焦油。液态中间产物热射的木质素低聚物可进一步断裂，在蒸汽相次级反应中形成木质素单体，如图 26-13 所示（Zhou 等，2013）

26.3.4.2 木质素高温热裂解反应

在高温时，液态中间产物相中的木质素交联，随后缩聚，产生多环芳烃的含碳固体。形成焦油的重要副产物是释放甲醇和甲醛。在 20 世纪早期，整个行业都是围绕热裂解生产这些化学品而建的。在这种高温时，蒸汽相木质素低聚物将断裂、当蒸汽离开反应器时形成单体。

26.3.4.3 抽出物：木材干重的 2%—10%

抽出物是木质纤维素的非结构成分，包括脂肪、酚类物质、树脂酸、蜡和无机

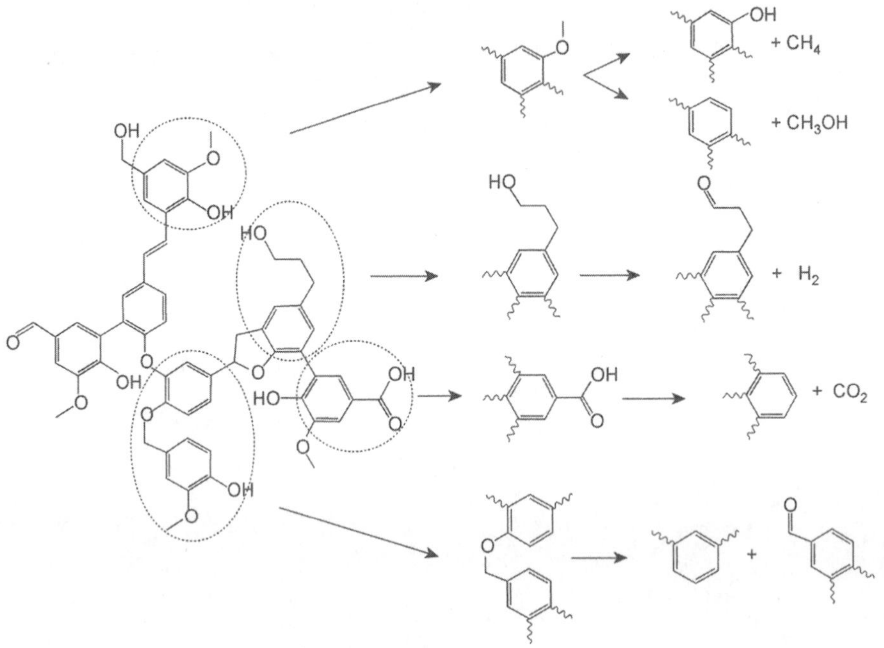

图 26-13　次级反应中由木质素低聚物形成单体（Zhou 等，2013）

物。在木柴中，酚类抽提物存在于树皮和心材。蜡存在于薄壁组织中。酚类抽提物用作保护木质纤维素防止真菌和细菌侵袭，可以从活体树中以树脂酸的形式洗出来。松节油作为颜料、溶剂和清漆的来源，是一个重要的化工行业。酚类抽提物具有与木质素相似的化学基础，含有很大一部分愈创木酚和二甲氧基苯酚。脂肪在生物之中提供能量储存，储存于薄壁组织细胞中。请注意抽提物的含量和特性依不同生物质而异，甚至每种植物的不同部位也不尽相同。

有机抽提物，你也许知道它相当粘稠，会引起堵塞并且在热裂解中产生低质量油。因为树脂的很大来源是在活体树木的树皮，通常在磨碎送入热裂解反应器之前将树去皮。此外，存放一段时间树木减少抽提物的问题，因为他们会自然氧化成较小的化合物。

木质纤维素生物质还含有无机类物质，如钙、钾、钠、镁、铁和锰。在热裂解过程中，已知无机物会降低纤维素的产糖量，改变木质素产品的特性。草和较小的生物质也先天含有大量土和灰尘。由于这些无机物往往增加焦炭产量，用温和的酸冲洗生物质经常是个提高产品产量的好办法。

26.3.5 生物质热裂解策略

有一些生产利用热裂解产物（生物碳、生物油和气体）的策略。通过改变运行参数，可增加或减少某些期望产物的产生。例如，要使焦炭产量最大化，最好使用劈开的木材，而不是木屑。在这些条件下，加热相对缓慢。热裂解反应器可以结合其他反应器，利用回收的热量、燃烧等等。四种热裂解策略的通用例子如图 26-14 所示。

为了设计热裂解反应器，我们需要将某些方法整合，对过程进行物理模仿。数值和无量纲分析可以根据各种参数，告诉我们热裂解的控制机制。经常用单颗粒模型描述内部和外部热传递以及反应动力学对热裂解过程的竞争性影响。引起现象的原因包括外部热传递、内部热传递、分子扩散、化学反应速率、颗粒收缩、孔爆等等（Pyle 和 Zaror，1984；Paulsen 等，2013；Levenspiel，1999）。

同时模仿多个现象可能变成一个非常费力的工作。因此，通常通过将模型简化成一维模型，根据控制方案（最慢的现象）进行快速计算。典型的控制方案是：（1）外部热传递，（2）动力学，（3）内部热传递。无量纲数值可以知道我们选择哪种模型，或者是否我们根本不能选择哪种方案。表 26-1 描述一维热裂解模型的重要无量纲值（Di Blasi，2008）。

表 26-1　一维热裂解模型无量纲值（Pyle 和 Zaror，1984）

无量纲数	值	比较
毕渥数（Bi）	hR/K	外部和内部热传递
热裂解数（py）	$K/(k\rho c_p r^2)$	内部热传递和反应速率
热裂解数'（py'）	$h/(k\rho c_p R)$	
注：h= 热传递系数，k= 表观速率常数，R= 颗粒直径，ρ= 颗粒容积密度，K= 热传导率，c= 容积热容量		

表 26-1 这种无量纲值是使用常数的经验值或者常数平均值计算，这些常数在整个热裂解反应中不断变化，如密度、直径。一旦要计算这些数值，有效范围可以根据观察值决定，如表 26-2 所描述的控制方案。木柴热传导率的常用值在 0.1—0.05W/mK。

26.3.5.1 慢速热裂解：焦炭途径

慢速热裂解使焦炭生产最大化。大颗粒（> 2 mm）和慢速加热（< 10 ℃/min）到 400—600 ℃ 是慢速热裂解反应器通常的运行参数。通常情况下，液态产量 30%—50%，焦炭产量 25%—35%。蒸汽不是迅速逃逸，往往在反应器停留 5—30 分钟。

有两种重要类型的慢速热裂解：碳化（加热数天）和常规热裂解（加热 5—30

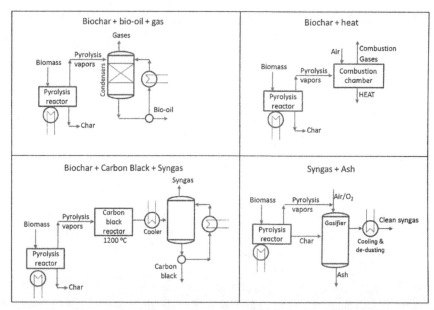

图 26-14　热裂解反应器的四种策略（Paláez-Samaniego 等，2008）

分钟）。在碳化中，蒸汽通常被排到大气中，或者燃烧产生更多的碳，忽略蒸汽产物。碳化是个环境问题，在发展中国家经常只允许使用烹饪的木炭，如图 26-15 显而易见（Garcia-Perez 等，2010）。要设计碳化装置，推荐读者阅读 Emrich（1985）的制碳手册。

常规热裂解就是早期热裂解工业围绕着所建设的那种，可以收获碳、油和不凝结的蒸汽。油冷却时，分离成有机相和水相；水相中存在甲醇和丙酮。在大部分反应器设置中，蒸汽（油和不凝结蒸汽）都是燃烧，回收过程热、电或者两者。慢速热裂解产生的油热值约为 25MJ/kg（Garcia-Perez 等，2010）。

表 26-2　一维热裂解模型的有效区域

模型	有效范围			描述
	Bi	Py	Py'	
非控制条件	所有值			需要数学模型
外部热传递	<1	>1	>1	低热传递系数，小颗粒
动力学	<1	>10	>10	高热传递系数，小颗粒（即快速热裂解）
内部热传递	>50	$<10^{-3}$	<<1	大颗粒（即慢速热裂解）

生物碳是期望的产品，可用于（1）土壤改良肥料（Lehmann 和 Joseph，2009），（2）养分吸收，（3）过滤，（4）气化或燃烧，（5）大气碳封存。图 26-16 显示生物碳怎样为农业目的改善土壤质量。焦炭的热值根据原料变化于 15—30MJ/kg 之间。生物碳的问题是密度低，经常限制运输的经济可行性。

根据慢速热裂解产油率低（30%—50%，wt）的事实，通常将慢速热裂解产生的两相油燃烧或者气化。然而，从慢速热解油的水相提取一些有价值的化学品是可能的，也是经常期望的：丙酮/酮（木柴干基的约5%）、甲醇（1%—2%）、甲/乙酸（5%—8%）。

在慢速热裂解的生物加工，根据经济性有很多设置变异。一些气化碳，使气化热解蒸汽，一些燃烧所有蒸汽供应工艺的热和电。

图26-15　波兰生物质碳化，说明蒸汽释放到空气中影响环境

用于慢速热裂解的反应器有许多类型（见表26-3）（Garcia-Perez 等，2010）。窑是使用最早的方式，只需要用泥土覆盖劈开的木柴，点燃，部分燃烧一些木柴提供热，就可以完成慢速热裂解。后来，开发了甑。甑通过反应器的壁给生物质加热，因此使得油和碳的氧气含量远远低于窑。架式反应器是窑反应器的连续版本，为生物质配有可移动组件。除了窑和甑，还有更多创新的反应器设置。赖克特变换器使用分离的反应器进行干燥、碳化、冷却。朗比奥特反应器是个倒灌风型反应器，从顶部加入生物质，在不同的区域进行干燥、碳化、冷却。赫雷斯霍夫反应器是多水平反应器，用旋转叶片把生物质推入下一级水平。旋转鼓、螺旋钻、搅拌床和浆窑反应器推或者震动生物质，使之通过反应器，增加热传递。

26.3.5.2 快速热裂解：产油途径

快速热裂解使产油最大化。小颗粒（期望＜2mm）和快速加热（>100℃/s）到400—650℃，是快速热裂解常见特点。通常液态产率60%—75%，碳产率15%—25%，非冷凝气体产率10%—15%。反应器设计成在2秒钟之内去除和冷凝蒸汽。关于快速热裂解，在别的地方可见非常好的综述（Meier 和 Faix，1999；Czernik 和 Bridgwater，2004；Bridgwater，2012；Kersten 和 Garcia-Perez 等，2013）。

根据生物质的含水量，这种油通常含有10%—30%的水分，通常呈暗棕色（或接近红色或暗绿色，取决于原料），非常粘稠，闻起来像篝火夹杂烤肉酱的味道（Mohan 等，2006；Czernik 和 Bridgwater，2004）。表26-4列出了快速热裂解生产的生物油的一些最常见、最显著的特性。干净的木柴快速热裂解产生的生物油，刚刚冷凝时通常只有一个主要相；然而，来自树皮、树叶或者高碱材料的生物油表现出多相结构，包括碳颗粒、富含非极性抽提物的材料，蜡质材料、水溶性液滴、有机液滴和胶束形成的分离相（Garcia-Perez 等，2006；Frantini 等，2006）。此外，如果将生物油再加热，会发生聚合。所有这些特性结合在一起使生物油难于运输。因此，通常采用稳定生物油的策略，包括催化氢气处理、酯化，或者简单地添加溶剂。

表 26-3　慢速热裂解反应器及其细节（Garcia-Perez 等，2007；2010；Beaumont，1985）

反应器类型	（物料）大小	运行模式	加热方法	建筑材料	反应器详细说明	注释
土窑	劈开的木柴	批式，7—30天	部分燃烧，树叶燃烧	土，经常在井中	固定，大小可变，木柴堆用泥土覆盖	冷却慢、高排放、寿命短
砖窑	劈开的木柴	批式，约30天	部分燃烧，热气接触	炉渣砖、砖、铁五金	固定，3—300m³，寿命比土窑长	冷却慢，不回收蒸汽
美国大窑	劈开的木柴	半批式，约30天	部分燃烧，热气接触	耐火砖/铁	固定，300—1000 m³，通常回收蒸汽	冷却慢
不回收液体的小窑	木片，劈开的木柴	半批式，8—12小时	燃烧热裂解气体和蒸汽，通过釜壁间接加热	油桶、炉渣砖	便携式，1/5 m³，将蒸汽导入桶底部燃烧	可回收有机酸、甲醇、丙酮
回收液体的小窑	木片，劈开的木柴	半批式	燃烧热裂解不凝结气体，通过釜壁间接加热	钢，砖	固定，1—2 m³，蒸汽冷凝系统	每天20—200堆
车式干馏炉	1m长圆木、劈开的木柴	连续	燃烧热裂解不凝结气体，通过釜壁间接加热	铁、火车车厢	固定，(1)带有蒸汽冷凝器的炭化室 (2)碳回收室	操作相当快，益于中小型加工
架式反应器	木片	半连续	燃烧蒸汽间接加热	金属/炉渣砖	搬运车运载装有生物质的架子，从干燥单元移到碳化单元，再到冷却单元。	
赖克特变换器	劈开的木柴	半连续	直接接触循环热气	铁、钢	固定或者可移动；干燥、碳化、冷却多室；燃烧废气加热	设备成本较高，人力成本低，不收集生物油
朗比奥特反应器	劈开的木柴、木片	连续	直接接触循环热气	钢、金属	固定或者可移动；通风设计：(1)干燥区域，(2)碳化，(3)依次冷却	最好的慢裂解技术之一，可进行蒸汽冷凝
赫肯斯霍夫多膛炉	木片、细小颗粒	连续	直接接触循环热气	金属	垂直下向，带有旋转叶子，移动生物质	可冷凝蒸汽，也可用于快速热裂解
鼓式旋转换器	木片	连续	通过壁、管子间接加热	金属	固定或者可移动；水平桶在加热的容器里旋转	可冷凝蒸汽，也可用于快速热裂解
螺旋反应器	木片细小颗粒	连续	通过壁或热砂和/或热气间接加热	金属	固定或者可移动；螺旋推动生物质通过窑炉	最好的慢旋热裂解即使之一，可用于快速冷凝蒸汽热裂解
移动搅拌床	木片、细小颗粒	连续	通过热熔盐间接加热	金属	固定，斜床震动移动生物质过反应器	也适合快速热裂解，可收集能
浆式热解器	木片	连续	通过釜壁间接加热	金属	反应器内部桨叶混合生物质，增加热传递，可收集蒸汽	相当有活力的设置

表 26-4　生物油的一些显著特性（Garcia-Perez 等，2006，2007；Mohan 等，2006）

特性	描述
外观	根据原料呈棕色—黑色
结构	室温下呈多相结构，由于存在碳颗粒、蜡质材料、水溶性液滴、有机液滴、胶束和水。高于 60 度时，更为均匀。质量差的生物油分离成重（有机物的）和轻（水溶性的）两层。
密度	～ 1.2 kg/L (20℃)
运动粘度	变幅很大：50—672cst (20℃)，35—300（40℃），5—200 cst (50℃)
含水量	生物质干重的 15%—30%（wt）；对于湿生物质可达 50%
高热值	20—24.3 MJ/kg(无水)，15—18（生产的生物油）

扣除水分，生物油的元素质量组成通常是 44%—47% 碳、6%—7% 氢、46%—48% 氧和 0%—0.2% 氮。

表 26-5 列出了木质纤维素材料快速热裂解生物油的一些最常见的小化学品。然而，因为含有大量有机分子，快速热裂解的生物油可以以各种方式升级，生产燃料和化学品。在生物油中发现有 3000 多个独特的化合物。

表 26-5　在生物油中发现的丰富的化学品种类（大约 3000 种化合物）（Garcia-Perez 等，2010）

纤维素 / 半纤维素来源的化合物	木质素来源的化合物	产检衍生物
左旋葡聚糖	异丁子香酚	碳
乙醇醛	二甲氧基苯酚	水
乙酸	酚	CO，CO_2，CH_4，C_2H_6
丙酮醇	4- 乙基苯酚	
糠醛	2- 乙基苯酚	
糠醇	对甲苯酚	
聚纤维二糖	邻甲苯酚	
2- 甲基 -2- 环戊烯 -1- 酮	间甲苯酚	
3- 甲基 -2- 环戊烯 -1- 酮		

26.3.5.3 反应器

正如本节开始讨论的，理想情况下快速热裂解发生于动力学控制的颗粒小加热速率高区域。这部分论述热转移最快的快速热裂解常用反应器。此外，在快速热裂解中，重要的是迅速冷凝蒸汽，不然会在蒸汽经过热反应器时产生过度的次级反应。为了限制次级热解反应，蒸汽应在反应器停留少于 2 秒。通过使用载气将蒸汽带出反应器来实现这步。在实验室，载气经常是氮气，但大规模系统通常使用燃烧尾气，并通常对这些气体预先加热。在流化床反应器中，载气极为重要，因为它也起到提升固体，使生物质/泥沙流化的作用。

在快速热裂解反应器中热的大部分传递是通过固固传导（生物质盒沙石之间的接触），但是通过气—固和辐射也传递一些。由于生物质热传导率低，在表面可以达到 10000℃/秒的升温。如果使用大颗粒，颗粒中间可能温度低。这就突出了小颗粒对于快速热裂解或者同时破裂生物质的烧蚀方法的重要性。

快速热裂解的一些显著的问题如下：（1）高含量碱引起问题，（2）纤维素到糖转化通常是无效的，（3）生物油是不稳定的，由于含有醋酸和多相性，（4）载气冲淡裂解气体，（5）小于 5 个碳的小分子价值有限，（6）生物原油的加氢处理也会引起催化剂焦化失活，（7）加氢处理需要大量氢气（表 26-6）。

表 26-6　快速热裂解反应器

反应器类型	颗粒大小	运行模式	加热方法	建筑材料	反应器详细说明	注释
鼓泡流化床	直径 <0.2mm，预先干燥	连续	热循环砂，热反应器壁和热气；外部燃烧加热	金属（和沙流动介质）	载气使沙流化，生物质通过反应器壁进入。当碳产生时，从反应器顶部吹掉，沙落回	在快速热裂中非常常见；温度容易控制；有可移动单元；碳质量低，由于有砂；常有堵塞
循环流化床	~6mm	连续	热循环砂，热反应器壁，和热气；外部燃烧加热	金属（和沙流动介质）	像流化床，但热传递更多的是经过反应器内固体快速流通，通过壁完成	和流化床相比，允许较大的颗粒；热裂解蒸汽迅速冷凝；设计和运行复杂
烧蚀反应器（例如锥形反应器）	木片	连续	移动的热金属表面	金属	生物质紧紧贴在运动的、加热的表面，使生物质表面融化，使油蒸发，不需要载气。例子：旋转的锥形反应器，热解厂，烧蚀盘，或者管式反应器	
螺旋反应器	直径 < 0.2mm	连续	通过壁、热砂和/或热气间接加热	金属	固定或者可移动；螺旋推动生物质通过窑。一些载气有用	小颗粒可以取得有效快速热裂解。设计运行简单

26.4 产物的应用和途径

26.4.1 碳燃烧

通常燃烧生物碳为工艺提供热、气或者电。在流化床反应器中，这是碳的主要用途，碳经常混有砂，不宜出售作为他用。生物碳的热值 15—30 MJ/kg，但容积密度低，根据原料不同容积密度低分布于 200—1000 kg/m^3。

碳燃烧的残余灰烬可用于生产水泥或者其他用途。

26.4.2 碳作为土壤改良和养分吸收剂

人们普遍认为，生物碳可以通过保持水和营养大大改善土壤特性。在南美洲亚马逊盆地，一种被称为 Terra 的土壤具有很高的碳含量和一些世界上最好的种植特性。因此，正在开发生物碳市场，供农民改良土壤。

近来也在探索将碳作为从田间施肥流失液体中或者厌氧发酵排出物中回收养分的便宜方法。一旦吸收了养分，他们可能再用于大田缓释这些营养（Antal 和 Grønli，2003）。

26.4.3 生物油燃烧

表 26-4 论及了生物油的一些燃料特性，如密度 1.2 kg/L，相当高的粘度 5—200（50℃），固体含量，腐蚀性，碱金属含量，高点火温度，热值 15—18MJ/kg（含水），化学不稳定性。生物油的特性和石油取暖油不同，酸／醛和水降低了生物油的价值（Chiaramonti 等，2007）。油分类和储存策略其他地方可见，特别是 Oasmaa 和 Czemerik(1999) 和 Czernik 和 Bridgwater(2004) 的报告。

生物油燃烧有些优点，因为兰金循环产电的功效。然而，生物油可能引起汽轮机和柴油机的问题，因为特性比如灰分含量的变化以及十六烷值低（0—27）。对生物油滴燃烧已进行了广泛研究（Chiaramonti 等，2007；Wornat 等，1994；D'Alessio 等，1998；Garcia-Perez 等，2006）。

26.4.4 生物油的液体染料生产及升级

今天热裂解最流行的研究领域之一是生产液体燃料。因为生物油广泛的产品，各种组分可用于不同的目的。此外，有多种途径获得液体燃料。用热裂解生产可再生燃料的主要优点是宽泛的分子大小允许生产与汽油相当的产品、飞机燃料相当的产品，等等。例如飞机燃料，很难利用生物方法进行经济性地生产。

升级热解油对开发有价值的产品至关重要。目前认为下面的升级策略很重要

（2013 年生物质热化学转化会议的论文集）：（1）用醇稀释 / 溶解，稳定化，（2）酯化或者 acetilization 消除酸 / 碳酰基，（3）热气过滤，（4）热裂解后对油进行催化加氢脱氧（HDO）。

（1）生物油的稀释和溶解可以大大改善其特性。通过这种稀释，粘度降低，熟化特性得到改善。溶剂的例子包括生物柴油、甲醇、醚和其他醇。因为这增加了大量外部生产的化学品（高达 60%），这可能使这种途径改良油变得相当昂贵。

（2）另一种稳定油的方法是通过化学反应酸和碳酰基团，这些基团通常产生生物油最多的负面特性。这些化学反应被称作酯化和醋酸化反应。这与稀释 / 溶解相似，但涉及化学反应（Li 等，2011；Hu 等，2011）。

（3）热气过滤也能改善生物油的质量。回想一下，原生物油含有碳颗粒和碱，他们和油一起被吹出。热解油可在流出反应器时通过带有陶瓷元素的烛形过滤器进行过滤。成功的测试表明，这种方法改善了生物油理化特性、稳定性和灰分含量。

（4）生物原油含有 46%—48% 氧或约 22% 摩尔氧，以醇、醚、碳酰基团、酸等的形式存在。期望去除氧的同时稳定并将生物油升级到燃料品质，使最终氧含量少于 0.5%（wt）。取得可用总液体的约 40% 的产量，其中约 40% 为汽油、40% 柴油、20% 燃料油（燃料油和柴油约有 29 % 的 JetA 航空煤油重叠）。研究人员已经发现，氢气和生物油的催化反应是实现这一目标的有效方法。大部分研究人员用两种不同的催化剂和不同的温度（~ 170℃）进行两步加氢处理。第一次加氢处理是低温（~170℃），第二次是更剧烈（~ 400℃）。氧气以水的形式离开，碳酰基团转化成醇。汽油、柴油和航油等效物已在实验室规模和小试规模使用该方法生产出来了。问题包括，催化剂失活，氢气的高成本（每克油 0.04—0.07 氢气），冷凝、再加热、压缩和冷却的热效率不高。

（5）催化热裂解可以避免催化升级前冷却生物油的一些热失量效率低下。这可以通过向流化床反应器添加催化剂丸或者建立一个与热解反应器同轴的固定化催化剂床来实现。在催化时，热裂解蒸汽和还原氧的目标反应，保存碳含量，生产低氧含量的生物油。通常，催化热裂解的产物是芳香族化合物，是有用的燃料添加剂或者生产化学品的中间物质（Bridgwater，1996；Williams 和 Nugranad，2000）。

（6）前五种方法主要侧重利用生物油的有机、非糖部分。事实上，热解油中的糖被认为会引起催化反应的问题，把他们转化为碳是一种浪费。或者，由生物质中纤维素产生的糖（主要是左旋葡萄糖）通过分凝作用收集起来，发酵成乙醇或者油脂。已有对左旋葡萄糖直接发酵的报道，也有将左旋葡萄糖水解，生产葡萄糖，然后再进行发酵的报道（Prosen 等，1993；Bennett 等，2009；Lian 等，2010；Jarboe 等，2011）。正如前面讨论的，热裂解前用温和酸冲洗生物质可提高产糖量。

这个策略的问题是生物油中的醛、酮对微生物具有负面影响。因此，需要开发发酵前为水溶性液体解毒的策略。

26.4.5 来自生物油的有用的化学品

生物油中有数百种化合物，可生产的更多。单独的燃料不能经济地支撑一个热裂解厂，较高价值的化工品对保持热裂解盈利至关重要。利用分离技术从生物油中可提取一些化工品，通过生物油或其组分和其他化合物结合，可产生其他产品。该领域还需要进行更多的研究探索，但是下面是一些例子，以前 Garcia-Perez 等（2010）反复说过。

（1）钙盐和酚盐在煤燃烧中捕获 SO_x 很有用，可通过羧酸（~1.2—2.1mol/kg 有机物）和酚（~1.8—2.1 mol/kg 有机物）与石灰反应生产。

（2）萜类化合物和酚类可以替代杂酚油作为木柴防腐剂。

（3）热解油最终的馏分可做屋顶或道路沥青，也可作胶和密封剂。

（4）通过羰基（1.8—6.2 mol/kg 有机物）和氨反应或者用生物油向生物碳喷雾，可生产肥料。

（5）水溶相自然存在的醛和酚类物质可用于肉类着色（棕色）。

（6）生物油水溶相和钙盐反应可生产道路除冰剂。

（7）低聚木质素和糖可生产树脂和塑料。

（8）如前所述，从慢速热裂解油种可回收甲醇、乙酸和丙酮。

26.5 结 论

生物质热裂解是一项古老的技术，在整个历史中曾经起起伏伏。20世纪20年代以来，它激发了研究者的兴趣，去探索通过将生物质转化成液体燃料，碳和气是获得财富的简单方法。虽然已经有许许多多的技术，但还需要克服困难，开发一种可持续的用生物油生产燃料和化工品以及用碳和气生产高附加值产品的方法。一些公司已经开始放大催化剂快速热裂解（Kior 公司）或加氢处理快速热裂解（UOP-Honeywell 公司）生产燃料。热裂解的未来可能在于将简单的技术革新和重要科学结合，能够可预见地加工各种各样的天然木质纤维素原料。

下面的问题在未来研究中需要特别注意：（1）热裂解反应器和冷凝器出口和入口的堵塞问题，（2）生物油的稳定性，（3）催化剂失活，（4）选择性生产化工品策略的开发，（5）寻找热裂解高附加值市场，（6）开发能够利用质量最差原料的热裂解技术。

参考文献

Antal, M.J., Grønli, M., 2003. The art, science, and technology of charcoal production. Industrial and Engineering Chemistry Research 42, 1619–1640.

Antal Jr., M.J., Varhegyi, G., 1995. Cellulose pyrolysis kinetics: the current state of knowledge. Industrial and Engineering Chemistry Research 34, 703–717.

Beaumont, E., 1985. Industrial Charcoal Making. FAO Forestry Paper, 63.

Bennett, N.M., Helle, S.S., Duff, S.J.B., 2009. Extraction and hydrolysis of levoglucosan from pyrolysis oil. Bioresource Technology 100 (23), 6059–6063.

Bradbury, A.G.W., Sakai, Y., Shafizadeh, F., 1979. A kinetic model for pyrolysis of cellulose. Journal of Applied Polymer Science 23, 3271–3280.

Bridgwater, A.V., 1996. production of high grade fuels and chemicals from catalytic pyrolysis of biomass. Catalysis Today 29, 285–295.

Bridgwater, A.V., 2012. Review of fast pyrolysis of biomass and product upgrading. Biomass and Bioenergy 38, 68–94.

Campbell, M.M., Sederoff, R.R., 1996. Variation in lignin content and composition (mechanisms of control and implications for the genetic improvement of plants). Plant Physiology 110, 3.

Chiaramonti, D., Oasmaa, A., Salantausta, Y., 2007. Power generation using fast pyrolysis from biomass. Renewable and Sustainable Energy Reviews 11 (6), 1056–1086.

Czernik, S., Bridgwater, A.V., 2004. Overview of applications of biomass fast pyrolysis oil. Energy and Fuels 18, 590–598.

Di Blasi, C., 2008. Modeling chemical and physical processes of wood and biomass pyrolysis. Progress in Energy and Combustion Science 34, 47–90.

D'Alessio, J., Lazzaro, M., Massoli, P., Moccia, V., 1998. In: Thermo-optical Investigation of Burning Biomass Pyrolysis Oil Droplets. Twenty-seventh Symposium on Combustion. The Combustion Institute, pp. 1915–1922.

Elliott, D.C., 2007. Historical developments in hydroprocessing bio-oils. Energy Fuels 21 (3), 1792–1815.

Elliott, D.C., Hart, T.R., Neuenschwander, G.G., Rotness, L.J., Zacher, A., October 2009. Catalytic hydroprocessing of biomass fast pyrolysis bio-oil to produce hydrocarbon products. Environmental Progress and Sustainable Energy 28 (3), 441–449.

Emrich, W., 1985. Handbook of Charcoal Making. The Traditional and Industrial Methods. Kluwer Academic Publisher.

Frantini, E., Bonini, M., Oasmaa, A., Solantausta, Y., Teixeira, J., Baglioni, P., 2006. SANS analysis of the Microstructural evolution during the aging of pyrolysis oils from biomass. Langmuir 22 (1), 306–312.

Garcìa-Pérez, M., Chaala, A., Pakdel, H., Kretschmer, D., Rodrigue, D., Roy, C., 2006. Multiphase structure of bio-oils. Energy and Fuels 20, 364–375.

Garcia-Perez, M., Lappas, P., Hughes, P., Dell, L., Chaala, A., Kretschmer, D., Roy, C., May 2006. Evaporation and combustion characteristics of biomass vacuum pyrolysis oils. Article number 200601 IFRF Combustion Journal. ISSN 1562–479X.

Garcia-Perez, M., Chaala, A., Pakdel, H., Kretschmer, D., Roy, C., 2007. Characterization of bio-oils in chemical families. Biomass and Bioenergy 31, 222–242.

Garcia-Perez, M., Lewis, T., Kruger, C.E., 2010. Methods for Producing Biochar and Advanced Biofuels in Washington State. Part 1: Literature Review of Pyrolysis Reactors. First project report. Department of Biological Systems Engineering and the Center for Sustaining Agriculture and Natural Resources, 87–8. available at: https://fortress.wa.gov/ecy/publications/publications/1107017.pdf.

Proceedings from tcbiomass2013, 2013, Gas Technology Institute, Chicago IL, http://www.gastechnology.org/tcbiomass2013/Pages/2013-Presentations.aspx (Last checked December 31, 2013).

Hu, X., Lievens, C., Larcher, A., Li, C.-Z., 2011. Reaction pathways of glucose during esterification: effects of reaction parameters on the formation of humin type polymers. Bioresources Technology 102 (21), 10104–10113.

Jarboe, L.R., Wen, Z., Choi, D.W., Brown, R.C., 2011. Hybrid thermochemical processing: fermentation of pyrolysis-derived bio-oil. Applied Microbiology and Biotechnology 91, 1519–1523.

Kersten, S.R.A., Garcia-Perez, M., 2013. Recent developments in fast pyrolysis of lignocellulosic materials. Current Opinion in Biotechnology 24 (3), 414–420.

Kilzer, F., Broido, A., 1965. Speculations on the nature of cellulose pyrolysis. Pyrodynamics 2, 151–159.

Kumar, A., Jones, D.D., Hanna, M.A., 2009. Thermochemical biomass gasification: a review of the current status of the technology. Energies 2, 556–581.

Lehmann, J., Joseph, S., 2009. Biochar for Environmental Management: Science and Technology. Earthscan Publishers Ltd.

Levenspiel, O., 1999. Chemical Reaction Engineering. Chapter 18: Solid Catalyzed Reactions, third ed. John Wiley and Sons, Hoboken, NJ.

Li, X., Gunawan, R., Lievens, C., Wang, Y., Mourant, D., Wang, S., Wu, H., Garcia-Perez, M., Li, C.-Z., 2011. Simultaneous catalytic esterification of carboxylic acids and acetilisation of aldehydes in fast pyrolysis from malee biomass. Fuel 90 (7), 2530–2537.

Lian, J., Chen, S., Zhou, S., Wang, Z., O'Fellon, J., Li, C.-Z., Garcia-Perez, M., 2010. Separation, hydrolysis and fermentation of pyrolytic sugars to produce ethanol and lipids. Bioresources Technology 101 (24), 9688–9699.

Mamleev, V., Bourbigot, S., Le Bras, M., Yvon, J., 2009. The facts and hypotheses relating to the phenomenological model of cellulose pyrolysis interdependence of the steps. Journal of Analytical and Applied Pyrolysis 84, 1–17.

Mayes, H.B., Broadbelt, L.J., 2012. Unraveling the reactions that unravel cellulose. Journal of Physical Chemistry a 116, 7098–7106.

Meier, D., Faix, O., 1999. State of the art of applied fast pyrolysis of lignocellulosic materials – a review. Bioresource Technology 68 (1), 71–77.

Mohan, D., Pittman, C.U., Steele, P.H., 2006. Pyrolysis of wood/biomass for bio-oil: a critical review. Energy & Fuels 20, 848–889.

Oasmaa, A., Czernik, S., 1999. Fuel oil quality of biomass pyrolysis oils-state of the art for the end users. Energy & Fuels 13, 914–921.

Patwardhan, P.R., Satrio, J.A., Brown, R.C., Shanks, B.H., June 2010. Influence of inorganic salts on the primary pyrolysis products of cellulose. Bioresource Technology 101 (12), 4646–4655.

Patwardhan, P.R., Brown, R.C., Shanks, B.H., 2011. Product distribution from the fast pyrolysis of hemicellulose. ChemSusChem 4, 636–643.

Paulsen, A.D., Mettler, W.S., Dauenhauer, P.J., 2013. The role of sample dimension and temperature in cellulose pyrolysis. Energy Fuels 27 (4), 2126–2134.

Peláez-Samaniego, M., Garcia-Perez, M., Cortez, L., Rosillo-Calle, F., Mesa, J., 2008. Improvements of Brazilian carbonization industry as part of the creation of a global biomass economy. Renewable and Sustainable Energy Reviews 12, 1063–1086.

Phanphanich, M., Mani, S., 2011. Impact of torrefaction on the grindability and fuel characteristics of forest biomass. Bioresource Technology 102, 1246–1253.

Piskorz, J., Radlein, D.S., Scott, D.S., Czernik, S., 1989. Pretreatment of wood and cellulose for production of sugars by fast pyrolysis. Journal of Analytical and Applied Pyrolysis 16, 127–142.

Prosen, E., Radlein, D., Piskorz, J., Scott, D.S., Legge, R.L., 1993. Microbial utilization of levoglucosan in wood pyrolysate as a carbon energy source. Biotechnology and Bioenegineering 42 (4), 538–541.

Pyle, D.L., Zaror, C.A., 1984. Heat transfer and kinetics in the low temperature pyrolysis of solids. Chemical Engineering Science 39, 147–158.

Richards, G.N., 1987. Glycolaldehyde from pyrolysis of cellulose. Journal of Analytical and Applied Pyrolysis 10, 251–255.

Scheirs, J., Camino, G., Tumiatti, W., 2001. Overview of water evolution during the thermal degradation of cellulose. European Polymer Journal 37, 933–942.

Shen, J., Wang, X.S., Garcia-Perez, M., Mourant, D., Rhodes, M.J., Li, C.Z., 2009. Effects of particle size on the fast pyrolysis of oil mallee woody biomass. Fuel 88, 1810–1817.

Sjöström, E., 1993. Wood Chemistry: Fundamentals and Applications, second ed. Elsevier, San Diego.

Teixeira, A., Mooney, K.G., Kruger, J.S., Williams, C.L., Suszynski, W.J., Schmidt, L.D., Schmidt, D.P., Dauenhauer, P.J., 2011. Aerosol generation by reactive boiling ejection of molten cellulose. Energy Environ. Sci. 4, 4306–4321.

Varhegyi, G., Jakab, E., Antal Jr., M.J., 1994. Is the Broido-Shafizadeh model for cellulose pyrolysis true? Energy & Fuels 8, 1345–1352.

Wang, Z., 2013. Understanding Cellulose Primary and Secondary Pyrolysis Reactions to Enhance the Production of Anhydrosaccharides and to Better Predict the Composition of Carbonaceous Residues [Ph.D. dissertation], Washington State University, Pullman.

Wang, Z., McDonald, A., Cuba-Torres, C., Ha, S., Westerhof, R., Kersten, S., Pecha, B., Garcia-Perez, M., March 2013. Effect of cellulose crystallinity on the formation of a liquid intermediate and on product distribution during pyrolysis. Journal of Analytical and Applied Pyrolysis 100, 56–66.

Williams, P.T., Nugranad, N., June 2000. Comparison of products from the pyrolysis and catalytic pyrolysis of rice husks. Energy 25 (6), 493–513.

Wornat, M.J., Porter, B.G., Yang, N.Y.C., 1994. Single droplet combustion of biomass pyrolysis oil. Energy and Fuels 8, 1131–1142.

Zhou, S., 2013. Understanding Lignin Pyrolysis Reactions on the Formation of Mono-phenols and Pyrolytic Lignin from Lignocellulosic Materials [Ph.D. dissertation], Washington State University, Pullman.

Zhou, S., Garcia-Perez, M., Pecha, B., McDonald, A.G., Kersten, S.R.A., Westerhof, R.J.M., 2013. Secondary vapor phase reactions of lignin-derived oligomers obtained by fast pyrolysis of Pine Wood. Energy and Fuels 27, 1428–1438.

第二十七章

可持续航空生物燃料：一种开发
利用的成功模式

Richard Altman

商业航空替代燃料计划（CAAFI）

从 2006 年到 2013 年，可持续航空替代燃料从停滞的以研究为中心的项目转变为多维技术开发利用的领域，强烈吸引了全世界航空公司和国防采购商、先进生物燃料生产商和政府的关注。运输部门为了实现可持续增长而对先进替代燃料产生兴趣，在短短 7 年里，航空业就在该领域取得成功，走在了交通部门的前列。

本章重点讨论航空生物燃料的两方面，设法介绍独特燃料特性，并解释成功的过程。

第一方面，重点讨论如何成功地进行技术工艺开发，认证生物燃料在喷气式飞机应用是安全的，并对环境有利，这是其能够被接受并成功采用的必要的先决条件。

第二方面，对于可持续航空燃料也是同样重要的，是启用部署过程的实现。当然，可持续航空生物燃料应该被视为一项正在进行中的工作。

在我们朝着大规模利用迈进过程中，经常会有些新的发展。这就是说，可持续的再生资源，替代不可再生液体燃料对于航空业长期生存能力终将是最重要的。航空业在可预见的未来，一直是依赖于高功率密度液体燃料，这种燃料是远距离旅行唯一可行的手段。

在描述"什么和怎么"开发和应用（上面第一和第二部分）之前，先简单介绍一下，自从 2006 年末组建的商业航空替代燃料计划（署）（CAAFI）组织的重点工业工作之初，（可持续航空生物燃料）在可持续可再生市场的工业地位以及随后 2013 年初推动其发展的全世界范围内形成了姊妹开发活动。

27.1 航空替代燃料 2006 快览："如果你的家人在航空公司会怎么样？"

CAAFI 联盟的产生，只是起始于 2005 年第二季度环境能源 FAA 办公室研究与发展咨询委员会的一个简单的建议。该委员会问了一个看来很简单的问题：按照其纲领，该办公室做什么来加快发展第二能源？

把这个问题的陈述提交到刚刚成立的国家科学院交通研究理事会航空对环境影响委员会，趣称 AV030。在 2006 年 1 月华盛顿每年一度的交通研究理事会年会上讨论了这个话题。

在交通研究理事会会议中，广泛接受的前提是航空不是替代石油基燃料的良好候选者。只有小部分自从第一次石油冲击以来辛苦工作数十年的专家认为，航空替代燃料完全可行。这个委员会发现的是这样一个产业：

* 完全依赖高功率密度碳氢燃料行业，没有可持续的选择来替代石油。

* 就算是与现有车辆和加油设施相容的简单替代燃料所必需的替代，单设备改装就资产超过 1 亿美元，还有数十亿基础设施投资，这显然是无法承受的。 这意味着替代需要针对正常分布于 C12—C18 范围的分子，也要满足广泛的形态、匹配度和小范围内从润滑性到电导性的功能要求。

* 被环境专家刻画成具有高增长率，即日益突出的新生温室气体问题的污染源和标准空气质量污染物比如小颗粒的污染源。

* 有一个要求 10 年完成认证过程，即使这样，也只限于特定生产设备。对于南非等禁运国家，因缺少长期投资保证，而没有可行性。

* 只代表 10% 运输需求，并和生物燃料供应商有关。

* 航空公司买家特点是，没有几个家资产负债表拥有投资评级。

* 朝着这样的情景，即燃料成本将变成最大的航空支出，一个不出 2 年即可变为现实的情景。

用我们大部分人能联想到的，如果你的家人认为自己处于这些令人沮丧的困境中，你该怎么办？集体智慧是依赖液体燃料的航空将得到从最终将要消失的固定资源基本设施所生产的最后一盎司石油。可以肯定的是, 航空所代表 10％的运输需求, 不能带头开发新燃料源。如果航空也不能领头，燃料传输的基础设施，将被调整为解决其他需求。这将出现投资导向别处的高风险。

紧密联系在一起的家庭遭遇这样可怕的境遇，也可能导致家庭合起伙来，集中他们的资源和独特的技能，众志成城，改变命运。这正是自从 2006 年 1 月以来的过去 7 年中航空大家庭所发生的事。

27.2 航空替代燃料 2013 快览：感谢可持续交通燃料的领导

到 2013 年第一季度，商业和军用航空已经进入美国先进替代交通燃料研究的领导地位。没有什么比美国总统奥巴马 2011 年 3 月 30 日的关于能源安全政策的讲演所做的评论更能从根本上标志着这种变化。在这次讲演中，总统特别称我们的商业航空是由军队、能源部和农业部开发的先进生物燃料的使用者，特别声明到："我正指示海军和能源部、农业部和私有部门共同努力，创造先进生物燃料，而不仅仅为战斗机，也包括火车和商业航空器提供动力。"

实际上，这个陈述部分地承认 CAAFI 公私联盟所取得的成绩。在这短短的 7 年里，特别的主要的成绩包括：

* 2009 年 9 月通过了将近 20 年来第一部全新的航空燃料规范（ASTM D7566），

所有设备和原料（包括混合高达 50％ 生物燃料的混合燃料）都采用费托工艺。规范最新变化中（从 JP4 到 JP8）强调了 CAAFI 认证小组对航空安全的关注。

* 2011 年 7 月，加氢脂肪酸甲酯（HEFA）燃料通过 ASTM D7566 认证，使用非粮作物，比如亚麻荠、麻风树和藻类等。

* 创造了门控危险管理办法，来管理替代燃料开发利用，被称为"燃料成熟度水平"（FRL）。2009 年 11 月，由 CAAFI 研发与认证小组开发的工艺被联合国航空管理机构——国际民航组织确认为国际上最好的方法。这个系统工程的方法被空军和宇航局长期用于评价复杂系统开发，包括了所有用于将认证时间从 10 年减少 3 年的因素。

* 2011 年，通过 FAA/DOT 和农业部的合作，开发了原料成熟度水平（FSRL），使用航空系统风险管理过程，确定进行新原料的开发与商业化所必需的步骤。

* 开发了航空特有的"从地面到苏醒"碳生命周期分析方法和特定燃料生命周期 GHG 评价方法，作为 CAAFI 环境小组的结果。FAA 小组领导，通过其 MIT 领导的航空／环境中心（合作伙伴），领导了这项工作，并与能源部、美国空军的工作联系在一起，并已经为其做出贡献。

* 由 CAAFI 环境小组提出的与 FRL 并行的一种"环境累进"法，确保环境的确定性符合技术和原料成熟程度。

* 执行了大约 30 个不同营运者的示范和运行计划，包括汉莎航空、荷兰皇家航空公司等公司多月期的商业计划的飞行。

* 2010 年 3 月，DLA 能源公司通过独特的私人部门（航空公司）和公共（国防部）采购商的合作，与国防部燃料采购部队结成联盟。

  * 2010 年 7 月，由航空公司（波音）和农业部、能源部创立了公 / 私"飞行农场"计划，建立了一种在 SAFN（西北可持续替代燃料）计划下在西北太平洋当地发展的方法，该方法也可能适用于其他州和地区。

  * 经咨询 CAAFI、计划发起者和股东，大约 25 个美国州和地区实施了地方领导的计划。

  * 全球公 / 私合作伙伴得到澳大利亚（2011 年 9 月签署）、德国（2012 年 9 月签署）以及美国政府与巴西（2011 年 2 月）和西班牙（2013 年 2 月）签署协议的详细工作计划的支持。

  * 在过去 4 年，航空燃料已在巴黎、法恩伯勒、柏林以及澳大利亚空军的表演中起了主要作用，有 30 多个发起者和股东展示了他们航空生物燃料方法。

  * 2012 年春天的一次重要会议上的调查表明，68 % 的大规模燃料生产商与会者认为，在所有潜在客户中，航空将是第一个采用先进生物燃料解决方法。

  这些成就本身就形成了一种令人印象深刻的转变，从只不过生物燃料领域的事后诸葛到创新前沿。

  描述取得这些成就的根本技术和操作细节在本文其他部分完成。特别的是：

  * 使航空业能够持续进步关键方法是什么？

  * 哪个工艺和原料取得可持续成果？

  * 用什么方法可以促进在不同地理位置的开发和利用？

  * 生物燃料经济正遭遇怎样的难题？

  对所有这些的理解可能会让其他终端客户采用这些方法取得相似成果。

27.3 可持续进步的关键方法：创造一种"新燃料动力"

  大多数新尝试都是有意或者无意的开始于 SWOT（优势、劣势、机会和威胁）评估。

  虽然对 2006 年状况的描述清晰地表明航空领导交通市场的劣势，对于这些从事这项工作的人更为困难的任务是找出行业的优势，更重要的是如何将这些优势转化成机会。

  就商业航空业的优势来说，可通过检查什么是运输行业独一无二的，包括限制方面，确定是否并如何将这些优势转化成能够强化生物燃料可持续发展的独特能力。特别是：

  * 航空限于使用高功率密度液体燃料。主要推进的电气化不是选项。这样，可以向投资者保证，这个行业不会转移到另外一个替代行业液体燃料——对于燃料供应商是有好处的。

  * 航空苛刻的安全要求，由机构比如美国联邦航空管理局以及欧洲相当机构

ASA 提出，而由标准制定到组织执行，通常是 ASTM，这为几乎所有最认真的燃料生产商创造一个市场准入壁垒。

*较小的市场规模，当统一成有限的信息灵通的买家集团时，可以使集团容易做出决定，根据数据确定认真的生产商。

*航空的分布集中于相对较少的机场。在美国，所有交通的 80% 流向 35 个目的地。供应商不需建立复杂的、开发运行成本较高的分发网络。

*航空燃料生产商，将执行多年承购协议。对于经营相似燃料的柴油买家来说，情况并不是这样。

*航空业中产品和工艺开发的系统整合和门控风险管理已根深蒂固。实际上，这是军队、宇航局和国防部的合同承包商对技术和产品开发的要求。

*航空业的研究得到商业和军事方面很好的支持。航空承包商在技术开发的开始时，就在达到政府研究合同方面具有很好的专业知识。

*航空环境安全法规由联合国国际民航组织并进行全球管理，而不是各国各州管理。

总的来说，为认证、环境、研发和商业开发的一揽子解决方案，力图利用这些优势创造我们商业航空的、CAAFI 所称的"新燃料动力"。通过使用 4 个领域的过程，即所有者领导的处理燃料质量认证挑战、环保验收和积极研发的团队，以及客户领导的供给链经济发展，解决方法已经接近达成。每一功能领域都通过说明团队所面临的挑战、解决途径和最新结果进行解释。

27.4　精简燃料质量认证过程

27.4.1 挑战

在 20 世纪 30 年代末喷气推进出现时，引擎被设计成用煤油运转。煤油容易获得（军用飞机依靠更易挥发的汽油），其特性最适合飞机采用的勃朗登循环燃烧过程。随着时间的推移，引擎和飞机设计者认识到，无论是民用还是军用，他们都需要更紧地控制煤油特性，以确保安全运转和性能持续一致。就已知的和所理解的燃

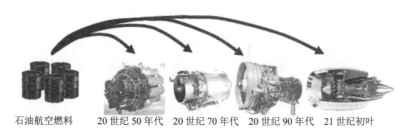

石油航空燃料　　20 世纪 50 年代　20 世纪 70 年代　20 世纪 90 年代　21 世纪初叶

图 27-1　传统的飞机燃料采用过程

料特性，工程师们接下来可以把技术进步整合到涡轮引擎设计，在燃料效率和持久力方面取得了显著进步。这样诞生了航空燃料规范，用于控制燃料混配、生产和配给。这些燃料规范规定了"基于性能"的特性，用于控制已知的不同类型的原油来源或石油来源的飞机燃料。

早在 21 世纪初期，筹划如何使用石油基航空替代燃料的航空燃料业领导者们很快认识到，数千个现有飞机引擎以及在过去 70 年生产、认证的飞机，其设计和性能都是为现有石油基飞机燃料而优化。

他们面临着看起来不可逾越的挑战，要搞清楚如何为这种现有的飞机设计和认证一种新的替代燃料（见图 27-2）。燃料规格中已经出现的唯一重要的变化是在 20 世纪 80 年代后期军用航空的一个变动，从易挥发的 JP4 变成 JP8 燃料。在商业界，与 JP8 相当的 Jet A 需要 10 年数百万美元解决在南非用一套简单的生产设备上用费托反应煤变液体替代燃料的问题。显然，需要一个有活力的工艺，允许多个过程在所有设备上都能使用那种工艺，并且速度更快。

许多不同的设计方法已经用于解决特定的飞机燃料特性，导致在这些产品上存在各种各样的设计。如何去逐一评价测试数千个引擎和具有这些不同设计的飞机，以保证新燃料是安全的，与现有燃料性能表现相似呢？

20 世纪 50 年代　20 世纪 70 年代　20 世纪 90 年代　21 世纪初叶　　　　　替代航空燃料

图 27-2　让现有产品适应替代燃料。

27.4.2　解决途径

CAAFI 认证专家组很快认识到，解决挑战的关键将依赖于证明新燃料基本上和现有石油基飞机燃料一致的能力。如果通过全面技术研究能够证明的话，那么，FAA 的规定根本不需要任何鉴定 / 认证。这是基于现有的 FAA 批准对所有飞机和引擎的使用限制，规定了允许使用的航空燃料。

如果能够建立一种航空燃料质量认证方法，证明替代燃料不是新燃料，而是由不同原料和 / 或工艺生产的"相同燃料"，那么，替代燃料将适于这些现有使用限制。这些燃料将被称为"随时可用"燃料，反映他们一旦得到批准就可以无缝进入配给基本设施。

质量认证小组和撰写关键航空燃料规程的组织——ASTM 国际，加速开发和批准新的飞机燃料的认证方法。在这些工作的同时，组建了一个 ASTM 特别工作组，将这种认证过程用于批准费托燃料，最初的航空替代燃料。

27.4.3　结果

2009 年 9 月 1 日，ASTM 国际批准了世界上首个半合成航空燃料规范。这个编号 D7566，标题是"含有合成碳氢的航空涡轮机燃料"，这套标准规范是迈向 CAAFI 促进在商业航空领域部署替代航空燃料目标过程中一个重要里程碑，因为它允许 D7566 燃料在所有现有引擎和飞机中使用。D7566 规范被认为是随时可用燃料的规范，因为任何加入这个规范的新燃料，将被证明和石油基飞机燃料基本一致。该规范安排在附录定义了每一个新的燃料，其中费托燃料包含在公布的附件一中。过程从最初的试验开始，空军 B-52 研究机构用了 3 年的时间研究气液体燃料，认证了用 FT 工艺从煤、天然气和生物质生产的全部燃料家族。

此外，在 2009 年 10 月，还发布了 ASTM 国际标准 D4054 "新航空涡轮机燃料和燃料添加剂"认证和审批的指南，为候选航空替代燃料生产商评价其新燃料提供指导。图 27-3 显示了 ASTM D7566 和 D4054 是怎样一起解决那个曾一度看来不能解决的"认证挑战"的。

ASTM 4054 见证了学习沙索 (SASOL) 认证经验以及在新的 ASTM D7566 下费托燃料获得认证步骤的经历。

在这两者标准基础上，CAAFI 和 ASTM 燃料委员会的成员承担了其他工艺生产燃料的挑战。2011 年 7 月，来源于含油种子植物脂类或者脂肪和动物油脂的燃料类型，标记为加氢酯和脂肪酸（FEFA）通过认证，作为 ASTM D7566 第二个附件公布。从最初在国防部先进研究项目机构（DARPA）下的小样生产研究的发表到 2011 年年中，接近 3 年时间已经过去了。

随着 HEFA 获得认证，ASTM 的焦点转移到增加一组有希望大大增加可持续供给的工艺和原料。截至撰写本文时，乙醇飞机燃料（ATJ）和热化学 / 热裂解途径（HDCJ）的研究报告（与 ASTM D7566 和 4054 要求

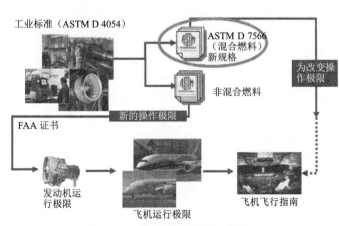

图 27-3　ASTM 先进燃料工艺整合

对比的燃料审批文件编制结果的前本）正在形成并传阅。其他几个途径（见图27-4），连同生物油的联合加工正在考虑中，是近十年燃料认证的备选。

也许，就 FT 和 HEFA 工艺来说，进行质量认证过程最大的成功之处是他们从开发利用的严格过程中去掉了燃料安全认证。之所以这样做，是因为虽然保持了这个方法的严密性，但对于在航空替代燃料投资主要的障碍一直存在。通过开辟新途径和增长机会，供给有可能出现。

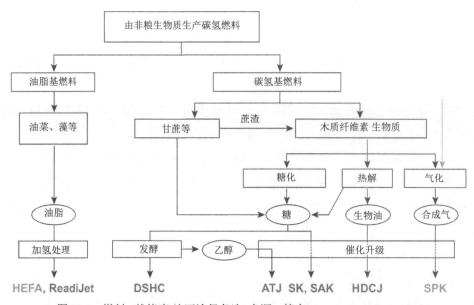

图 27-4　燃料／就绪度　认证途径备选　来源：摘自 Brown, Iowa State, 2012

27.5 替代燃料研究开发中执行补偿风险管理

27.5.1 挑战

航空业需要尽可能多的不同来源的替代燃料，以减少环境影响，确保价格稳定和能源安全。随着费托燃料的成功以及他们提供的成功样板，潜在燃料途径一直在迅速增加。政府和生物燃料生产商不断进行多头尝试，随着研究机构（空军、宇航局、FAA 等）的系统研发，构想了针对燃料开发的风险管理工具的必要性。这样，路径开发状态和燃料的技术适宜性就能得以交流。这样的工具也提供一种追踪研发工作，找出研究空白的机制。

27.5.2 解决途径

由于这种挑战，CAAFI 研发团队与空军燃料实验室合作，试图开发一种 "燃料成熟度（FRL）"尺度，使已有"技术成熟度（宇航局和 DOD）"适应更为明确地涵盖替代航空燃料的研发。合并燃料的传统技术措施（TRL）和生产成熟度（MRL），使之显著不同于硬件生产中所用的工具。

因为燃料成熟度（评价）方法已经十分成熟，并在费托工艺开发中以及 HRJ(航空燃料)开发早期，已经得到证明，2009 年，在与欧洲使用相似工具的有关方磋商后，这种方法的研发者已经向联合国国际民用航空组织委员会燃料会议申请全球认可。

与其前身一样，FRL 是个门控风险管理方法。就其本身而言，它是个合格/不合格标准的关联检查表，首先被生产者采用，随后被消费者，如空军或者商业研究机构 认可，才能进行下一步的工作。

根据 FRL 风险管理框架限定，CAAFI 研发小组在美国农业部召开的 2009 年年会上向 CAAFI 领导层建议，与 USDA 合作将其工作扩展到包括原料成熟度。目的是确定燃料航空使用的适宜性和生产能力是否更好地与计划匹配。此外，农业研究人员将航空水平的系统风险管理技术用于能源作物可能带来这些领域的迅速发展。

USAF/ CAAFI 燃料成熟度（FRL）D7566

燃料成熟度	描述	CAAFI 关卡	燃料数量
1	观察报告基本原理	鉴定原料/工艺原理	
2	阐明技术概念	鉴定原料和完整工艺	
3	概念验证	实验室规模燃料样品生产和验证燃料基本特性	500ml
4.1 4.2	初步技术评价	系统完美性和集成研究 准入标准/规格特性 MSDS/D1655MIL83133 评价	10 加仑
5	工艺验证	从实验室到中试车间循序升级	80—225000 加仑
6	全面技术评价	适合度，燃料特性，台架试验，引擎测试	80—225000 加仑
7	燃料审批	燃料等级/类型列入国际燃料标准	
8	商业化验证	验证商业模式生产 航空/军用购买协议	
9	确定生产能力	工厂全面运转	

图 27-5　燃料就绪过程 ICAO 批准

27.5.3 结果

* 2009 年 11 月，里约热内卢 ICAO 替代燃料会议接受了 CAAFI 燃料成熟度审核过程（图 27-5）。

* 空军研究室已经接受数百个燃料小样，进行初步的 FRL 规模的实验室测试。

* FRL 风险管理工具对于开始就遵从 FRL 的新燃料方法的合法化特别有用。这个尺度正被用于帮助增加其他各种工艺的成熟度，包括乙醇基航空燃料。这涉及了糖发酵乙醇、然后脱水并聚合成碳氢飞机燃料（图 27-5）。

随着燃料加工成熟度的加速，燃料开发和利用的重要途径已经变成引入合格工艺中使用的原料成熟度的时间和质量。因此，这迎合了美国农业部的规定，必须使用门控管理（使用航空门控管理原则）过程。2011 年 11 月，美国联邦航空管理局（FAA）和美国农业部新成立的一个研究中心（该中心进行一系列原料开发，以匹配几种增加的候选原料的加工工艺的开发）之间开始使用原料成熟度（FARL）（图 27-6abc）。

（a）原料成熟度水平门关 1-4

技术成熟度	原料成熟度	生产因子关口
1	基本原理	* 确定某一特定转化技术的潜在原料
2.1	概念成型	估计可能的生产环境和竞争性土地使用的范围 * 确定生产系统因子 * 为候选原料编制企业预算 * 确定扩大生产后的可能后果，灵活反应交易
2.2		
2.3		
2.4		
3.1	概念验证	* 筛选候选遗传资源的原料产量 * 筛选遗传资源的生物燃料转化潜力
3.2		
4.1	初步技术评价	* 进行协调区域原料实验，测定产量改良潜力和对原料供应的依赖性 * 比较候选原料和其他备选原料的表现 * 执行农业推广和教育计划，推动原料生产
4.2		
4.3		

（b）原料成熟度水平门关 5-9

技术成熟度	原料成熟度	生产因子关口
5.1	生产系统验证	* 明确原料适应范围，找出生产的不确定性 * 进行农场田间生产和成本试验，评估对关注资源的影响 * 确立部分预算成本和盈利。 * 确立在土地竞争性使用中原料市场竞争力的价格点
5.2		
5.3		
5.4		
6.1	启动全面生产	* 建立原料圃，开始原料生产升级过程 * 生产原料（种植材料）以满足需求
6.2		
7	原料可获得性	* 商业规模生产，将原料运输到转化设备——支付原料款
8	商业化	* 继续进行检测研究，提高生产系的性能，同时管理资源问题
9	证实可持续原料生产能力	* 全方位私人服务支持原料生产部门——随着原料部门理解的演变，当商业规模的生物燃料生产扩大时，做出调整。

(c)	原料			
	煤/天然气　大量	植物油/动物油	糖/淀粉	木质纤维素　大量
费托	认证，全面示范展示 FRL9 混合	N/A	N/A	认证，小规模示范混合
航空燃料 HRJ	N/A	2011年7月认证，一定范围示范	N/A	N/A
乙醇基飞机燃料	N/A	N/A 下一个认证目标 N/A	ASTM 任务 预计 2010 生效 FRL-3　100% 混合	困难是木质纤维素降解
热裂解	小规模示范 混合 100%		N/A	升级困难
直接发酵	N/A	N/A	认证的挑战是 少量组分 FRL-3　100% 混合	困难是直接用纤维素生产

注："工艺" 为左侧纵列标题，跨越"费托、航空燃料 HRJ、乙醇基飞机燃料、热裂解、直接发酵"各行。

图 27-6　原料成熟度（a，b）和候选原料/工艺，用于飞机燃料（c）

27.6 构建并促进综合环境效益评估

27.6.1 挑战

随着对气候变化/全球变暖的关注，显而易见，工业需要另寻办法降低温室气体现象。可持续航空替代燃料是最有前景的机会之一。事实上，多个致力于实现下一代航空系统增长的政府和企业团队的研究和国际航空运输协会都确定，设备改良每年最多提供 1.5% 的效率增长，加之进一步提高来自新管理系统的空中交通效率，导致无法实现以 2005 年为基础的避免增长的温室气体减排目标（一个减排成功指标）。

就航空业而言，随意捆绑特定日历成就的政策没有换来该行业的成就。即使是在 GHG 排放对于气候变化的潜在贡献变成环境关注之前，航空工业正取得巨大的温室气体减排成就。事实上，美国航空公司在 1978 年至 2009 年间将其燃料效率提高了 110%，减排了 29 亿吨二氧化碳，数量大约相当于这些年每年从公路上去掉 190 万汽车。此外，尽管美国商业航空在增长，但美国商业航空只占全国"人造" CO_2 的 2%（全球商业航空领域同样也占全球 CO_2 的 2%）。

GHG 排放进一步增长将会出现燃料生产和利用的"从土地到苏醒"的整个生命周期中，而不仅仅是终产品本身（图 27-7）。

在真实、独立、可审查条款中，增益量化成为 2007 年"能源独立与安全法案"

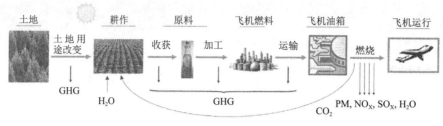

图 27-7　温室气体排放"土地到苏醒"的分析

关注的焦点。该法案要求政府购买商证明，替代燃料的采购遵守了该法案的第 526 条，即证明在生命周期基础上，采购的燃料在 GHG 生命周期要好于从石油炼制厂购买的燃料（未规定任何燃料）。

　　除 GHG 之外，企业还要在小粒子控制方面经受更多的挑战（PM2.5，或者直径小于 2.5 微米的颗粒物）。国家环境空气质量标准引用的对 PM2.5 的关注，被视为在 1990 年修订的清洁法案下，该污染物的控制措施和相关规定的前身。人们发现全美 60% 机场对这种污染物（的控制）未达标。然而，对于作为航空特别挑战的全球认可的 PM2.5 测试手段尚未敲定。

　　最后，可持续性的整个方案（结合获得承认的环境、经济和社会因素）和"谁和如何"评审来确保新项目满足可持续性标准，是替代能源成功的关键因素。

27.6.2 解决途径

　　挑战，虽然令人畏惧，但确实可以用必要的步骤说清。这些途径可分为以下几类：
* 确定普遍认可的温室气体控制目标，尤其被航空公司认可。
* 为航空特定项目设定碳量化和温室排放气体核算方法。
* 可持续性认证的通讯选择和认证技术。
* 获得量化航空独有的 PM2.5 效益的方法，获得评估效益的充足数据。
* 在一套完整的让所有利益相关者可用来评估项目效益的工具里，整合所有算法。

27.6.3 结果

27.6.3.1 普遍接受的目标

　　"能源独立与安全法案"第 526 条刚刚为政府采购商提供法定目标和限制，航空公司就自愿采取了相应措施。

　　在 2008 年地球日，美国航空运输协会对美国航空公司实施了一项与 526 条类似的政策，宣布："我们认为交通部门的所有环节都有义务自愿采取措施限制其对环境的影响。传统石油基飞机燃料就是这样一种排放源，因此，我们要寻找相对传统燃料而言能够降低排放的替代燃料源。"

在这些目标宣言之后，国际航空运输协会（IATA）和航空行动小组（ATAG，包括生产商和航空公司）决定进一步建立基于计划的目标，从2020年开始实现从碳中性增长，到2050年降低GHG排放50%（以2005年为基准水平）。实现这些目标的方法概括起来包括提高设备效率和改进航空交通控制的运行效率，剩下的部分至少部分通过加入可持续替代燃料来实现（图27-8）。

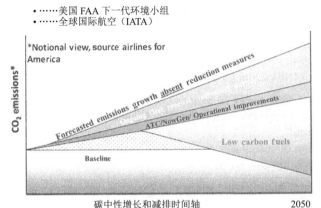

图 27-8　国际航空业碳减排路径

27.6.3.2 量化项目实际碳和 GHG 排放计算

由 FAA 资助、MIT 领导的 PATNER（航空运输噪音和减排合作伙伴）卓越中心执行的研究发起了多种工艺和原料的 GHG 减排工作，以期对比碳中性增长的目标，量化进展。此外，MIT 方法界定项目，识别各种项目土地使用问题以及充满不确定性工艺本身的不确定性。比如微藻基氢化可再生飞机燃料就有相当大的工艺问题。水浸提中的能源使用，在开放性池塘的保温都可能增加能源需求，从而限制甚至消除了该工艺／原料组合的 GHG 效益（图 27-9）。 MIT 的研究人员、其他 CAAFI 领导和来自各种机构和组织（学术的和政府的）的人员聚在一起，组成由 USAF 和 NETL 领导的跨部门工作组，合成一个达成一致的方法，整合报告"估算航空燃料温室气体足迹的框架和指南"（最终报告 2009 ，AFRL -WP-TR-2009-2206）。这份报告的形成是基于 ISO 标准 14040，并补充应用 ISO 标准方法对航空燃料进行生命周期分析。该报告确定了航空燃料生命周期温室气体分析的相关步骤，提出了处理开放性问题的建议。

在三种不同工艺的案例研究中，继续使用这个规则和工具继续开展了这项工作。此外，PARTNER 继续工作，扩展原料和工艺范围供审议，并使其团队成员能够将其工作扩大到地区原料和工艺范围。

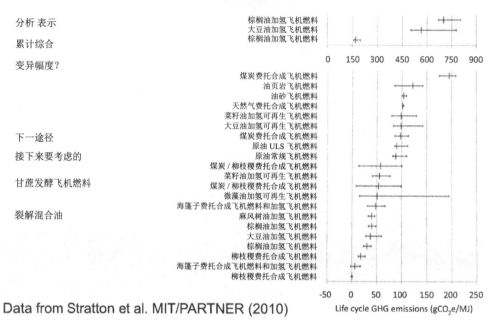

图 27-9　PARTNER 气体生命周期分析结果汇总（截至 2010 年 3 月）
来源：数据来自 Stratton et al. MIT/PARTNER 2010

27.6.3.3 可持续性认证的通讯选择和认证技术

从"油井到苏醒"的温室气体生命周期定量化是一组较大的全环境可持续性发展和认证问题。CAAFI 试图规定对航空特有的途径进行可持续认证，但仍不如 GHG 定量那么先进。在其 2010 年 8 月的会议上，CAAFI 环境小组设置了一个可持性专家小组，致力于可持续性认证的最小通讯选择，确定可用于航空特有活动的程序。

一些备选组织 / 程序从事可持续方法的定义，一直到认证为止。特别重要的有：

* G20 国家全球生物能源伙伴（GBEP）的出现和发展。

* 一个瑞士财团——可持续生物燃料圆桌会议（RSB）开发的流程因子的应用。

* 国际标准化组织（ISO）正在考虑选择可持续性的定义。

这样的可持续性量化将包括诸如用水量和质量、生物多样性、作物繁育中化学品的使用等这样的因子，还必须要考虑能源作物对动物和人是否有害以及其他许多因素。

27.6.3.4 量化 PM2.5 效益

由于替代燃料的硫（一般是形成小粒子的前体）含量极大地降低，通过费托反应合成的合格替代燃料，对于小颗粒 PM2.5 来说，会产生显著的空气质量效益。这种进步的早期迹象是在空军研究室测量到颗粒降低时获得的（图 27-10）。

进一步开展的颗粒测试和效益研究是由 PARTNER 项目 20 组织的，项目题目是"替代燃料的排放特性"。项目试图扩大这些燃料的数据库，以供政策应用和项目效益评估。

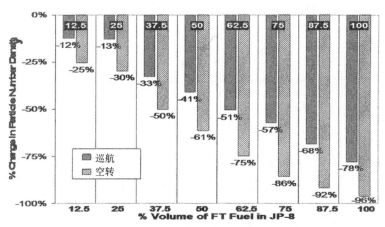

图 27-10　费托合成飞机燃料 PM2.5 效益测量结果

27.6.3.5 所有利益相关者评估项目效益的全套工具

CAAFI 的作用一直是确保拥有用于评价潜在项目的分析能力。开发项目评价工具的方法已经将精力集中于由美国国家科学院交通研究署机场合作研究计划（ACRP）提供的机制。ACRP 正在执行 3 个针对航空业替代燃料效益评估的项目。具体地说，三个项目是：

• ACRP 02-18：将飞机替代燃料整合到机场设施中的指南，由 Metron 航空公司领导。

• ACRP 02-23：使用替代燃料降低机场 PM2.5 排放，由英国 AEA 通过其美国所属 PPC 领导。

• ACRP02-36：评估多模式替代燃料应用的机会，由 Metron 航空公司领导。

这些项目一起提供的手册，旨在将具体分析方法（上面定义的）应用到总项目评估中。

27.7 通过公共/私人伙伴部署"一种新燃料动力"和多种成功模式

27.7.1 挑战

在美国商业航空公司合并重组并承受重压的同时，从2005年到2013年的这段时间，表现出前所未有的、不稳定成本驱动的、过山车似的动荡。虽然采取了特别的措施控制人工和燃料成本，但2006年人工成本还是首次超过航空公司运行成本的百分率高达40%，变成航空公司运行成本中最高成本因素。

从2005年到2008年，成本抬高之严重是该行业前所未见的。即使从2007年（200亿加仑/年）到2013年（170亿加仑+预期表现）消费下降13%，结果已经证明，近年和2008年的情况相似。

通过调研这种表现的背后原因，揭示了现有生产飞机燃料中固有的缺点。由于典型的生产飞机燃料的炼化工艺是用中馏层生产飞机燃料，飞机燃料的总产量一般不高于一桶油的10%（图27-11）。结果是在高需求时，增加了飞机燃料价格，导致裂解差价（原油和飞机燃料价格差异）保持在25—30美元/桶，比2005年以前燃料价格稳定时期的燃料总成本还高。2008年所见到的结果，在2009年开始的经济复苏期间再次上演，2012年期间的裂解差价幅度升高到与2008年相同的水平。因此可以认为，将来这种价格模式还会持续，如果该行业要在日益增长的经济条件下保持经济活力就需要有所反应。

外部因素，比如天气打击（Katrina飓风）和从政治动荡地区进口石油的依赖，也是价格多变的因素。

这期间值得注意的还有这样的事实，美国生物燃料的工作开始时专注于乙醇汽油，一种完全不适合在飞机使用的燃料，甚至认为航空业不能使用石油替代燃料。

政府投资航空替代燃料的兴趣仅限于少数一些军队（特别是空军），其余的是早期石油危机时开始的工作。

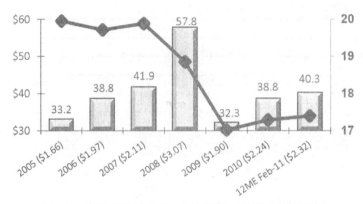

图27-11　航空业燃料成本（左边刻度）/消费（十亿加仑）

27.7.2 解决途径

鉴于多种挑战，构想一个解决方案需要建立在多项平行性方案同时解决条件下，在许多情况下，是与定量化的工作互动，与成功定量、研发进展和前段所述的环境需求有关的基本原理、进展和理解等互动基础上相关。这些途径需要在以下几方面同时努力：

* 使航空公司买家和行政官员明白目前购买燃料的途径从结构上说是有缺陷的、独家短期价格，一个"新燃料动力"包括替代燃料选择是取得行业可持续成功的唯一途径，无论是从经济前景还是环境前景上说。

* 和政府部门合作，证明航空业不仅应当作为替代燃料的候选人，事实上，也可能是首批发起者并且领导全国。事实上其结果将在能源供给和农业产业方面与政府形成支持性的关系。事实上，"新燃料动力"这个词首次出现在 2009 年 1 月 16 日 CAAFI 航空和生产商发起者，以及先进生物燃料生产商给当时竞选总统奥巴马的一封信中。信中宣称，航空业渴望一种全新的燃料动力，并成为积极的购买者。公开这封信的本身就说明，说服航空公司买家的工作基本完成。

* 通过多家航空公司的联合努力，促进了全国和全球许多成功模式的开发。通过这些成功模式的开发以及政府对替代航空燃料的支持，可以获得来自包括大的石油公司在内的私人部门的投资。

* 与政府购买商以及全球共同努力相协调，确保燃料供应商将航空供给视为单一合理、渴望长期承诺（不同于其他类型燃料的属性）的全球买家，承诺确保全球液体燃料市场，并且这种高标准适合具有很强技术和商业模式的谨慎供应商。

这些多路径的工作也涉及显著的相互依赖。政府宣言使私人部门研究者和生产者有胆量建立新的途径，因为知道将有现成的买家。

认证权威机构顺应需求拉动，迅速完成认证所需的测试分析。政策制定者应用胆量向购买者说明，他们的努力会有回报的。航空公司的承诺，鼓励了更多的州和国家进入航空公司的供应。想象一下航空替代燃料的雪球正滚下山，越滚越大，最终可能产生雪崩式的活跃。这种增长的种子现在正在美国和其他地方表现得很明显。

27.7.3 结果

2010 年 10 月，有声望的保守的英国期刊"经济学家"很好地总结了航空初露头角的成功。在一个较大的关于生物燃料复苏的前景故事中，正确地指出："广泛电动空中旅行没有现实的前景：……如果你想低碳飞行，直接替代的生物燃料是最好的。"它以恰当的双关语断定，从长远看生物燃料的未来可能看涨。

这个趋势持续到 2012 年 3 月，在荷兰鹿特丹世界生物燃料市场会议上的民意测验，68% 的参会者相信，航空将会首批应用可持续生物燃料。

对航空业作为领先运输客户的认可，进一步扩大到关键客户对生物燃料的认可，这对生物燃料的成功极为重要。2012 年 12 月民意调查时，来自美国海军、CAAFI，以及 CAAFI 海外的澳大利亚伙伴（AISAF）的 9 人被确定为生物燃料和生物能源领域的顶尖 100 人之列，其他运输方式甚至连一位参与者都没有在此列。

另一项成功的措施是生物燃料在全球航空论坛上的表现。2009 年，只有一位燃料生产商（Rentech）在著名的巴黎航空展上进行了展示。到 2013 年，展示扩大到德国柏林航展、澳大利亚阿瓦隆（Avalon）航展和美国法恩伯勒航展。

在 2011 年 11 月 CAAFI 年会上，展商数扩大到 30 多家。此外，许多政府高级官员出现在航空展上，观览了展商的展馆。在 2011 巴黎展会上，美国政府内阁级官员（农业、交通、商业）参加并浏览了各个展厅。

这些财政、生物燃料方面而非航空、出版领域和燃料公司本身（正在把付费用户变为全球航空顾客的结果）的报道，恰好说明了上述措施的成果。

虽然投票是一个好的综合指标，但明显不同的进展表现在以下 4 个方面：

• 实际用生物燃料飞行的实体数。
• 在美国，政府的重视得到提升，州和联邦水平都有相应计划。
• 全球合作伙伴的出现。
• 同时关注降低成本和金融期权的发展。

27.7.3.1 用生物燃料飞行

截至 2013 年，有 30 多家不同的商业、军用客户已经使用生物混合燃料进行了飞行。一些已经进入商业服务阶段，其中最重要的包括：

* 汉莎公司 2011—2012 年启动了法兰克福—汉堡的正常商业服务，这个运行证明了燃料的质量和可靠性可以满足航空飞行。所用燃料是来自芬兰 Neste 生产商的 HEFA 产品。

* 2013 年 1 月，荷兰 KLM 航空公司从纽约 JFK 机场开始了正常商业服务。其燃料是 HEFA 产品，最初源于动力燃料——基地位于路易斯安那食用油基产品，由荷兰 SkyNRG 生产。

27.7.3.2 美国联邦关注的重点

2010 年 3 月末，奥巴马总统在乔治城大学的能源演讲中，重点推介了商业和军用航空的交通生物燃料。这个关注采用了几种形式，从此日益成长。特别是：

• 2010 年 7 月，美国农业部、美国航空公司（当时的航空运输协会）和波音公司启动了称为"飞行农场（Farm to Fly）"计划。飞行农场的工作重点是称为 SAFN（西北可持续航空燃料）项目中具体的西北太平洋部署计划。

• 2011 年，美国海军、农业部和能源部发起一项计划，根据"防御生产法令"的标题 3，在美国评审、构建 4 套设施。

• 2013 年 4 月，由美国农业部、交通部、CAAFI 机场（国际机场委员会，北美）、生产商（航空工业协会）、A4A（美国航空运输协会）共同签署了"飞行农场 2.0"。无论是通用航空（通用航空生产者协会，GAMA）还是商业飞行行业（NBAA），都是首次签约加入。"2.0"被定为一个国家计划，以利用美国农业部在美国州和地区的现有计划。"飞行农场 2.0"的目标是到 2018 年，生产 10 亿加仑飞机替代燃料，可能满足碳排放目标。

27.7.3.3 美国各州关注的问题

"飞行农场 2.0"与其说是各州和地区范围的认可，不如说是一项联邦的新活动。在写此稿时，美国超过 20 个州受聘为其管辖范围的 CAAFI 工作的领导者（图 27-12）。

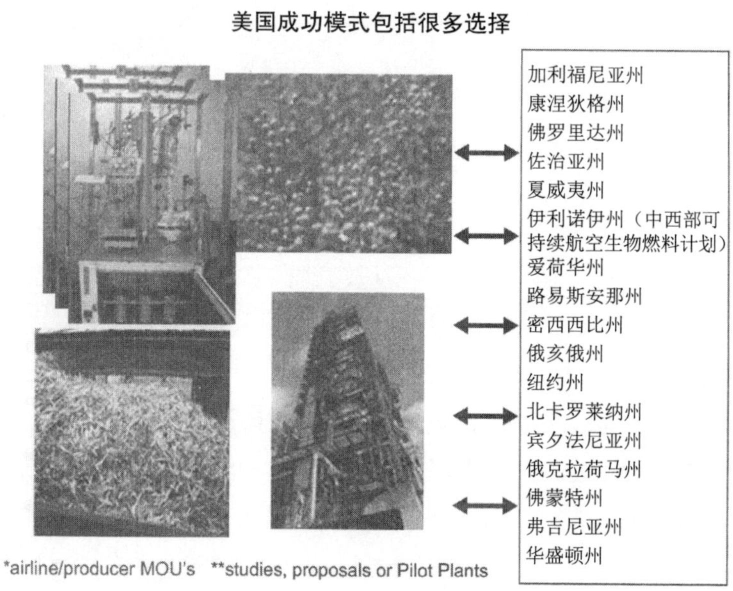

美国成功模式包括很多选择

加利福尼亚州
康涅狄格州
佛罗里达州
佐治亚州
夏威夷州
伊利诺伊州（中西部可持续航空生物燃料计划）
爱荷华州
路易斯安那州
密西西比州
俄亥俄州
纽约州
北卡罗莱纳州
宾夕法尼亚州
俄克拉荷马州
佛蒙特州
弗吉尼亚州
华盛顿州

*airline/producer MOU's　**studies, proposals or Pilot Plants

图 27-12　美国替代燃料工作

各州的工作重点从大区重点，比如联合波音、UOP 发起的中西航空可持续生物燃料计划（MASBI），到拓展新途径和新原料的开发研究计划，比如，佛蒙特州提出的使用废水的 GSR 藻项目。

这些项目的共同点是它们由"意见领袖"运行，并和公共/私人部门有很强的关联。

在许多情况下，项目都是使用美国农业部的现有项目，比如"增值生产者基金

（VAPG）"和"农村商业企业基金（RBEG）"以及州级伙伴计划。

27.7.3.4 全球公共／私人伙伴

对于和航空业合作的燃料生产商来说，具有吸引力的是，这的确是个全球市场。在美国之外的市场烧掉 75％ 高达 800 亿加仑的飞机燃料。

除了市场，多达 6 种认证新途径的研发重任需要全球所有受益于行业发展的实体机构共同承担责任。

实现发展和应用目标的一个关键方法是通过利用全球私人实体及其政府同盟的双边公共／私人伙伴关系（图27-13）。通过当前四个大陆间塑造成功样板，开发的资源已经成熟。这些公共／私人的成功往往都是在起初由航空生产商如波音（通过其 SAFUG 计划）和空中客车创建关系中，或者位于荷兰的 Sky NRG 展现的全球贸易技巧中播下的种子。

全球航空计划日益增加

- 巴西／美国双边（2011 年 3 月）
- 澳大利亚／美国双边（2011 年 9 月）
- 德国／美国 Aireg/CAAFI 双边（2012 年 9 月）
- 西班牙／美国双边（2013 年 2 月）
- 正在和欧盟研发董事会讨论

图 27-13　公共／私人全球伙伴日益增加

全球性的成功也得益于公共／私人世界经济论坛（WEF）所做的努力，该组织已经绘制了全球航空生物燃料公共／私人伙伴的地图。

27.7.3.5 降低生产成本，债务融资、项目分析工具

作为航空业的补充，生物燃料选择以及直到机场供应中心的供应链发展，也就是支撑最常引用燃料实施挑战的发展：成本、融资和可靠的项目评估机制。

＊降低成本：启动成本和生产知识之需，实际上是所有新技术常见的。虽然原料成本正通过原料成熟度程序进行处理，但诸如资本成本和运行成本问题，如果要保证长期竞争力也必须解决。在美国，降低成本的一个关键是能源部的项目，它的项目可以把这些成本因素降下来。当能源部实验室过去的 10 多年有针对性地支出逐渐正常化时，能源部资助的计划成功地将掌握的乙醇生产成本从 7 美元降到 2 美元。

通过提高催化剂寿命，将这种方法应用于 HDCJ 热化学途径，预计到下个五年，可使这种途径的成本与石油源旗鼓相当（图 27-14）。

对于其他途径也在进行类似的计划。但另一公共／私人伙伴，能源部和航空生产商使这种方法取得进展，通过采用飞机生产中处理相似问题的行业上成熟的办法，使过程加快。

＊债务融资机制：虽然几家最成功的生物燃料公司已经通过股权融资筹集资金，但任何资本密集的冒险行业的挑战，要建立债务融资，必须是补充风险行业资本家

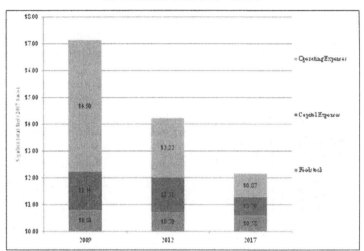

能源部：现在资助的途径 2 美元 / 加仑热解油

图 27-14　使用能源部的方法降低生产成本

的支持，比如生物燃料生产。诸如威斯达、百老汇资本和 Stem 兄弟这样的机构，已经开发了新的契约融资机制，这个机制对于新的生产商可能很有吸引力，并可能会从诸如养老基金等资本来源中吸引资源。

*项目分析工具：从前面讨论的 ACRP 项目发展而来，现已被用于美国多个机场的真实案例。使用这些工具和其他更多主观的手段，一个解释为什么一个项目对机场有意义、什么时候 / 如何进行这种评估的 12 因素矩阵工具已经开发出来，并贴到 CAAFI 机场发起者北美国际机场委员会的网页上。机场及其共同体、航空伙伴都可以作为利益相关方利用这个工具进行评价项目。

27.8 结束语

可持续航空生物燃料的独特的苛刻要求，正被令人振奋的新兴生物燃料工业产品开发所满足。航空安全、环境安全、以可接受的价格充分供应的认证管理问题，正在飞速进步，远远超乎在不到 10 年以前航空生物燃料出现初期的想象。

虽然设定了利用可接受的成本和输送模式成功实现了碳中性增长目标（到 2020 家）的方案，但还有很多工作要做。正在成长的全球性发展和部署模式预期可以解决这个问题。

工艺方法已经产生超乎寻常的进展，已经超过最乐观的对 CAAFI 第一个 5 年之后的预期。

除了航空领域，最新的工作也代表了其他运输燃料和寻求相似开发和使用目标的新能源的重要成功模式。

第二十八章

尖端生物燃料转化技术整合到基于石油的基础设施和整合生物炼制

Anju Dahiya[1,2]

[1] 美国，佛蒙特大学，[2] 美国，GSR Solutions 公司

28.1 生物柴油作为可再生柴油

"我们现在在哪里？"我在关于生物燃料的报告和演讲中经常提到这个问题。然后立即对此问题进行解释，我猜想国家生物柴油委员会（NBB，2013）提出的"生物柴油：先进生物燃料—就在这里，现在"是个良好的开端。2011 年，美国生物柴油行业创纪录地生产了近 11 亿加仑（生物柴油），支撑了近 41000 个工作岗位。该行业计划在未来几年里持续增长，生产目标到 2015 年达到近 20 亿加仑，支持近 7400 个工作岗位，贡献约 73 亿美元 GDP。事实上，生物柴油和可再生柴油行业 2013 年已经达到 18 亿加仑的创纪录产量，支撑了超过 62200 个工作岗位（NBB，2014）。而且在这些数字增长的同时还伴随着技术革新。

回顾一下，在 1900 年，鲁道夫·狄赛尔（Rudolf Diesel）在巴黎世界展览会上展示了他使用花生油的引擎。最终，廉价的石油替代了过于粘稠的植物油，使得现代引擎依赖化石燃料。在美国，20 世纪 70 年代石油危机的情景又引人对生物燃料的关注，即使最近石油公司对商业规模地生产生物燃料高度感兴趣，我们仍然还有很长的路要走。

"生物燃料"这个词广泛应用于称呼不同类型的生物衍生燃料，比如，乙醇、生物柴油和沼气，而生物柴油一般用于长链脂肪酸的单烷基酯，是石油基柴油的替代品，可作为混合燃料用于柴油引擎。

来源于植物或动物资源的生物柴油含有称为甘油三酯（三酰甘油，TAG）的脂肪，

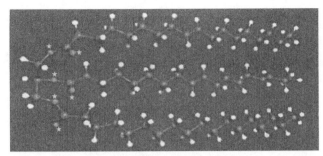

图 28-1　甘油三酯的化学结构。灰色＝碳原子，白色＝氢原子，
6 个左边标记星号的原子＝氧
来源：经允许复制于 Hydrocarbon Processing, by Gulf Publishing Company, 2012

是由氧、氢和碳原子组成，有 3 个脂肪酸链连接在甘油骨架上（图 28-1）。加到常规柴油燃料中作为混合燃料（比如 B5 满足 ASTM D975）的生物柴油组分是脂肪酸甲酯（FAME）。"可再生柴油"是炼制厂将生物质来源的油进行加氢处理而生产的碳氢类燃料。

FAME 可用诸如植物油（向日葵、油菜、大豆、玉米和麻风树等）、动物脂肪（如牛油）、非粮资源（微藻）和回收的食用油等原料生产。这些脂肪酸根据其脂肪酸链碳原子数不同而不同（8—22）。

28.2 生物柴油与石油基柴油

美国生物柴油的标准是 ASTM D6751，欧洲的标准是 EN 14214。两者的关键区别在于，前者适用于用任何类型醇（甲醇、乙醇）提取脂肪酸。而后者只适用于用甲醇提取脂肪酸。无论哪种提取方式，两者均不同于化石燃料基的石油柴油。下面的表 28-1 总结了生物柴油和石油基柴油的主要差异。石油基柴油的质量往往更均匀可靠，特别是和质量控制或许不是那么好的小规模生产的生物柴油相比。不同厂或不同地区的石油柴油质量不同，但是一般差别很小。质量差的生物柴油燃料可能会导致许多引擎性能的问题，应该注意确保你的燃料质量较高。符合 ASTM D6751 标准的生物柴油应该是质量高而一致的（Ciolkosz，2009）。

28.3 生物燃料转化为柴油燃料的加工途径

28.3.1 转酯化

转酯化这个化学过程就是众所周知的将植物油转化为生物柴油的过程，在碱性催化剂（氢氧化钾）的存在下，甘油三酯（Triglyceride，缩写 TG）和醇（甲醇或者乙醇）反应，反应形成一种脂肪酸混合物，包括脂肪酸和副产物甘油（见图 28-2 第一种途径）。从化学角度看，这是催化剂促进下发生的酯的一个有机基团和醇的一个有机基团之间的交换。生物柴油主要含有脂肪酸甲酯（FAME）分子（注：FAME 及相关提取过程详细描述，分别见本书第 22 章和第 20 章两章）。

表 28-1　生物柴油对石油柴油特性，基于 CONCAWE(2009) 和 Ciolkosz（2009）

特性	石油 柴油	生物柴油	生物柴油优缺点
相似性			
分子大小		几乎与石油一样	无

差异

化学结构	大约95%饱和碳氢5%芳香组化合物	由称为脂肪酸甲酯（FAME）和不饱和的石蜡组分	具有不同的燃料特性
润滑性	低	高于石油柴油	优点：高润滑性降低引擎磨损
硫含量	高硫	无硫	优点：使用生物柴油预期导致降低引擎的污染
氧含量	低	通常10%—12%，高于石油柴油含氧量	缺点：相对于石油柴油，较高的氧稍稍降低引擎动力峰值（约4%）
凝胶	不凝结	生物柴油倾向于凝胶低温，相对于石油柴油	缺点：关注，特别是冬季
氧化	不氧化	生物柴油更可能氧化（与氧反应）形成半固体胶状物质	缺点：关注，对于延长燃料储存以及偶尔使用引擎
化学活跃性	不活跃	作为一种溶剂，化学性质活跃	缺点：通常认为对于石油安全的某些材料更具有侵蚀性
毒性	对环境不安全	比石油柴油毒性小	优点：对清理泄露确有好处

表 28-2　脂肪酸组成对 FAME 产品性能的影响（CONCAWE2009）

	对氧化稳定性的影响	对冷流性的影响	对十六烷值的影响
脂肪酸链碳原子数增加	不显著	变差	变好
脂肪酸链碳不饱和双键数的增加	变差	变好	变差
脂肪酸链碳双键数的增加：	相对氧化率		
无（饱和）	低		
一（单不饱和）	中等		
一个以上（多不饱和）	高		

28.3.2 FAME 作为柴油燃料替代品在现有基础设施中面临的挑战

FAME 不同于单一碳氢燃料，其化学和脂肪酸组成决定和影响一种 FAME 产品的特性（十六烷值、低温流动性、过滤性和氧化稳定性）（表 28-2，图 28-2）。因此，

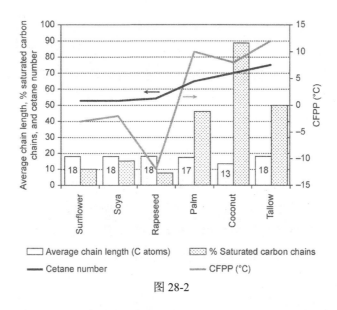

图 28-2

将 FAME 混入碳氢燃料，会带来一些特别挑战，必须小心应对，在生产、混合、分发和供给柴油燃料过程中应注意如下几个方面 (CONCAWE，2009):

　　* 在热或者长期存放条件下的氧化稳定性。

　　* 冷流性和过滤性表现。冷滤点 (CFPP) 是判断常规燃料低温表现得非常有用的冷流性度量。

　　* 具有支撑微生物生长的倾向。

　　* 与炼制厂、分发和燃料供给系统中所用材料的相容性。

　　* 在供给分发系统中去除污垢、锈蚀和其他固体污染物。

　　* 在多产品管道和其他分发系统中的输送 FAME/ 柴油混合燃料。

　　* 安全消防和废物处理措施。

　　* 与馏分燃料中常用的添加剂相容性和表现。

28.3.3 生物燃料存在氧的问题及可能的解决方案

　　如表 28-1 所示，用生物原料来源的油代替柴油的一个主要挑战是它有氧存在。生物燃料（如生物柴油和乙醇）含有氧，增加了这些脂肪酸燃料分子的亲水性。由于水是极性分子（一端带正电荷，另一端带负电荷），使之不能和非极性油分子混合。乙醇和 FAME 的极性也可使污垢和水更难于分离，或者比石油柴油中分离的慢（ORNL，2010）。一些脂肪酸链是完全饱和的，而其他一些可能是单不饱和的或者多不饱和的（即分别含有一个或者一个以上的碳碳双键）含有一个以上双键的脂肪酸链，特别是含有共轭（相邻）双键的脂肪酸链，通常在化学上更为活跃，易于被氧化降解（CONCAWE，2009）。

另一方面，石油柴油由大约 95% 的饱和碳氢化合物和 5% 芳香化合物组成。而生物柴油是由 FAME 组成，含有不饱和石蜡成分（Ciolkosz，2009）。

大多数石油分发的基础设施，主要是管道、储运罐及其相关设备，是由低碳低铝钢材组成，因此控制锈蚀很重要。然而，进行某些修正可能可以解决由于 FAME 产品中的水分引起的分发问题（ORNL，2010）。

28.3.3.1 燃料修正

使用较低极性形式的生物燃料，比如丁醇对乙醇，或者把油脂转化为碳氢，而非酯。生物燃料的较低极性形式也会解决产品中污垢和产品的交叉污染问题。要修正低碳软钢或者低铝钢的侵蚀和生锈，使用抑制剂使燃料更像石油，降低溶解水，降低燃料的极性，并选择和使用有效的侵蚀抑制剂。

28.3.3.2 设备修正

设计配油罐容量，使之最大限度地减少水和产品的接触，使用分离器去除水，使用抗腐蚀钢材。

28.3.3.3 运行修正

更加经常地抽出底部的水，特别是要结合小心地维护和监测来进行。对于生物燃料可能需要更经常地这样做。

最有效的修正是"燃料修正"。为使生物质液体燃料能够用作运输燃料，需要对他们进行化学转化，增加挥发性和热稳定性，通过脱氧和降低分子量来降低粘性（Elliott，2007）。但可以通过添加诸如冷流改良剂、燃料稳定剂等起抗氧化剂、抗微生物添加剂、去污添加剂和阻蚀剂作用的添加剂来改善生物柴油的性能（Ciolkosz，2009），Kinder Morgan 还进行了商业规模化的示范 (ORNL，2010)。此外，生物来源的油还可通过氢化作用 (加氢处理) 或者加氢裂化 (在高压氢下催化裂解大分子) 转化成可再生柴油。

加氢处理是国家实验室和石油企业探索的一种转化途径。能源部太平洋西北国家实验室（PNNL）一直在重点研究非均相催化加氢处理（Elliott，2007）。已经证明水热液化生物质（HTL）是液体生物原油生产的一种直接途径（Elliott，2014）。按照 PNNL，有两种方法可将脂肪酸转化成可再生柴油："高压液化和常压快速热解。"这些方法和其他方法将在下面的可再生柴油加工章节中描述。

将生物燃料生产整合到现有石油炼化厂的基础设施，长期以来一直被认为是面向化石燃料减少的关键步骤，特别是在运输行业。"一个新技术可以使用来源于植物油的可再生原料生产高质量柴油燃料。而这种新的柴油工艺可能比其他可再生燃料技术（比如 FAME，也叫生物柴油）有优势，虽然生物柴油也具有许多期望的品质，比如高十六烷值，但也有其他与应用相关的问题，比如稳定性差和高溶解性，导致虑塞问题"[UOP LLC（Honeywell 有限责任公司）和意大利埃尼集团：Holmgren 等，2007]。

28.3.4 可再生柴油加工工艺

根据美国环境保护局（EPA）（2005 年法案，45K 条，第 3 款），可再生柴油是来自生物质，使用热解聚过程，满足下面几条（NREL，2006）的柴油燃料：

（1）对燃料和由 EPA 在清洁空气法案（42 U.S.C. 7545）211 条下确定的化学品进行注册的要求；

（2）美国测试与材料协会（ASTM）D975 或者 D396 的要求。

可再生柴油可通过下述三种过程生产（NREL，2007）：

A. 水热过程：在该过程中，生物质在非常高的温度（通常 570—600°F）和压力（100—170 标准大气压）条件下，在水中反应 15—30 分钟，足以让液相中的水形成油和残余固体。分离出有机物和适合柴油的馏分（NREL，2006）。

B. 间接液化：这是个两步过程，可生产出超低硫柴油（图 28-3）。费托合成柴油具有非氧化但与柴油浊点相当的优点。按照现在的生产商，费托柴油和现有石油管道是兼容的 (ORNL，2010)。

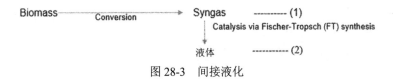

图 28-3　间接液化

首先，将生物质转化成合成气，即一种富含氢和一氧化碳气体的混合物；然后，再将合成气催化转化成液体。液体生产通过费托合成（应用于煤炭、天然气和重油）来实现（NREL，2007）。（合成气、热裂解和费托合成过程在本书第 16 和第 26 章两章有详细论述）

C. 加氢处理：被称为绿色柴油的可再生柴油可用脂肪酸通过传统上加氢处理喂料去除杂质所采用的加氢处理技术来生产（转化温度通常在 600—700°F，40—100 大气压，反应时间在 10—60 分钟，并使用催化剂），初始生物质来源的油可以和用于生物柴油或者可再生柴油的相同。含有甘油三酯的油可被氢化处理，或者与石油共同喂料，或者专一喂料，得到优质的柴油燃料，在这过程中，甘油三酯分子在氢处理条件下被降解成 4 个碳氢分子（一个丙烷分子和三个 C12—C18 的碳氢分子）。它不含硫，十六烷值 90—100（NREL，2006）。

Honeywell UOP（与意大利埃尼集团）共同开发了与石油基柴油燃料相互兼容的生产生物柴油的工艺，通过发展已经用于石油炼化的常规加氢处理技术，用氢去除甘油三酯中的氧，生产绿色柴油，过程途径见图28-4（a）。

为了在此工艺设计中进行加氢处理，UOP(和Eni)考虑了2个选择（Holmgren等，2007）：1）在现有馏分加氢处理单元中共处理，或者2）建一个独立单元，如图28-4（b）。发现第一个选择有问题，因为存在痕量元素（磷、钠、钾、钙）污染物，要去除这些污染物，需要一个预处理反应器，这也就导致了第二个选择，该方法更为经济有效，可促进植物油和氢结合。在达到要求的反应温度后，送入反应器，将植物油经过分馏转化为绿色柴油，如图28-4（c）（详细描述见Holmgren等，2007，UOP也有在线出版）。

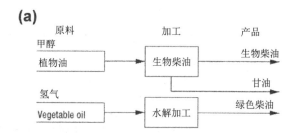

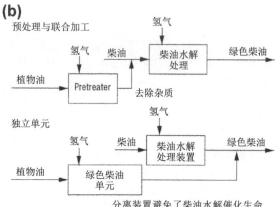

28.3.5 加氢处理柴油产品的燃料特性

首先，从大部分植物油获得的绿色柴油的产品特性是相似的（在保证不间断原料可获得性的情况下）。第二，特性与费托合成的石油柴油相当（表28-3A），具有高十六烷值、低密度（表28-3B）的优点，允许和低值氢处理油混合成典型的炼化柴油池，满足所要求标准，以及合理可变成本（Holmgren等，2007），为与现有炼化厂整合铺平了道路。

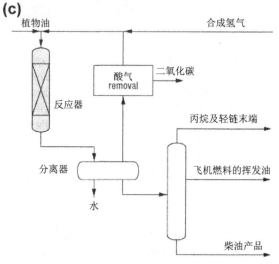

图28-4（a）植物油加工成运输燃料的途径，（b）植物油加氢处理成运输燃料，（c）新的绿色柴油工艺将植物油转化为燃料

表 28-3　绿色柴油燃料特性[1]，混合成本和经济性研究成本

A. 绿色柴油燃料特性（基于替代燃料比较图，NREL[1]）			
	矿物质 ULSD	生物柴油，FAME	绿色柴油
氧（%）	0	11	0
比重	0.84	0.88	0.78
硫含量（ppm）	<10	<1	<1
热值（MJ/kg）	43	38	44
浊点（℃）	−5	−5~+15	−10~+20
蒸馏（℃）	200—300	340—355	265—320
十六烷值	40	50—65	70—90
稳定性	好	最低	好
B. 绿色柴油混合燃料益处			
柴油池成分	桶 / 池		十六烷值指数
煤油	500		41
氢处理直馏柴油	7500		52
加氢轻循环油	2000		20
绿色柴油	2346		74
混合产品十六烷值			50
C. 经济研究成本			
介区内成本（$MM）	33.9		33.9
介区外成本（$MM）	6.8		6.8
可变成本（$/bbl）	5.40		6.94

氧：氧气百分率

来源：经许可，复制于 Gulf 出版公司《碳氢加工》2012 版，版权所有。

1. "替代燃料比较图"，NREL: hyyp://www.eere.energy/gov/afdc/altfuel/fuel_comp.html.

28.4　与现有炼化厂整合或者形成新的整合生物炼制

28.4.1　生物燃料的商业化

ASTM 国际，以前称为美国测试与材料协会（ASTM），是一家全球认可的组织，编制和发行国际上自愿达成一致的标准，以改善产品质量，提高安全性，便于市场准入与贸易，构建消费者的信心。

28.4.1.1　行业标准

生物柴油通常和石油柴油混合使用，是在美国环境保护机构 (EPA) 依法注册，满足 ASTM 生物柴油标准 ASTM D6751 的燃料和燃料添加剂。生物柴油标准，由 B 后面的数字进一步细化，说明 1 加仑燃料中生物柴油的百分比（生物柴油之外的燃料可以是 1 号或 2 号柴油、煤油，飞机燃料 A 或 JP8、取暖燃油，或者其他任何馏分的燃料），具体如下（NREL，2009）：

• 常规柴油燃料中生物柴油浓度至多 5%（v/v）B5 时，混合燃料要满足 ASTM D975 柴油燃料标准，它和纯石油柴油是兼容的。

• 对于家用取暖燃油，B5 要满足 D396 家用取暖燃油标准。

• 当浓度在 6%—20% 时，生物柴油混合燃料可用于许多应用柴油的情形，需要进行微小改装或者不需要改装。

• B20 是美国最常用的生物柴油混合料，因为这种混合燃料较好地平衡了材料相容性、寒冷天气可操控性、性能、排放方面的益处以及成本。这也是遵从"能源政策法案"（1992）的最低混配水平，该法案要求涵盖的某些车队使用可再生燃料和 / 或替代燃料车辆。可以使用 B20 的设备包括压缩点火（CI）引擎、使用燃料油和取暖燃油锅炉和汽轮机。

• 纯生物柴油被称为 B100。B100 或者其他高浓度混合水平如 B50，要求特别对待，可能需要设备改装。这些问题可能需要用加热器来解决和 / 或更换密封垫圈材料。然而，因为需要特别注意的程度较高，因此不建议使用高水平生物柴油混合料，除非人们接触柴油颗粒物的量增加，由于对健康的关注需要额外注意设备和燃料的处置。

28.4.1.2 美国最大乙醇生产和 FAME 运输能源公司的案例研究

金德尔 - 摩根（Kinder Morgan，KM)，是北美领先的管道运输和能源储存公司之一，经营着 28000 英里管道和 170 个终端。2009 年，通过其 11 英里奥瑞冈管道，输送接近 100000 桶混合生物柴油（EcoSeed，2009）。

通过石油管道基础设施，运输生物燃料示范后，2011 年，KM 伙伴（KMP）在可再生燃料处理业务上投资近 5.5 亿美元（管道和燃气杂志，2011），包括建设一个新的每天能够处理 14000 桶，具有多个单元列车空间的乙醇单元列车设施，为近 100 轨道单元列车和终端 80000 桶储罐建设卸载导轨架。根据他们 2013 年的季度报告，KMP 产品管道部门经营了 1.03 千万桶生物燃料。KMP 用其专有的抗腐蚀剂混配剂继续处理了全美近 30% 的用乙醇。

这个案例研究证明虽然与乙醇和 FAME 管道运输相关的水溶性、清洗效应，污染和钢材腐蚀等问题比较显著，但这些问题并非不可逾越。适当清洗、化学添加剂、分离 / 分批次序、平行管道、检测等手段可以消灭或者大大减轻这些问题，使乙醇和 FAME 的管道运输成为可能（ORNL，2010）。

28.4.1.3 遵从行业标准使用生物柴油的好处

生物柴油可再生、能量高效，可替代石油燃料，即在绝大部分柴油设备中都可以使用 20% 混合料，这能降低尾气排放，且无毒、可生物降解，适合敏感环境。各个企业标准所述的这些好处如下（NREL，2009）：

（1）容易使用：B20 或者更低的混合燃料实际上是采用一种随时加入技术。不需新设备，也不用修改现有设备，因为 B20 可以储存在柴油燃料罐中，用柴油设备抽入抽出。

（2）改善引擎运行状况：生物柴油改善燃料润滑性（这是避免运转部件如油泵过早磨损所必需的），即使在很低的浓度下也能提高燃料的十六烷值。将燃料中允许的硫降低到只有联邦规定的 15ppm，也降低了石油基柴油的润滑性，因为用于降低燃料硫和芳香成分的氢处理过程也会降低极性杂质如氮化合物，而这些物质提供润滑性。

（3）生物柴油对改善空气质量和改善人类健康方面的积极作用：柴油燃料燃烧中产生的一些颗粒性物质和碳氢排放物是有毒的，甚至是致癌的。使用 B100 可以消除这些气体有毒物质的 90%，使用 B20 会降低 20%—40% 有毒气体。

（4）生物柴油提供高能量回报，替代进口石油：生命周期分析表明，生物柴油生产中每单位化石能源投入产出 2.3—3.5 单位能量，因为生产中使用很少的石油，使用生物柴油替代石油在生命周期中几乎是 1:1 的比例 (Sheehan 等，1998；Hill 等，2006；Huo 等，2008)。这个值包括柴油农场设备和运输设备（卡车、机车）所使用的能源，以及生产肥料、杀虫剂、蒸汽、电力和生产过程中所用甲醇生产所用的化石燃料。因为生物柴油是一种能源高效的燃料，它可以延伸石油供应（NREL，2009）。

（5）生物柴油降低包括尾气排放的有害排放：生物柴油含有 11%（w/w）的氧，有助于降低大多数现代四冲程压缩点火或者柴油引擎的有害排放，比如尾气颗粒（PM）、碳氢、一氧化碳（NREL，2009）。氮氧化物（NO_x）、甲烷、二氧化碳排放估计减少 41%（Sheehan 等，1998）。EPA（2002）评述了 80 个生物柴油在压缩点火引擎上的排放试验，得出结论，其益处在广泛的生物柴油混合燃料上，都是真实存在并可预见的（图 28-5）。

28.4.2 可再生柴油的产业化

水热处理技术正在美国由 Changing World Techology 公司（CWT）进行产业化。CWT 称，该产品达到了 ASTM D975 的要求，使用"热解聚"这个词描述这个过程（NREL，2007）。

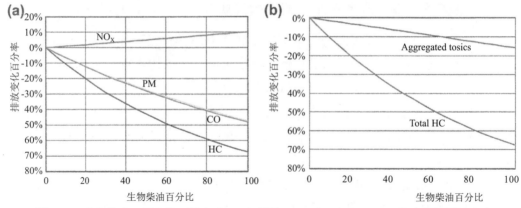

图 28-5　生物柴油（百分比）影响对 HC(a) 排放（NO$_x$, PM, CO），(b) 有毒物质排放总计
来源：EPA,2002

生产费托液体的间接液化是一种商业技术，但今天的大部分费托柴油，是使用天然气生产的。费托柴油燃料可以达到 ASTM D975 的要求（NREL，2006）。

加氢处理已被广泛探索，因此，可再生柴油已经商业上获得。例如：

• Honeywell UOP 公司已经商业化了 UOP/Eni Ecofine^{TM} 工艺，将非食用的二代天然油转化 Honeywell 绿色柴油^{TM}（一种在现有油箱可以任何比例随意加入的柴油燃料）。UOP（和 Eni）已经对绿色柴油进行了大量的工艺性能测试，确定了适宜的工艺条件、催化剂稳定性和产品特性（表 28-2C）。他们的中试厂测试已经表明，投入生产 2000 多个小时后，没有检测到钝化作用。

• 称为 H-Bio 的产品由巴西国家石油公司（Petrobras）生产。

• 芬兰的 Neste 石油公司已经商业化了可再生柴油 NExBTL。

与 FAME 相比，绿色柴油的主要优点是加工过程中的脱氧，所以绿色柴油没有清洗效应，储存稳定性得到改善。绿色柴油还有与柴油相当的浊点，根据几家现有生产商的观点，这使之与现有石油管道相容。这种潜质，加上现在有关其相容性和可替代性缺乏广泛研究，使得绿色柴油成为未来研究的一种良好候选燃料（ORNL，2010）。

28.4.3 加氢处理可再生飞机燃料

飞机燃料中低水平 FAME 污染是目前所关注的（ORNL，2010）。现在道路运输中使用的最常用的生物燃料类型，不适合作为航空燃料使用，因为他们达不到飞机燃料标准的要求（如凝固点、热稳定性等）。由于飞机燃料中 FAME（来自生物混合柴油）污染，将会有以下问题因影响到飞机运行而受到关注：

• 侵蚀：可能存在甲酸、乙酸、甘油、水、甲醇；

- 弹性密封的破裂或软化；
- 存在碱土金属，影响引擎组件；
- 高凝固点（-5℃）；
- 热稳定性：会发生聚合作用，导致过滤器堵塞。

被确定为加氢处理的酯和脂肪酸（HEFA）的加氢可再生柴油（HRJ），其质量符合 2009 年制定的非石油飞机燃料标准 ASTM D7566，按 50% 混合原料和常规 ASTM 1655 飞机燃料—A1 燃料混合。

继 2009 年批准费托燃料（50% 混合）后，2011 年通过了 HEFA 认证。通过一系列 ASTM 4054 所规定的测试，成功证明加氢酯和脂肪酸（HEFA）达到了 ASTM 1655 飞机燃料随意混合添加的要求。由于加氢处理和蒸馏生产的燃料混合产物与飞机燃料中的脂肪族化合物的范围相似，大幅度地加快了 HEFA 的成功认证（关于航空可再生生物燃料，详见本书 CAAFI 已退休的执行理事 Richard Altman 撰写的章节）。

根据商业航空替代燃料协会（CAAFI）（Lakeman 等，2013）："测试并批准费托燃料（合成石蜡煤油—SPK）总体的来说已经给了生产商和行业具体依据，允许接受完全达到传统飞机燃料标准，并含有与费托燃料相似的脂肪族组化合物范围混合燃料。批准同意 SPK 和 HEFA 作为混合燃料，是因为所产混合燃料已被认为与石油馏分飞机燃料无法区分，虽然飞机燃料芳烃含量低。"根据 Altman，"自从 2014 年 7 月 HRJ/HEFA 通过批准使用，1500 余次的商业飞行使用了可再生飞机燃料。汉莎公司（从法兰克福）和 KLM 公司从位于纽约的约翰肯尼迪国际机场的商业飞行试验，已经证明是正在按计划飞行。到 2014 年底，由 Altar 燃料公司经营的首批专门用于生产航空 HEFA 的设备，计划开始在美联航多年购买协议下运行。虽然仍然存在原料审批问题、碳监管的不确定性以及成本和金融问题，航空业仍然坚持着到 2020 年将近 5% 燃料供应来自可再生燃料的目标，以实现该行业碳中性增长的目标。随着更多的设备计划在美国多个州和全球上线，同时随着多达六个新工艺途径可能在接下来 2—3 年通过认证，虽然还有困难，但实现目标是可能的。"

28.4.4 未来生物原油的利用和共加工的问题

生物原油利用的一个潜在障碍是关于共加工的 RFS2 立法。如果生物原油和石油原油共加工，得到的混合物再精炼，然后生产柴油—生物柴油混合物，这种燃料作为生物质基柴油燃料将是不合格的。生物质基柴油燃料可以和石油柴油混合，但他们不能根据 RFS2 定义为一种共加工的产品。

如果满足适当的温室气体排放要求，得到的燃料作为先进生物燃料或者纤维素生物燃料将是合格的。这可能阻碍了生物原油介质的灵活性，特别是因为它适合用于生产生物柴油和分发（ORNL，2010）。

对于生物源的碳氢市场，ORNL 进一步建议，生物源混合物可通过三种通向市场的途径来利用。

（1）他们可以在一个特定的炼化厂燃料混合操作中生产和使用。

（2）可将生物燃料混合物运送到特定炼制厂或者由专有运输公司通用管道混合地点，或者通过其他工具如卡车或者船舶，单独卖给能源公司。

（3）某些生物燃料混合气可在公开市场上销售或贸易。

联系到新的生物源碳氢资源要和现有石油基炼制整合，开发新的整合生物炼制厂将会向前推动生物燃料的商业化。

28.4.5 整合的生物炼制厂

"指导的真理"是，如果生物燃料生产被认为是首要目标，那么，其他共产品的生产量必须相应降低，因为他们的生产不可避免地要竞争碳、还原剂和来自光合作用的能源。因此，利用生物质原料每种组分的生物炼制概念，必须被认作是提高工艺经济性的一种手段（图 28-6）（DoE，2009）。生物炼制厂是整合生物质转化过程和设备，从生物质生产燃料、电力和化学品的一套设施。像石油炼制厂一样，输入的主要是多产品加工所需的石油；在生物炼制厂，生物质是生产不同产品所需的输入。"生物炼制是可持续地把生物质加工成一系列可市场销售的产品和能源。"——这是国际能源机构生物能源任务 42 最透彻的定义（Cherubini，2010）。

生物炼制厂和石油炼制厂里的情形相似，应该是基于原料的升级过程，在这里，原料不断升级和炼化。这意味着，生物炼制厂应该分离生物质原料的所有组分，通

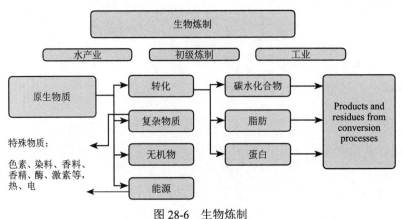

图 28-6　生物炼制

来源：由能源部生物能源技术办公室提供

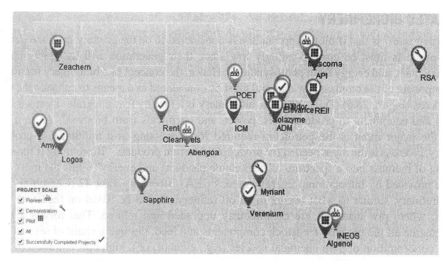

图 28-7　生物能源技术办公室资助整合的生物炼制厂

过几个工艺串联，得到高浓度的纯化学品种类（比如，乙醇）或者高浓度的功能确定的相似分子（如费托燃料中的 C 烷烃混合物）。这应该遵从指南（Cherubini，2010）：

• 生物炼制厂除了低级和大宗产品（如动物饲料和肥料），根据上面所述标准，应该至少生产一种高附加值化学或者材料产品。

• 生物炼制厂应该生产除了热和电以外，至少一种能源产品。必须至少生产一种生物燃料（液态、固态或气态）。

• 生物炼制厂也应该以可持续的方式运行为目标：几个生物质转化工艺的所有能源需求，应该通过燃烧残余物生产热、电（用一套适当大小的工艺／技术）实现内部供给。

整合生物炼制厂的例子（图 28-7）有：

• POET 和 Abengoa：据估计，两套设施的总生产能力达到 5000 万加仑／年

• INEOS：是一个示范级的废物—燃料生物炼制厂，位于佛罗里达州维罗海滩。据估计，满负荷运转的生产能力为，每年利用可再生生物质，包括庭院、木材、植物废弃物生产 800 万加仑先进生物燃料，6 MW 可再生生物质电。

• Logos 和 EdeniQ，CA：估计设备年生产能力 50000 加仑纤维乙醇。

• Mascoma：位于密歇根北部半岛，使用林木生物质，通过联合生化生物加工，估计年产 2000 万加仑乙醇，热电联产。

• Altech Envirofine：位于肯塔基州华盛顿县，基于玉米芯生化固态发酵，年产 100 万加仑乙醇。

• Verenium 生物燃料公司：位于洛杉矶的詹宁斯，使用能源甘蔗和蔗渣经过生

化过程年产 150 万加仑乙醇。

• Amyris 生化技术公司：位于埃默里维尔 (Emeryville)，通过甜高粱的生物转化过程年产 1370 加仑生物燃料。

• Sapphire 能源公司：位于新墨西哥州，通过藻转化年产 100 万加仑生物燃料。

• ICM 公司：位于密苏里州圣约瑟夫，利用玉米纤维、柳枝稷和能源高粱，年产 345000 加仑乙醇生物燃料。

• Solazyme 公司：位于伊利诺伊州的皮奥里亚，用藻年产 30000 加仑生物燃料。

• RSA：明尼苏达州，用林业资源年产 1300 万加仑乙醇。

• Algenol 生物燃料公司：利用藻类年产 10 万加仑乙醇。

• Myriant 公司：位于路易斯安那州莱克普罗维登斯，已开发一种生产生物丁二酸的工艺，这套设备估计年产 3000 万磅生物丁二酸（图 28-8）

能源部确定的整合生物炼制的关键挑战有：

• 使用和验证新颖和创新技术过程中的金融投资和技术风险，特别是对于中试、示范和先锋规模的项目。

• 创造一个与市场需求匹配并能和化石燃料竞争的产品组合的市场和经济可行性。

• 原料多样性

• 许可

• 基于生命周期的经济、环境、社会影响的模式化的可持续性

• 不断地研究开发及示范投资。

28.4.6 共置生物炼制

"将生物柴油和乙醇生产共置于乙醇厂，将受益于从共享现有基础设施，到共享过程必需品、室内原料，比如蒸馏器玉米油（DCO），使用乙醇而不是甲醇进行生物柴油反应；一个明显的例子是，位于伊利诺伊州莱娜，由 Adkins 能源公司经营每年加工 3600 万蒲式耳的 100MMgy 共置乙醇厂，估计资本成本 2800 万美元用于分馏，1000 万美元用于溶剂提取，1500 万美元用于 10MMgy 生物柴油设备，总计 5300 万美元。一个只售 DCO 同等大小的厂将产生 KBITDA（利息、税收、折旧和摊销，EBITDA）扣除前收入 3700 万美元，相比之下，一个分馏加溶剂提取

和生物柴油生产的工厂将收入 65 亿美元 EBITDA 扣除前收入，估计每年提高 2800 万美元（Kotrba，2014）。"

28.5 结 论

正如本章开始所述，2013 年美国的生物柴油和可再生柴油跨越式创纪录地生产了 18 亿加仑，共置生物炼制厂（比如位于 Lena 的工厂）的巨大利润边际可能性，正预示着将来在很多方面有更多机会实现生物燃料可持续生产。研究开发与示范具有成本效益的技术将是必需的，特别是对于可以利用废气作为吞吐原料生产不同副产品来抵消成本的整合生物炼制。要使生物燃料商业化以减少化石燃料的使用，必须积极开展两方面的工作，即用有效的工艺途径整合生物燃料和现有石油基炼制厂以及开发新的综合生物炼制厂，最好是共置工厂。

参考文献

Francesco Cherubini, 2010. The biorefinery concept: using biomass instead of oil for producing energy and chemicals. Energy Conversion and Management 51, 1412–1421.

Ciolkosz, Daniel, 2009. What's So Different about Biodiesel Fuel? Renewable and alternative energy factsheet. The Pennsylvania State University.

CONCAWE, 2009. Guidelines for Handling and Blending FAME. Report No. 9/09. CONCAWE, Brussels.

DoE, May 2013. Integrated Biorefienries. DOE/EE-0912.

EcoSeed, Sept. 23, 2009. Kinder Morgan Delivers Biodiesel through Oregon Pipeline. EcoSeed Category: Biodiesel. www.ecoseed.org.

Elliott, D.C., 2007. Historical developments in hydroprocessing bio-oils. Energy and Fuels 21 (3), 1792–1815.

Elliott, D.C., Hart, T.R., Neuenschwander, G.G., Rotness Jr., L.J., Roesijadi, G., Zacher, A.H., Magnuson, J.K., 2014. "Hydrothermal Processing of Macroalgal Feedstocks in Continuous-Flow Reactors." ACS Sustainable Chemistry & Engineering 2 (2), 207–215.

Draft Technical Report EPA, Environmental Protection Agency, 2002. A Comprehensive Analysis of Biodiesel Impacts on Exhaust Emissions, EPA420-P-02–001. www.epa.gov/OMS/models/biodsl.htm.

Froment, Marie, 2010. Jet Fuel Contamination with FAME (Fatty Acid Methyl Ester) World Jet Fuel Supply. FAST (Flight Airworthiness Support Technology). AIRBUS. S.A.S. publication, 8–13.

Hill, J., Nelson, E., Tilman, D., Polasky, S., Tiffany, D., 2006. Environmental, economic and energetic costs and ben-efits of biodiesel and ethanol blends. Proceedings of the National Academic Sciences 103, 11206–11210.

Holmgren, J., Gosling, C., Marinangeli, R., Marker, T., UOP LLC, Des Plaines, Illinois, Faraci, G., Perego, C., Sept. 2007. Eni S.p.A. Refining and Marketing Division, Novara, Italy. New developments in renewable fuels offer more choices. Hydrocarbon Processing, 67–71.

Huo, H., Wang, M., Bloyd, C., Putsche, V., 2008. Life-cycle Assessment of Energy and Greenhouse Gas Effects of Soybean-derived Biodiesel and Renewable Fuels. ANL/ESD/08–2. Argonne National Laboratory, Illinois.

Kotrba Ron, May/June 2014. Time has come today. Biodiesel Magazine, 26–31.

Lakeman, Michael, Michael Epstein (GE), Nicolas Jeuland (Alfa-Bird/IFPEN), Stephen Kramer (Pratt & Whitney), Kristin Lewis (Volpe), Laurie Starck (Alfa-Bird/IFPEN). "Alternative fuels specification and testing". In: Research and Development Team White Paper Series: Specifications and Testing, Commercial Aviation Alternative Fuels Initiative (CAAFI). March 2013, Pages 1–7

NBB, National Biodiesel Board's Biodiesel fact sheet, April 17, 2013. Biodiesel: Advanced Biofuel – Here, Now.

NBB, April 07, 2014. NBB to Defend Advanced Biofuel Standard in RFS Case. NBB Press Releases.

NREL, Nov. 2006. Biodiesel and Other Renewable Diesel Fuels. NREL/FS-510–40419.

NREL, 2007. National Bioenergy center. http://www.nrel.gov/docs/fy07osti/40419.pdf

NREL, January 2009. Biodiesel Handling and Use Guide. NREL/TP-540-43672, fourth ed. Revised.

ORNL, Sept. 2010. Fungible and Compatible Biofuels: Literature Search, Summary, and Recommendations. ORNL/TM-2010/120.

Kinder Morgan completes Gulf Coast ethanol terminal. Pipeline & Gas Journal 238 (4), April 2011. www.pipelineandgasjournal.com.

Sheehan, J., Camobreco, V., Duffield, J., Graboski, M., Shapouri, H., 1998. An Overview of Biodiesel and Petroleum Diesel Life Cycles. NREL/TP-580-24772. National Renewable Energy Laboratory, Golden, CO.

第二十九章

生物燃料转化途径服务性
学习项目和案例研究

Anju Dahiya[1,2]

[1] 美国，佛蒙特大学，[2] 美国，GSR Solutions 公司

29.1 概 述

根据世界生物能源协会的"全球生物能源统计报告"（WBA，2014），2012年，全球生物乙醇产量达到 831 亿升，生物柴油 225 亿升，植物油 1.69 亿吨。根据爱荷华州立大学工业研究与服务中心工业专家 Rudy Pruszko（见第 20 章）的说法："生物柴油生产是个令人迷惑的复杂过程，而非乍看之下那么简单的过程，特别是如果你想制造高质量生物柴油，一个达到 ASTM D6751 标准的，而不是对柴油发动机有害的产品。"一位前佛蒙特大学化学教授，Scott Gordon 博士和他的团队（见第 21 章），为学生准备了一份供学生实验室实际动手操作的实验方法。从生物质到生物燃料计划就一直采用这个方法进行实验室演示，用废弃植物油为原料生产（转酯化）生物柴油的过程。

无论学生的教育背景如何，在实验室亲手实验都证明是生物能源课程（液体生物燃料为一项内容）的重要一节，这将有助于为服务性学习计划建立一项合理的背景（图 29-1 和图 29-2）。例如，在 2013 版生物质到生物燃料课程中，一个攻读数学博士学位的学生评论道："虽然我享受这个关于生物柴油行业的讲课，但这节课我喜欢的部分肯定是实验室部分，我欣赏了行业的故事（报告中呈现的），特别是微小细节（卸载口）导致结果巨大差异的重要性。但是，数学家不会经常和化学家去实验室玩……玩得很开心！"他还对其详细的实验室经历做了如下描述：

"在实验室，我既用初榨植物油也用使用过的植物油制造生物柴油。首先我描

图 29-1

图 29-2

述初榨油的过程，然后再介绍用过的植物油的细小差异。对每种情况，最好是为我们备好 KOH（感谢生物柴油教师）。"

29.1.1 初榨油

"在和油的双相反应（转酯化）中，使用 KOH 作为底相，3 份初榨油，1 份 KOH。因为反应是双相的，反应物需要不断用力搅拌大约 20 分钟。反应产物是甲醇、生物柴油和甘油（从低浓度到高浓度）。密度差别很重要，通过试管在室内静置一会儿（大约 10—15 分钟）可使产物分离，但静置时间长点，分离效果会更好。然后，可以清洗生物柴油，就我所知，这步只是进一步去除尚未很好分离的甘油。清洗是这样做的，将上部两层（留下甘油层），倒入另一试管（我忘了这个试管的名称），加水（按大约 1 份水 :3 份混合物的比例），震荡或稍微旋转（记住每震荡几次通一次气）。然后，让混合物再次静置，弃掉试管的底层，留下较纯的生物柴油。两层之间有个所谓的混合"地毯"层。如果你把这层全扔掉，你得到的东西会更纯，但是你也扔掉一些产物。留下多少取决于你是更关心纯度还是生产效率。"

29.1.2 使用过的油（来自 Radio Bean）

"我和另一学生尝试用脏油重复这个过程。所做的不同的事情仅仅是：（1）转酯化前，我们用咖啡滤网对脏油进行过滤，（2）我们用更高比例的 KOH 进行反应。具体地说，我们实验了 2:3 和 4:3（而不是初榨油的 1:3）。4:3 似乎有效，而 2:3 不行。反应需要更多碱才能适当起作用的事实，影响到你必须考虑基于转化时用过的植物油时需要投入的数量（成本）。"

当学生实际参观生物柴油设备时，这个小实验会让他们受益匪浅。同一批学生，包括那位数学博士生，实地考察了一家利用油菜生产生物柴油的农场。这组中有个学生在论坛上回顾到："这是一次伟大的旅行，真正地建立起了我们的（和教师）对话，和他一起在实验室利用植物油制造少量生物柴油的经验。"那位数学博士生

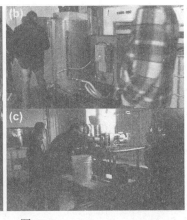

图 29-3

插话道，也是我最喜欢的一次实地考察。他承担了一个关于厌氧发酵（包括过程化学）模型的服务性学习研究，（见第 IV 部分）（图 29-3）。

在过去很多年里，关于"生物质到生物燃料"的课题，学生探究了许多不同生物燃料转化途径。下面列出一些例子。

2012 年版的"生物质到生物燃料"课程，由三个学生进行实践，三个学生包括 Richard Barwin（一位高中动物学科老师），环境研究的学生 William Riggs 和 John O'Shea，与 Missisquoi Valley 联合高中（MVUHS）合作，为他们的服务性学习计划提供帮助：教育实验将废弃油转化生物柴油，将学校柴油动力拖拉机车队转变为生物柴油驱动。MVUHS 一直计划着将他们维护草坪的柴油驱动拖拉机车队，把石油基柴油换成生物柴油。生物质到生物燃料课程的学生小组开始他们的项目以这些目标：明确将废弃食用油转化成可用生物柴油的化学过程；开发将废弃食用油转化成可用的生物柴油地方标准化程序；设计完成这一程序的机械；开发一种评价所产生物柴油质量的方法；制定一个可持续利用生物柴油废弃产品（甘油）的计划。请见 Rich Barwin 呈现在本章的本项目完整报告。

另一个创新性生物燃料转化过程是由 2014 年那一批的几个学生——佛蒙特环境保护系环境工程师 Tom Joslin 和环境学本科生 Vanessia Lam 最近探索的：利用磁铁矿粉促进废水沼气原料的收获，他们与一个生产沼气的废水处理厂合作。本章呈现了他们的有趣研究。另外，在 2014 那批中，一位工程学硕士生——Richard Smith III，进行了真菌降解木质纤维素生物质的可行性研究，根据三个已建成公司进行案例研究分析的访谈，他建立了一个概念先导系统，并对其商业化进行了探讨。请见本章他的案例研究。

29.2 案例A：生物柴油项目：将废弃食用油转化为生物柴油的教育实践

Richard O. Barwin, William R. Riggs, John C. O'shea

美国，佛蒙特，伯灵顿，佛蒙特大学，

2012 "生物能源课程" 学生

29.2.1 概要

我们在社区伙伴——Missisquoi Valley 联合高中（MVUHS）的领导下，打算将其维护草坪的柴油驱动拖拉机的石油基柴油换成生物柴油。本项目的主要目标是向科技、工程和数学（STEM）方面的学生们传授能力和可再生能源。学校进一步打算在校园用当地获得的废弃食用油生产生物柴油，全方位的计划、发展、执行和质量控制将作为传统科学和农业科学课程的体验式学习平台。除了课程和实验学习方面的好处外，学校打算节约 30% 柴油燃料成本。

29.2.2 项目目标

（1）确定将废弃食用油转化为可用生物柴油的化学过程；

（2）开发一个转化废弃食用油到生物柴油的地方标准化程序；

（3）设计一个能够执行这个程序的机械；

（4）开发一种评价所生产生物柴油质量的方法；

（5）制定一个可持续的利用废弃食用油生产生物柴油的计划。

29.2.3 背景

石油基柴油是由原油提取出的碳氢化合物。通常用作内燃机引擎的燃料，特别是在农业和工业领域应用。柴油燃料通常是由长度为 C8—C21 的碳氢链组成（图 29A-1）。

典型的柴油化学组成
十六烷是柴油燃料的典型代表，$C_{16}H_{34}$

图 29A-1　柴油燃料化学组成

图 29A-2　甘油三酯化学组成

来源：http://biology.unm.edu/ccouncil/Biology_124/
Summaries/Macromol.html

石油柴油的两个主要缺点是，一是燃烧时向大气释放大量硫，二是它来自石油，一种不可再生的能源。所释放的硫是酸雨的贡献因子。已有技术和监管条件的降低石油基柴油的硫含量。然而，石油基柴油的硫含量关系到燃料的润滑性——影响引擎磨损和效率的一个重要因素。

生物柴油是一种源于植物油的燃料。植物油主要由甘油三酸酯组成。甘油三酯是三个长链脂肪酸附着在甘油骨架上（图 29A-2）。

为了将植物油转化为生物柴油，必须经过一个称为转酯化的化学过程。在转酯化中，甘油三酯和甲醇混合，在催化剂 KOH 影响下（图 29A-3），反应将长链脂肪酸从甘油分子上分离，产生水溶性甘油部分和不溶水的生物柴油部分（甲酯）。

反应结果是分开的生物柴油和甘油的混合物。水溶的甘油在底部，生物柴油在上部（图 29A-4）。

Transesterification:

CH₂— OCOCR₁   CH₂— OH   R₁—COOCH₃

CH — OCOR₂ + 3 HOCH₃ ⇌（Catalyst） CH — OH + R₂—COOCH₃

CH₂—OCOR₃   CH₂— OH   R₃—COOCH₃

Triglyceride   Methanol   Glycerol   Methyl esters
(parect oil)   (alcohol)   (biodiesel)

图 29A-3　转酯化

来源：http://econuz.com/page/7/

图 29A-4　生物柴油和甘油层

29.2.4 社区合作伙伴

Missisquoi Valley 联合高中是一所有 800 名学生，8—12 年级综合性高级中学，位于佛蒙特北部靠近加拿大边境的 Swanton 镇。当地经济受农业，主要是大中型牛场的影响。MVUHS 具有良好的积极教育和改进办学的业绩记录。虽然不是职业技术教育中心，但 MVUHS 目前拥有一个综合性多样化农业项目，包括一棚畜禽、一个温室、一个枫糖操作间、一个水产养殖室和一栋机械大楼、6 英亩实验田。MVUHS 较早就接受了可再生可持续能源，将其设备燃油锅炉改成木片锅炉，不仅降低了温室气体排放，还大大节约了加工中的能源成本。

29.2.5 所用方法和 / 或实验（按目标列出）

29.2.5.1 确定将废弃食用油转化为可用生物柴油的化学过程

将废弃食用油转化为生物柴油化学过程已经得到充分证实，在第 3 节已经解释过了。因为我们使用废弃食用油，我们必须测定油的 pH 值，油的 pH 值决定系统中所需催化剂 KOH 的用量。油和甲醇的体积比为 5:1。

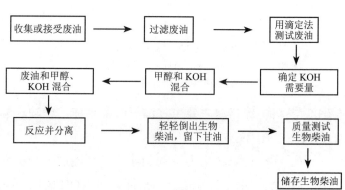

图 29A-5　MVUHS 生产生物柴油的概念图，MVUHS，Missisquoi Valley Union High School

29.2.5.2 开发一个转化废弃食用油到生物柴油的地方标准化程序

建立一套适合当地的程序将保证可重复性和一致性，下面是一个描述我们工艺的概念图。

29.2.5.3 设计一个能够执行这个程序的机械

我们小组目前正合作设计反应器。我们目前已经购买了元件，如烧杯、水桶、套管、搅拌器和管材，建一个工艺验证原型。

29.2.5.4 开发一种评价所生产生物柴油质量的方法

我们将实验测定生物柴油的多种方法。

（1）比重——我们的生物柴油比重应该是 0.860—0.900。

（2）pH——未经洗涤的废油 pH 应该接近 9.0。

（3）澄清——在反应试管中应该有两层，而且只有明显的两层。

29.2.5.5 开发一个可持续的利用生物柴油废物的计划

我们的长期目标是将废甘油转化为当地生产肥皂，为了用甘油做肥皂，我们必须去掉多余的甲醇。甲醇沸点是 148 ℉，可以用蒸汽使其脱离甘油。最终，我们可以通过浓缩获得甲醇，再用于转酯化。然而，由于甲醇具有毒性和可燃性，可能不赞成这一步。

29.2.6 结果 / 预期结果

该项目的主要目标是教育学生。化学、设计、工程和社区合作伙伴都会被我们的学生大大推动。我们将用教育的价值，而不是用美元投资回报来衡量我们的成功。我们承认这可能变成一个多学期的项目，我们几年内可能达不到替代全部柴油需求的目标。然而，我们预期在未来几年里，不同班的学生从他们的参与中获得宝贵的实验知识。

29.2.7 未来方向

这个项目可能受到我们的想象和行业限制。与当地农场合作（Heather Darby 和前农场主 Roger Raineville 用油料作物进行大规模转酯化加工）可能会给学生全方位展示，包括种植、收获、压榨、转酯化、洗涤以及用甘油生产肥皂。

29.2.8 对社区合作伙伴的益处

MVUHS 致力于全面教授和实践可持续的、地方的、负社会责任的操作方法。生产生物柴油是我们目标的一项重要内容。该项目还处在初期阶段，该计划只是个我们走向目标要遵从的框架。

29.3 案例 B：利用磁铁矿粉促进废水沼气原料的收获

Thomas G Joslin, Vanessia B. Lam

美国，佛蒙特，伯灵顿，佛蒙特大学，

2014 "生物能源课程" 学生

29.3.1 概要

2014 年 3 月，在佛蒙特州南伯灵顿机场公园路市废水处理厂的实验室，通过试验测试，我们已经肯定磁铁矿粉（一种完全氧化的氧化铁粉），可用于改善城市废水处理中的沉淀和捕获污泥中的主要生物固体。根据机场大道厂的运行数据初步计算表明，使用磁铁矿粉增加废水处理中污泥主要生物固体收获率，具有显著增加厌氧发酵沼气产量，增加机场大道的发电量的潜力，同时降低次级处理过程中通气增氧的电能消耗。

29.3.2 项目目的

本研究的目的是确定磁铁粉，一种充分氧化的氧化铁，是否可用作压载剂，促进主要生物固体（重力沉淀）的去除和收获，用作废水厂城市沼气能源回收项目的原料。同时，该研究也试图缺定增加主要生物固体的去除量，以及后续减少次级处理过程中生物固体的去除量，否则将会净增加废水厂沼气项目收集的所有生物固体生产甲烷的总潜力。

29.3.3 背景

在刚刚过去的十年间，马萨诸塞州剑桥水技术公司，开发并商业化了一项废水处理技术，称为 CoMag™，该技术使用铁矿粉，一种充分氧化的氧化铁，作为高浓度和化学惰性的压载剂，促进固体沉淀、提高处理效果。该技术主要是受日益严格的从城市废水处理厂排放物（经过处理）去除总磷的要求而推动的，特别是位于马萨诸塞州东部相对较小的小溪边的相对较大的厂。CoMag™ 技术的第一次中试研究是在马萨诸塞康科德城市废水厂进行的。

CoMag™ 技术是使用磁铁与能够形成化学絮状沉淀的凝结剂相结合，再加上促进絮状物形成的聚合物，按需加入 pH 调节剂。在混合絮凝罐中加入磁铁矿粉和其他化学品，并和废水混合，再在澄清罐中将得到的生物固体和化学絮状物混合物沉淀。将得到的一些污泥从澄清罐底部抽回混合絮凝罐，进一步浓缩进入的废水，促进固体沉淀。将澄清罐底部一些固体抽到磁鼓分离器。磁鼓分离器中的永久磁铁会去除 99% 以上的磁铁，再送回到混合絮凝罐。这过程中需要补充少量磁铁矿粉，补充流失在废泥和排放污水中的少量磁铁矿粉。

CoMag™ 是个典型的第三级废水处理方法，处理二级（生物学的）废水处理过程的下游排出物。还有个 BioMag™ 配套技术，也是剑桥水技术公司开发，在悬浮生长生物处理过程之前加入磁铁矿粉。从紧挨着悬浮生长生物处理罐下游的二级澄清罐去除磁铁矿粉。

该研究试图确定 CoMag™ 技术可行，可以促进主要生物固体的沉淀。因为主要生物固体在生物处理过程中未被氧化，和二级生物固体相比，他们具有较高的能量和形成甲烷的潜力。一种增加主要生物固体收获率并降低初级处理后可溶性有机物代谢形成二级生物固体的工艺可能会增加废水厂的沼气产量。此外，减少二级生物固体氧化的电力需求会进一步提高废水厂总的能量盈余。

29.3.4 社区伙伴

佛蒙特南伯灵顿市水质量局拥有并运营两个城市废水处理厂，分别位于巴特莱特湾路和机场大道。机场大道处理厂的职工参与了这项研究，我们感激他们的帮助。Steve Crosby 是水质量局局长，Robert Baillargeon 是机场大道废水处理厂的首席操作员。Jennifer Garrison 是机场大道废水处理厂的实验员。

29.3.5 工作计划

本研究最初是受到佛蒙特沃特伯里村的启发，那里正在建设一个三级废水 CoMag™ 项目，以去除磷。沃特伯里村运营一个二级氧化泻湖厂。

原本计划测试巴特莱特湾路和机场大道两个泻湖厂底部污泥磁铁矿粉沉淀，以确定促进藻类收获生产生物燃料的潜力。实验室工作计划 2014 年 3 月 10 日在 Swanton 进行。可是到了那一天，无法得到泻湖厂底部的供试污泥，因为 Swanton 泻湖还被冰覆盖，在那天收集 Swanton 污泥样品不太安全。取而代之的是，我们测试了由处理厂首席操作员 Jim Irish 收集的泻湖排出物。我们使用各种磁铁矿粉用量，在具有 6 个电动桨混合器和 6 个 1 升的烧杯杯罐试验套装混合器内进行了实验。我们发现，单独使用磁铁矿粉，不加絮凝药品如明矾、硫酸铝，实际上对沉淀泻湖排出物固体毫无作用。由于 3 月气候持续不寻常的冷，我们放弃了在 Swanton 和 Waterbury 泻湖厂的测试计划。

我们联系了距 UVM 校园不远，位于南伯灵顿机场大道非泻湖先进废水处理厂的员工。机场大道还运行一套先进的二阶段嗜热、嗜厌热氧的热电联产消化器群。我们希望证明磁铁矿粉能用于增加能源相对富集的主要生物固体的捕获，用作厌氧发酵生产沼气和发电的原料。

3 月 24 日，我们重复了 Swanton 测试，但用的是经过筛选、去掉细沙的未处理的污水，即流入物，而非泻湖污水。我们发现，单独使用磁铁矿粉，不加絮凝药品，如明矾、硫酸铝，实际上对流入物固体没有沉淀作用。在 3 月 31 日，我们在机场大道，室内实验首次成功，我们起初测试了 3 套烧杯，一套只进行流入物沉淀，一套模拟二级处理废物活化的污泥（WAS）与流入物共沉淀，一套只做 WAS 沉淀（图 29B-1）。

在流入物实验组，有一个对照烧杯，不加磁铁矿粉和明矾，一个烧杯只加有效的最小量明矾，另一只烧杯加入有效最小量明矾，并按磁铁矿粉和总悬浮固体（TSS）1:1 的重量比加入磁铁矿粉。在共沉淀系列中，有一个烧杯只加入有效的最小量明矾，另一烧杯按磁铁矿粉和总悬浮固体（TSS）1:1 的重量比加入磁铁矿粉。在 WAS 烧杯，未加入明矾或磁铁矿粉。起初，3 月 31 日按磁铁矿粉：TSS1:1 加入磁铁矿粉，是基于假设流入物平均 TSS 浓度 250mg/L，3 月 24 日也是。但是随着当地气温在 3 月最后一周终于升高，覆盖的雪开始融化，机场大道污水管来自清澈流入源如家庭

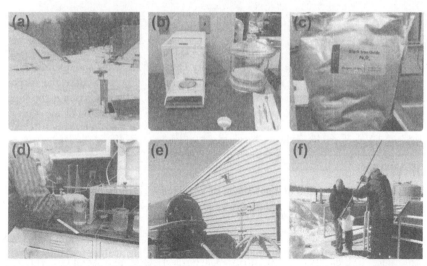

图 29B-1　实验室实验。顺时针，从上到下。(a) 泻湖污水取样地点，佛蒙特斯旺顿 Swanton，（b）斯旺顿实验室，（c）磁铁矿粉袋，（d）流入物取样于南伯灵顿，佛蒙特机场大道，(e) 机场大道卸载污水，(f) Tom Joslin 斯旺顿实验室生产工程师。

排水泵的水流开始增加。根据 Robert Baillargeon 的建议我们将流入物假定平均 TSS 浓度降低到 225mg/L。和 3 月 24 日相比，对磁铁矿粉称重进行了简化，因为含有磁铁矿粉的烧杯少，我们直接用玻璃材料的容器称重。

我们在 1L 烧杯中加入一滴和处理厂所用的明矾溶液，用有效的最小用量。这个比例比处理厂所用明矾剂量高约 25%。一滴明矾溶液至少 0.05mL 明矾 /L 烧杯。根据 Robert Baillargeon 的数据，估计全规模明矾剂量是基于 110 加仑明矾 / 天，275 万加仑流入物 / 天。这种估计的全规模剂量大约是 0.04mL/L。3 月 24 日，雪化前，Robetrt 提供的数据是 40 加仑明矾 / 天，180 万加仑流入物 / 天。3 月 31 日，Robert 说，他不得不大幅度增加明矾的用量，因为流入的冷融水抑制了机场大道处理厂选择器生物磷去除的比例。

对于共沉淀组的两个烧杯，流入物和 WAS 以一定的体积比混合，根据全厂 WAS 体积 45000 加仑 / 天和流入物 275 万加仑 / 天，根据 Robert 提供的数据。1:1 磁铁矿粉：TSS 共沉淀剂量是基于 WAS 流入物体积比，以及假定的流入废水 TSS 浓度 225 mg/L；WAS 总固形物（TS）（不是 TSS），浓度 6700 mg/L，或者 0.67 %TS WAS，根据机场大道 Jennifer Garrison 利用湿度分析仪测量，假定 TSS:TS 比例 0.95 或 95%。TS 包括溶解的固形物和悬浮的固形物。

29.3.6 结果 / 预期后果

在使用磁铁矿粉流入组和共沉淀组，固形物都快速沉淀于烧杯底部。在每个烧杯底部都有一薄层生物固体。任一烧杯都未出现明显的界面或者边界。底部固体层上面的液体部分，还多少保持着浑浊状，但程度不同。在流入组，只加明矾的烧杯比对照组清澈，但加入磁铁矿粉和明矾的烧杯更为清澈。在共沉淀组，加入磁铁矿粉和明矾的烧杯比只加明矾的烧杯清澈。

在我们的请求下，Jennifer Garrison 收集并检测了流入组和共沉淀组中含有磁铁矿粉和明矾的烧杯上部相对来说是比较清澈的样品。她检测两个上清液的 TSS。结果流入废水沉淀样品是 22mg/L，共沉淀样品是 42mg/L。4 月 1 日 Jennifer 通过邮件报告了这些结果。接下来，我们比较了只加 WAS 未加添加剂和 WAS 按 1:1（磁铁矿粉 :TSS 添加磁铁矿）但未额外加明矾的沉淀情况。我们说"未额外"，是因为 WAS 确实含有由于上游二级澄清器添加明矾形成的化学沉淀物，WAS 样品即是从这个二级澄清器中采集的。

在沉淀的前 5 分钟，加入磁铁矿粉的 WAS 沉淀比未加磁铁矿粉的快大约 3.5 倍。在两个烧杯都出现了明显的界面，每隔 5 分钟记录一次界面高度。两个烧杯中沉淀速度均随着时间下降，但添加磁铁矿粉的烧杯沉降速率下降更快。10 分钟后，添加磁铁矿粉的 WAS 沉淀速率小于未加磁铁矿粉 WAS 的沉淀速率。50 分钟后，未加磁铁矿粉的界面水平是 410mL(原来是 1000mL)，而添加磁铁矿粉的界面水平是 305mL。因为日程限制，WAS 沉淀的比较不得不在 50 分钟时终止，但看起来，1 小时后，两个样品固形物总浓度趋于一致，从原来的 0.67% 到大约 2%（图 29B-2）。磁铁矿粉影响 WAS 沉淀的作用用下面的图来说明：

根据机场大道废水厂每月向佛蒙特环境保护部提交的运行报告，2013 年 9 月到 2013 年 11 月 3 个月期间，估计去除初级生物固体和 WAS 生物固体的中值分别是 2520 磅 / 天和 2860 磅 / 天。WAS 和流入废水共沉淀的初级澄清器，这三个月初级流出物 TSS 浓度中值是 190mg/L。相比之下，机场大道 Jennifer Garrison 的实验室检测表明，模拟共沉淀，磁铁矿粉：TSS 按 1:1 加入磁铁矿粉和最小量明矾（每升一滴，比全厂明矾剂量高约 25 %）的初级澄清器，TSS 浓度只有 42mg/L。这三个月期间，一滴 150mg/L TSS 每天会产生额外 2325 磅初级污泥生物固体。设定所有 WAS 都抽到初级澄清器进行共沉淀（而不是让 WAS 机械地浓缩），所有 WAS 都通过初级澄清器捕获，全部初级澄清器 TSS 的去除量将会从 45 % 增加到 90 %（两个百分数均上下 5 %）。初级污泥去除量增加大约 92 %。

多项废水参考工作都讲到，通常最小的 TSS 去除量和 BOD5(5 天生化需氧量，是多个初级澄清器——没有共沉淀——有机废物浓度的一种度量) 分别是大约 50% 和 25%。初级澄清器 BOD5 去除量小于 TSS 去除量，因为流入的 BOD5 多是可溶形态，因此不能通过沉淀去除。可溶性 BOD5 必须通过二级废水处理中微生物吸收和代谢来去除。如果假定磁铁矿粉处理增加的 BOD 去除量是磁铁矿粉处理增加

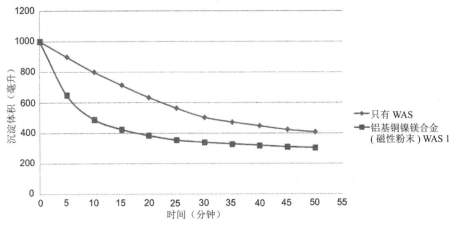

图 29B-2 佛蒙特，南伯灵顿，机场大道废水处理厂，
磁铁矿粉对激活废水污泥沉淀的影响

的 TSS 去除量的一半，那么，利用磁铁矿粉处理每天增加去除 1162 磅 BOD5。计算的全部初级澄清器 BOD5 去除量将从 25% 增加到 40%。输入到次级处理过程的 BOD5 及相关向次级过程送氧风机能源需求将下降大约 33%。WAS 的增长将下降相当的百分率。

初级污泥厌氧消化的甲烷产量远远高于次级污泥的甲烷产量。一项资料来源说，发现初级和次级污泥甲烷产量分别是每克污泥易挥发固形物 470 mL 和 179 mL（标准温度和压力）。根据这个资料，初级污泥的甲烷产量比次级污泥甲烷产量高 2.62 倍。根据以上所有假设，在适宜条件下，磁铁矿粉处理提高机场大道初级污泥生物固形物的捕获量可能大大增加甲烷产量和发电量约 50 %，可以降低二级处理电力成本约 30%。进入厌氧消化设施的污泥生物固形物和总挥发性物质总量将会增加约 25%，但是，随着初级 / 二级污泥比例趋向初级，初级生物固形物与甲烷形成相关的挥发性固形物破坏得越来越严重。

29.3.7 未来方向

根据机场大道处理厂运行数据的初步计算表明，使用磁铁矿粉增加废水处理中初级污泥生物固形物的收获量，具有显著增加厌氧消化沼气产量和发电量的潜力，同时还会降低二级处理过程中通风增氧的电能消耗。

2014 年 2 月，Evoqua 水技术（公司）在处理厂（Terre Haute，印第安纳）规模测试，成功地证明了先进的 CoMag™ 初级应用。收获初级污泥固形物是废水和生物能源行业兴趣日益增长的领域：Evoqua 水技术公司是 CoMag™ 和 BioMag™ 技术的拥有者，使用磁铁矿改进废水处理，最近还引进了 Captivator™ 技术来提高初级固形物的收获。ClearCove Systems，of Rochester，New York 已经从纽约州能源研究与开发局获得资助，对自己增加初级固形物捕获的技术进行示范。爱达荷州海登的蓝水技术公司也正对一种先进的初级处理技术——EcoMAT® 旋转带过滤进行市场化。可能还有其他例子。

29.3.8 对社区伙伴的好处

本研究的直接结果对社区伙伴没有立马的效益，但是希望进一步研究，投入更多时间和可用资源，为社区伙伴和废水处理整体行业带来效益。

29.4 案例 C：佛蒙特州真菌降解木质纤维素生物质

美国，佛蒙特，伯灵顿，佛蒙特大学，

2014 "生物能源课程" 学生

29.4.1 项目目的

本项目的主要目的是探索真菌利用木质纤维素生物质生产可再生能源的商业化应用。一个真菌成功预处理系统要求研究当地可获得的真菌种类及其与各种来源可获得生物质的匹配性。根据三个案例研究，本报告形成了一个概念性中试系统，并对其商业化进行了探索。

29.4.2 引言

木质纤维素生物质是地球上获得量最丰富的可生产可再生生物燃料（主要是生物乙醇）的原料（Carroll 和 Somerville，2009）。它主要由三种不同的聚合物组成：两种由糖单体组成（纤维素、半纤维素），一种与糖紧密结合（木质素）。打破木质素进入糖的这些键，有助于生产生物燃料（Ravikumar 等，2013）。

29.4.3 生物质预处理

将木质纤维素生物质转化为乙醇目前受阻于降解木质素的困难，以木质素束缚着生产纤维素和半纤维素乙醇所需的糖。预处理是指将木质纤维素转化成它的基本形式，提高纤维素的水解效率的过程。预处理方法可以是物理的、化学的和生物的（Zheng 等，2009）。生物预处理是本报告的重点，利用木材降解为生物，如白腐菌，改变木质纤维素的结构，使之更容易被酶消化。

29.4.4 真菌预处理

在生物预处理过程中利用白腐菌主要是降解阻止进入木质纤维素生物质中纤维素的木质素和半纤维素盾层。这些真菌产生多种木质素降解酶，这种将降解酶帮助降解这些盾层（Zheng 等，2009）。真菌也具有与木质素进行非酶反应、更完全分裂木质素障碍的能力。因此，和商业上的木质素降解酶制剂相比，在木质纤维素生物质上固态培养白腐菌更有效，因其更为直接、更为经济有效（Tian 等，2012）。木质素纤维素生物质的多样性与白腐菌的多样性完全匹配。有多种真菌适于每种生物质各阶段的预处理。根据降解木质素所需的适用于真菌种类鉴定各种生物质，并控制这一过程的各种条件，这将会导致成功商业化。

29.4.5 中试系统

理论化的中试系统，是小规模预处理单元，可依托农场、废物管理点或者在区域生物炼制厂附近。主要概念是利用生物质积累到足够数量运到生物炼制厂所需的时间。随着生物质的收集，可对生物质进行边等待运输到炼制厂，边进行控制下的预处理过程。

29.4.6 工作计划

为了更好地理解从中试设计系统到商业规模都需要什么，需要进行成本分析。从三个案例研究的公司中收集信息可以更深入理解走向商业规模的各个方面。由于保密性的缘故，从这些公司提取精确的成本和具体过程细节是不可能的，但是通过这个过程的关联，管窥到目前商业规模上正在发生什么？这些公司已经取得那些进展，以及进展到哪一步。

29.4.7 案例研究

为了更好地理解，作为一个商业化生物燃料公司，其运转需要什么？进行了这三个案例研究。案例研究包括寻找和联系三家不同的主要生产生物燃料的公司。利用从这三家公司所领悟到的东西，形成一个真菌预处理木质纤维素生物质的商业化规模的概念，并制作一张成本分析表。

A. Mascoma：Mascoma 公司是一家位于美国新罕布什尔州利用木材和柳枝稷生产纤维素乙醇的生物燃料公司。他们使用专有的联合生物加工（CBP）技术平台，选育遗传修饰的酵母和其他微生物，降低成本，提高可再生燃料和化学品的产量。

Mascoma 公司专有的微生物以及培养方法，可加快生物质转化过程，免除了添加高成本酶的需要。他们计划扩大其 CBP 技术的应用，开发先进的可以用许多不同原料生产多种高附加值成品，如先进燃料和化学品的生物炼制（Mascoma 公司，2014）。

B. 老城燃料与纤维（Old Town Fuel and Fibr）：Old Town Fuel and Fibre（OTFF）的总部在缅因州。他们的主要工作是将旧纸浆厂转变成生物炼制厂。纸浆厂通常有有效的能源平台、供水、废水处理等基础设施以及熟练的劳动力。就地也就是紧邻的工业糖加工厂可以有效地平衡未充分利用的、闲置的或者缺乏竞争力的纸浆厂。在奥尔德敦，这种想法已经过了中试和示范阶段，正走向商业化。这种想法有一闭环核心，大部分所需蒸汽和电力是由生物质本身提供，一部分水电提供。

C. Amyris：Amyris 是一家位于加利福尼亚州爱莫利维尔市的综合的可再生产品公司。Amyris 用其工业合成生物学平台，将植物糖类转化成多种碳氢分子，可用于生产多种多样各种产品的基础材料。Amyris 正将这些产品产业化，诸如化妆品、香料、香水、聚合物、润滑剂和消费品中的可再生的成分，还有可再生柴油和飞机燃料。他们的合成生物学平台是基于遗传工程和筛选技术，可改变微生物加工糖的途径。通过控制代谢途径，对微生物（主要是酵母）进行了设计，并用做发酵过程的活体工厂，将植物源的糖转化成目标分子。他们保持最初创造和改良株系的实验室和两个中试厂（这些株系暴露在模拟工业生产环境的条件下）之间的反馈回路（Gustafson 和 Bura，2009）。

29.4.8 商业规模

根据成本分析以及通过案例研究获得的其他方面的深入了解，还有为了商业化提议的中试系统，看来为了便于生物炼制运行，需要建立 7—10 个单独系统。可以保险的说，佛蒙特全州每天可生产大约 1000 吨木质素生物质，这些生物质具有每天生产 100000 加仑生物燃料的潜力。一个小规模生物炼制厂每天需要大约 100 吨（木质纤维素原料）才能生产有成本效益的生物燃料。因此，佛蒙特有 2—3 个战略分布的生物炼制厂是比较合理的。要靠近全州每一生物炼制厂，建设具有每天处理 10 吨能力的一组（7—10 个）预处理系统，收集处理木质纤维素生物质（Gustafson 和 Bura，2009）

29.4.9 和社区伙伴的未来合作

推进真菌木质纤维素生物质预处理所需的下一步是，深入理解真菌和原料的关系。为了优化处理方法，需要根据原料种类选择最有效的真菌株系（Tian，等

2012）。进一步提升将涉及为某些原料预处理的某些步骤选择某些真菌株系。结果将是一批微生物组合，达到预处理效率最大化。首先把工作重点放在当地丰富易得的废弃生物质以及相应的真菌助手，并且能进行实验室实验，确定最适的预处理比率和条件。根据这些实验结果，可以开发一个复杂的、更详细的控制系统。控制系统可使中试系统有效运行，因此，可以创造一个真菌预处理的测试方法。

参考文献

Carroll, A., Somerville, C., January 2009. Cellulosic biofuels. Annu. Rev. Plant Biol. 60, 16582.

Gustafson, R., Bura, R., Cooper, J., McMohan, R., Schmitt, E., Vajzovic, A., 2009. Converting Washington Lignocellulosic Rich Urban Waste to Ethanol. Ecology Publication. Number 09-07-060. Washington State University Extension.

Mascoma Corporation, 2014. Mascoma Corporation.

Ravikumar, R., Ranganathan, B.V., Chathoth, K.N., Gobikrishnan, S., February 2013. Innovative and intensied technology for the biological pre-treatment of agro waste for ethanol production. Korean J. Chem. Eng. 30 (5), 10511057.

Tian, X-f, Fang, Z., Guo, Fe, 2012. Impact and prospective of fungal pre-treatment of lignocellulosic biomass for enzymatic hydrolysis. Biofuels, Bioprod. Biorefin. 6 (3), 335350.

Zheng, Yi, Pan, Z., Zhang, R., 2009. Overview of Biomass Pretreatment for Cellulosic Ethanol Production, vol. 2 (3):5168.

第六篇　生物燃料的经济学、可持续性与环境政策

正如 Bob Parsons 教授在其撰写的本书章节"乙醇和生物柴油的经济学"中所述："对生物燃料日益增长的兴趣是受政治、经济、环境和道义力量驱动的。通常情况下，对每一种驱动力量都有赞成者也有反对者。就拿经济来说，似乎应该让数字说话，任何分析应该都应该公正而直接，并能把故事说清楚。"驱动生物燃料发展的领域有经济学、可持续性、环境政策以及与生物燃料相关的创业机会。

第六部分涵盖广泛的相关话题，包括经济学、可持续性以及有关环境政策问题等，贯穿 9 章内容。

第 30 章（生物燃料经济与政策：可再生燃料标准、混合墙以及未来不确定性）首先描述生物燃料市场是如何处于不断变化中，然后描述美国今天的生物燃料主要政策，即可再生燃料标准（RFS）。对 RFS 进行了详细描述，接着又描述了混合墙（混合乙醇的物理限制）以及目前情况下的其他办法。

第 31 章（乙醇和生物柴油的经济学）首先描述了目前美国的强制执行汽油混合乙醇如何影响农业生产，然后，分析了经济史、事实以及生物燃料经济学和农业规模生产背后的数字。最后的带着问题结束：生物柴油和乙醇可以自我生存吗？这个问题只能用时间来回答。

第 32 章（燃料质量政策）包括国家生物柴油委员会（NBB）所做的简报，描述美国测试与材料协会（ASTM），政府采用 ASTM D6751，ASTM 生物柴油混合燃料标准；BQ-9000 认证，政府执行。

第 33 章（可再生取暖燃油）描述了当美国东北部 600 多万家庭取暖的燃料的销量和市场份额迅速下降的时候，取暖燃油行业是如何处于巨大的转型中。内容包括：取暖燃油市场的兴衰；一种更为清洁绿色的燃料；其他可再生能源的机会；案例研究：Bourne 能源公司。它解释了取暖燃油零售商经济是如何通过从根本上改变其核心产品组成推动行业经济的，取暖燃油零售商交付混合生物柴油的燃料油，倡导保证消费者用低硫可再生燃料取暖的燃油质量标准，进而重塑了其形象。

第 34 章（生物柴油燃料有何不同之处？）描述了生物柴油燃料作为替代燃料来源是如何在最近引起很大兴趣的；然而，还有许多人仍然不确定生物柴油用于柴油发动机是否是一种可靠、安全的燃料。本章概述了生物柴油和石油柴油的主要区别，包括关于生物柴油的添加剂和混合燃料的信息。

第 35 章（生物柴油排放和健康影响测试）包括 NBB 的两个简报。第一个简报按照美国 EPA 资料总结了生物柴油（B100 和 B20）的平均排放量，并与常规柴油进行比较，呈现了臭氧（烟雾）形成潜力、硫排放、标准污染物、一氧化碳、颗粒物、烃类、氮氧化物以及与石油柴油相关的健康风险。第二简报介绍了第一级和第二级生物柴油健康效应测试以及相关的重要效益。

第 36 章（生物柴油可持续性宣传单）介绍生物柴油相关的可持续原则，包括水资源保护、土地保护、食品供应安全、燃料多样性、清洁空气和健康影响。

第 37 章（生物能源的创业机会）描述了一个生物能源企业家是什么？然后介绍了生物能源的创业动机，能源的现在和未来形势，什么是驱动市场？大规模生物能源的机会：生物能源价值链，小规模生物能源机会，大规模生活能源机会，外围机会，乙醇热潮带来的企业家精神事例，挑战，生物能源企业家。

第 38 章（整合的农业生态技术网络：粮食、生物能源和生物材料制品）首先介绍了生态技术在农业和自然资源管理中的应用；农业和生物能源。然后介绍了工业生态在食品能源农业联合生态系统（CFEA）中的作用，设计和评估，检测的竞争性领域 CFEA 的性能，通过参与行动研究收集 CFEA 初级数据，生态技术分析，最终和近似手段，劳动问题，最后是一个 CFEA 关于农业生态公园概念的案例。

第三十章

生物燃料经济与政策：可再生燃料标准、混合墙以及未来不确定性

Wallace E.Tyner

美国，印第安纳州，西拉斐特，普渡大学农业经济系

30.1 概 述

生物燃料市场处于不停变化的状态。今天美国的主要生物燃料政策是可再生燃料标准（RFS）。RFS 规定了到 2022 年 4 种生物燃料的最低质量（图 30-1），RFS 通过可再生燃料的识别号码强制执行。每个批次生产或进口的乙醇都要附上可再生燃料识别号。到每年年底，所有责任方（炼油商和汽油进口商）必须向美国环境保护局（EPA）提交等于其一年的总混合义务的可再生燃料识别号。玉米乙醇的 RIN 价格从 2012 年末的 0.03 美元飙升到 2013 年 7 月 17 日的 1.35 美元，2013 年 10 月又落到 0.24 美元。在本章中，我们将解释玉米乙醇 RIN 市场演变背后的原因。2013 年之前，RIN 的价格通常都低于 5 美分 / 加仑。这基本上意味着没有满足混合义务的问题。换句话说，就是 RFS 并不是一个真正的约束性限制。

美国乙醇工业还面临另一个被称为混合墙的障碍。在 2007 年"能源独立和安全法案"（美国国会，2007 年）通过时，美国消耗大约 1410 亿加仑（BG）/ 年的汽油类燃料。2013 年，这个水平约为 133 BG。由于经济衰退，以及由于美国汽车车队燃料的经济性提高，汽油消耗量下降。在美国，大多数乙醇是以 10% 的水平与汽油混合。如果所有汽油都以 10% 水平混合，可以上市的最大乙醇量将为 13.3BG（0.1 × 133）。2013 年常规生物燃料的 RFS 水平为 13.8BG，超过混合极限。随着 2013 年 RIN 价格的激增，市场开始意识到混合墙是有约束力的，这意味着很难满足 RFS 混合义务。此外，RFS 水平在 2014 年和 2015 年上升到 15BG，远远超

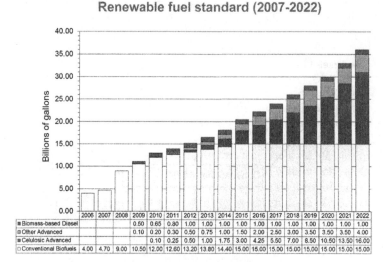

图 30-1　可持续经济的生物能源

过混合墙。

　　此外，RFS 正受到各党派越来越大的攻击，已经引入法案以消除或大幅度修改 RFS。因此，评估和理解可能发生变化的影响是谨慎的。在本章中，我们将首先描述 RFS：它的历史，如何工作，以及当前的实施问题。然后，我们将探讨一系列的变化对 RFS 的可能影响。最后，我们评述纤维素生物燃料的状况以及与纤维素生物燃料发展相关的关键不确定性。

30.2 可再生燃料标准

　　RFS 最初是在 2005 年"能源政策法案"中创建的（美国国会，2005 年）。然而，在很短时间内，又在 2007 年"能源独立法（EISA）"（美国国会，2007 年）中进行了修订。2007 年创建的 RFS 现在有时称为 RFS2，但我们在本章中还将使用术语 RFS。EISA RFS 包含四类生物燃料，但它们具有嵌套结构，使其有些难以理解。嵌套结构的一般流程如图 30-2 所示。

　　2022 所需的生物燃料的整体水平相当 36 BG 乙醇。然而，由于嵌套结构，可以满足多方面的不

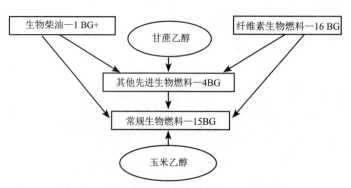

图 30-2　鸟巢式可再生燃料标准（RFS）结构

同组分的 RFS。需要注意的是，美国环境保护局已将解释，RFS 体量水平图 30-1 乙醇 1.92 BG 向整体 RFS 任务重要。下面是四种类型各自的简短定义，也揭示了 RFS 组分的嵌套（Tyner，2013）

30.2.1 生物柴油

生物柴油原来最高任务是 1 BG，但 EPA 已经增加到 1.28BG 的水平。与立法和美国环境保护局减少的化石燃料选择相比，生物柴油类别必须减少至少 50% 的温室气体排放量。它可以是运输燃料、运输燃料添加剂、取暖燃油或飞机燃料。它可以是酯基柴油（如大豆油），也可以是非酯可再生柴油（如利用纤维原料生产的）。生物柴油（这里定义的）是 RFS 生物柴油部分所要求的。然而，生物柴油也适用于其他先进类别或传统生物燃料类（如玉米乙醇）。

30.2.2 纤维素先进生物燃料

从纤维原料（如玉米秸秆、芒草、柳枝稷、森林残留物或短期轮伐木本作物）生产的生物燃料才计入此类。必须证明纤维素生物燃料的温室气体排放量减少 60%。到 2022 年，纤维素生物燃料的乙醇当量必须达到 16 BG。那是乙醇当量，如果生物燃料是生物柴油，其量将是 10.67 BG。虽然没有其他类型的生物燃料可以满足这一类，但纤维素生物燃料原则上可以满足全部 36 BG 乙醇当量的 RFS，如果至少有 1.28 BG 是可再生柴油。然而，在纤维素生物燃料工业发展方面却一直进展缓慢，美国环境保护局已被迫放弃每年 RFS 的大部分，因为没有产品。例如，在 2013，要求 RFS 纤维素生物燃料达到 1 BG，但降低到了 1400 万加仑—— EPA 预计 2013 年可达到的量（Agency USEP，2013）。到目前为止，美国环境保护局已经将每年纤维素的任务减少到接近于零，但并没有减少的可再生燃料的总体任务。例如 2013 年，即使这样的情况下仍保留在 16.55BG。因此，短缺的纤维素生物燃料必须由额外的生物柴油或非纤维素先进生物燃料补充。

纤维素类中另一个重点是，在 EPA 放弃任何纤维素 RFS 部分的任何一年，混合商有混合选择出路，而不是实际的混合（U.S. Congress，2007；Tyner，2010）。要购买混配权，责任方必须从 EPA 购买信用额度并购置先进生物燃料 RIN。2013 年的信用价格是 0.42 美元，2013 年 10 月先进生物燃料 RIN 的价格为 0.31 美元。因此，购买了 RFS 任务的总成本是 0.73 美元/加仑，同期汽油批发价格是 2.70 美元左右，所以支付纤维素生物燃料的最大价格是 3.43 美元/加仑汽油当量。换言之，如果纤维素生物燃料的成本超过汽油的批发价加上购买混合义务的成本，混合商将不会选择购买它。目前，还没有这个价格的纤维素生物燃料，甚至接近这个价格的也没有。

这种"匝口"的后果是 RFS 的纤维素部分并不是真正的约束性任务。

30.2.3 其他先进燃料

这一类可以是减少温室气体排放量至少 50% 的广泛的生物燃料。满足温室气体减排标准甘蔗乙醇有资格，生物柴油有资格，纤维素生物燃料也可以使用。最近，美国环境保护局批准了在一定条件下使用高粱乙醇产品。玉米乙醇可用于这一类。

30.2.4 常规生物燃料

这是唯一允许玉米乙醇的一类。它需要减少至少 20% 的温室气体。然而，2007 年 12 月前运行建设的乙醇工厂不在此限。2013 年 RFS 的水平是 13.8BG，2015 年达到 15 BG，并保持在这一水平。除了玉米乙醇，任何其他的生物燃料类别也可以用来满足传统的生物燃料。事实在技术上没有规定玉米乙醇的任务。例如，2013 年的总任务是 16.55 BG，其中 2.75BG 必须是某种形式的先进生物燃料（1.0 纤维素，其他 0.75 个先进燃料，1.0 生物柴油，如图 30-1）。总任务 16.55 BG 和先进的生物燃料总和之间的差 2.75BG，就是玉米乙醇的填充量，13.8BG。

RFS 是通过创立每种类型生物燃料的混合义务来强制实施。混合是基于该燃料类型所占市场份额。例如，如果你是一个燃料卖家，你有 10 % 的汽油市场，2013 年玉米乙醇的总任务 13.8 BG，那么你将需要混合 1.38 BG。为了满足这种混合义务，你需要在年末向 EPA 提供证明你已经混合了 1.38BG 玉米乙醇的证书 RIN。每一类生物燃料都有一个单独的 RIN，并且每个类别的每个责任方都有混合义务。责任方基本上是国内市场的汽油和柴油炼油商和汽油柴油进口商。RIN 可以在市场公开购买和出售。混合燃料方的大多数 RIN 实际上在年底会转到 EPA。因此，对于大多数可再生燃料来说，RIN 只是满足调配义务的方法。RIN 是由那些期望或多或少有混合义务的人交易。在一般情况下，如果 RIN 价格接近于零，那就表明 RFS 并不是真正约束性的。RIN 价格较高表明，RFS 可能与混合墙结合，是市场中的驱动行为。从历史上看，玉米乙醇 RIN 通常接近于零，但是生物柴油和其他先进燃料高得多。现在，玉米乙醇 RIN 的价格接近生物柴油和其他先进燃料的 RIN，因为，所有这三种生物燃料都可以用来满足混合义务。

实际上，这意味着任何转结的 RIN 的都可以用于随后的一年，这年的 RIN 替代用于结转下年的 RIN。换句话说，即使规定 RIN 必须用于下一年，但事实上，他们可以不断向前滚动。

30.3 混合墙

混合墙是每年约 13.3 BG E10。有少量混成 E85 的乙醇和微量混成 E15 的乙醇，但他们的量真的太小，对于目前的目的没什么影响。如前所述，2013 年 RFS 混合需要玉米乙醇 13.8BG，2015 年增长到 15 BG。这样，混合的物理极限小于 RFS，使得混合墙成为真正的限制。随着 RFS 的增长，它可能无法满足 RFS 需求，因为混合墙的原因。图 30-3 显示了从 2012 年 10 月至 2013 年 10 月玉米乙醇的价格 RIN 演变。七月份价格飙升，然后回落。从图 30-3 可见 2012 年第四季度玉米乙醇的 RIN 价格大约是三美分，到年底增长到大约五美分。一月份，RIN 价格开始暴涨，超过 1 美元 / 加仑，然后稳定在 0.75 美元至 0.95 美元范围内，七月又再次高涨。这一次玉米乙醇 RIN 价格的飙升是因为盲目的混合墙。2012 年以及以前多年 RIN 价格接近零，RFS 显然不是盲目的。没有混合墙，我们本可以预期看到较低的玉米乙醇 RIN 价格会继续，当我们的玉米乙醇的生产能力大约 15 BG 时，超过了满足 RFS。然而，可以产生的所有的乙醇不能被混合，因为盲目的混合墙问题。2011 年，美国出口 1.2 BG 乙醇，这有助于为额外的乙醇提供一个市场。在本质上，玉米乙醇 RIN 价格增加到接近生物柴油和其他先进的价值，因为这些燃料也可用于传统的生物燃料。

到目前为止，如前面所指出的，即使在 RFS 放弃大部分纤维素 RFS 部分时，美国环境保护局一直保持 RFS 不变。如果混合壁是 13.3 BG，总 RFS 为 16.55BG，那么 13.3BG 玉米乙醇加 1.28 BG 生物柴油，共 14.58 BG 的差额部分，必须由额外的生物柴油和甘蔗乙醇进口来补偿，再加上使用结转 RIN。我们将在下面提供一个更详细的分析，但关键是混合墙是真正的约束性限制。鉴于一些 RFS 混合墙的缺口必须由先进生物燃料和生物柴油的 RIN 补偿。玉米乙醇的 RIN 升到接近这些 RIN 的价值是自然的事，而这也正是已经发生了的事。此外，更糟糕的是，因为每加仑的甘蔗乙醇被进口去满足也属于混合墙的其他先进类，这有效地降低了可混合玉米乙醇的加仑数。

RIN 价格在 2013 年 8 月开始下降，因为美国环境保护局宣布他们将在 2014 年及以后对设立混合要求更灵活（美国环境保护局，2013a，c）。8 月 6 日，EPA 发布了他们对 2013 年 RFS 的最终裁决。除了 2013 年提供最终的 RFS 水平，还提供了 2014 年或以后的指标，EPA 拟接受这一现实，即满足 RFS 水平是困难的，即使每年增加，直至 2022 年。

鉴于这些挑战，美国环境保护局预计根据 2014 提出的规则，将提出对 2014 年的量进行调整，包括对先进生物燃料和可再生燃料总类。我们预期，在准备 2014 年提出的规则过程中，我们将估计纤维素和先进生物燃料的可供应量，评估 E10 混合墙与现有基础设施和乙醇—汽油混合燃料在 E10 以上乙醇汽油中乙醇消耗量的市场限制，进而提议根据这些考虑以及适当的其他考虑设定需求量。

（美国环境保护局，2013a）

从本质上说，这意味 EPA 拟降低总 RFS 和通过减少纤维素部分的量减少先进 RFS。到目前为止，EPA 已被迫减少每年纤维素的任务，因为生物燃料没货。然而，虽然减少了纤维素的任务，但他们一直保持在其原来水平的总体任务。这意味着，纤维素生物燃料的短缺，必须由其他先进生物燃料，如甘蔗乙醇或生物柴油补充。然而，由于今天的乙醇混合墙，需要用生物柴油 RIN 来满足乙醇的缺口，所以很显然转结 RFS 是行不通的。上面这段话也表明，美国环境保护局将设定 2014 以后 RFS 水平时考虑乙醇混合墙问题。RFS 的问题如表 30-3 所示。该表提供了 2014—2016 年的数据。第一行提供的是总 RFS，这在过去即使降低纤维素任务时美国环境保护局也一直保持着。第 2 排和第 3 排是常规总和以及混合墙水平（13.3BG）。下一行是我根据转结到 2014 年的 RIN 量所做的假设。如果按照先前的做法，2014 年将需要所有转结的 RIN，2015 年以后将没有转结。甘蔗行是对甘蔗乙醇进口量的乐观假设，这些水平都远远高于最近的历史。玉米乙醇行是混合墙减去甘蔗乙醇进口量。接下来的两行是生物柴油 RIN 和假设的生物柴油生产量。假设的生物柴油的生产量要远远高于目前的水平。生物柴油能量含量是乙醇的 1.5 倍，所以每加仑可得到 1.5RINs。接下来是先进 RFS 的任务和补充的先进生物燃料（甘蔗乙醇加上生物柴油 RIN）。最后一行是在这些假设下产生的总 RIN。对于 2014 年，用非常极端的假设对甘蔗乙醇进口量加上生物柴油的生产量，并使用结转 RIN，几乎不可能满足 RFS。在 2015 年和 2016 年，我们甚至不能接近满足 RFS（第 1 行）。表 30-3 说明了 EPA 被迫采取行动的问题和原因。由于上面所述的 2013 年 RFS 最终裁决，实际上 EPA 已经宣布了 2014 年的 RFS 水平（美国环境保护局，2013b, d）。

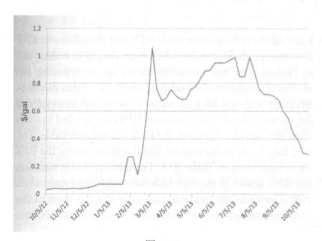

图 30-3

正如预期的那样，由于缺乏纤维素生物燃料，他们建议通过减少先进生物燃料的水平而减少总体任务。此外，他们还建议将减少从已生效的 14.4 BG 玉米乙醇任务降低到 13.01 BG。他们提出这样减少，是因为混合墙的原因。我们要回到这个建议，但我们要首先检查其他已提出的替代方案。

表 30-1　美国环境保护局（EPA）措施没有任何改变情况下的状况（10 亿加仑，BG）

年度	2014	2015	2016
RFS 总计	18.15	20.5	22.25
玉米总计	14.4	15	15
混合墙	13.3	13.3	13.3
转结 RIN	1.7	0	0
RIN CF used	1.7	0	0
甘蔗	0.75	1.00	1.25
玉米乙醇产量（加仑）	12.55	12.30	12.05
生物柴油 RINs	3.15	4.50	6.00
生物柴油产量（加仑）	2.10	3.0	4.00
先进 RFS	3.75	5.50	7.25
补充先进生物燃料	3.90	5.50	7.25
总 RINs	18.15	17.8	19.3

30.4 目前情况的替代燃料

在本节中，我们评估当前 RFS 的 8 种替代品的可能影响。我们不会自我局限于已提出的替代品，而会广泛的审视许多可能性。八个替代品中的每个替代品的可能影响总结如下：

30.4.1 消除 RFS

消除 RFS 会立即扼杀生物柴油和纤维素生物燃料行业。这是因为生物柴油和纤维素生物燃料的成本高于其相应的化石燃料，所以在纯市场环境下不会使用它们。甘蔗乙醇进口量也可能会被排除或大幅减少。在近期内，玉米乙醇可能会将市场保持到混合墙，因为它比汽油便宜，并提供额外的辛烷值和氧气。2013 年 10 月，玉米乙醇约比汽油便宜 75 美分 / 加仑。从长远来看，这可能是石油行业将开发其他的辛烷值促进剂用于代替乙醇。

30.4.2 消除纤维素生物燃料匝口

消除匝口将为较大纤维素生物燃料任务提供一种积极方式。然而，它可能不足以让行业快速行动。承购协议是需要什么才能建厂。

30.4.3 无论何时部分放弃纤维素任务时，都要降低总 RFS

鉴于混合墙的问题，此选项对设定可行的 RFS 还有很长的路，特别是如果总体和先进生物燃料的任务都随着纤维素放弃量而降低。这将需要增加一些生物柴油产量，但可能是可控的。这看来是美国环境保护局可能采取的选项。

30.4.4 消除其他先进生物燃料类型和扩大生物柴油

在这个选项下，其他先进类将被完全排除，生物柴油在未来两年里将至少增长 3 亿加仑。总 RFS 也将减去以前其他先进和纤维素类总和（假设继续放弃纤维素）。此选项也将有助于解决混合墙的问题，但它需要相当大地增加生物柴油产量。这也会引起与甘蔗乙醇的主要供应商巴西的政治问题。

30.4.5 降低总 RFS 以适应混合墙

该选项适应混合墙（按定义）。然而，很难准确地确定混合墙在何处或将去何处？这是因为市场动态调整和 RIN 定价。EPA 可能会想为扩大销售 E85 公司提供激励。如果结合放弃整体任务时有纤维素放弃，它是更具吸引力。美国环境保护局减少传统生物燃料类别，它的法律权威性是不清晰的。

30.4.6 Irwin/Good 建议将 RFS 冻结在 2013 水平

Scott Irwin 和 Darrel Good 建议将 2014 年和 2015 年的 RFS 冻结在 2013 年的水平（Irwin 和 Good，2013）。2013 年总体、可再生（玉米乙醇）和先进生物燃料分别是 16.55、13.8 和 2.75 BG。这个选项只到 2015 年，而不是一个长期解决方案。

30.4.7 所有车辆 E15 EPA 的批准

这个选项如果在加油站在全国实施将解决问题。然而，E15 将在全国各地迅速实施似乎不太可能。

30.4.8 E85 有更大的市场渗透

在当前的基础设施扩大 E85 市场规模，具有一定潜力（E85 燃料泵和相关燃料的汽车）。理论的潜在市场是大到足以解决混合墙的问题，但我们不知道市场在实际中有多大，因为我们不知道有多少 RINs 可能对 E85 有价值。

我们没有评估的选项，以建议一个是更好或更坏的一个目标。我们的目的是提供一个建议，但提供一个迹象可能会发生在很宽的范围内可能的变化。很显然，RFS 是生物燃料行业的重要部分。由于混合墙和其他问题，RFS 现在受到攻击。因此，了解这些关键因素是很重要的，即对于 RFS 在一个宽的范围下可能的改变。

上面描述的具体环境保护建议的含义是什么？玉米乙醇，建议基本上批准现状并不会导致玉米乙醇增长。这将删除任何扩大 E85 的激励，所有的 13BG 水平可以在 E10 下被满足。它也将不会在 2014 年被生产出来。当然，美国环境保护局的建议是从他们以前的状态拉回来。截至这篇文章，它仍是不明确，不管它将成为最后一组标准与否。

30.5 纤维素生物燃料

纤维素生物燃料技术的发展并没有像人们希望的那样快。事实上，2014 年提议的 RFS 水平是 1700 万加仑，而非原先的 1.75BG。什么是拿着纤维素生物燃料回来？有五个关键的不确定性阻碍纤维素制品发展（Tyner，2010）：

（1）原料的可获得性和成本
（2）转化效率和成本
（3）未来石油价格
（4）环境的影响。
（5）政府的政策。

我们将依次讨论每一个。

30.5.1 原料可获得性和成本

在纤维素原料研究的早期，人们通常认为他们的大批量价格为 30 美元/吨左右。然而，最近的证据表明，原料成本将至少是平均的三倍，有时更高（国家研究委员会，2011）。玉米秸秆目前的成本估计为 90 美元每干吨，并且柳枝价格为 98 美元至 133 美元每干吨，这是根据生产条件得出的。与传统的乙醇产量 70 加仑每干吨原料相对应，原料成本仅为 1.43 美元每加仑乙醇。

对原料的好消息是，所有主要的研究表明充足的原料可以满足 RFS 规定水平的纤维素生物燃料。因此，降去成本问题是不可用性。

30.5.2 转化效率和成本

大部分纤维素生物燃料的早期研究和开发是生化转化过程，结果在于乙醇的生产。这些过程需要从纤维素和半纤维素的植物材料中将木质素分离，它可以被发酵乙醇。然而，它已被证明是相当困难的，有效地做到这一分离的成本和做发酵的成本也保持较高。此外，上面讨论的混合墙适用于纤维素乙醇，就像玉米乙醇一样。考虑到美国的基础设施，即使它可以在经济上进行生产，也没有办法使用纤维素乙醇。

今天，在热化学转化过程有更多的关注，它可以产生降低的碳氢化合物：生物汽油、绿色柴油或喷气燃料。得到最多关注的过程是快速热解（Brown 等，2013）。在这个过程中，生物质在没有氧气的情况下迅速加热，产生了一种生物油。该生物油可进一步加工成烃替代物。问题之一是成本。由我们的估计，它将造成这样一个过程经济，即在工厂的生命周期它将花费至少 110 美元 / 桶的原油价格。我们是接近这一水平，但由于不确定性，很难得到私营部门的投资。

30.5.3 未来石油价格

美国能源部在其年度能源展望中预测了未来石油价格（美国能源部，2013）。他们提出了三种情况：一个参考情况，一个低价格情况和一个高价格情况。对于 2013 年展望，2035 年的参考情况的价格是 145 美元 / 桶，但低位和高位情况下分别是 73 美元和 213 美元。因此，未来的石油价格具有高度的不确定性。鉴于至少在 110 美元 / 桶时纤维素才有经济性，即使参考情况下，任何潜在投资的初期都有不确定性。随着页岩油开发的激增，许多人认为，石油价格在中期内不会大幅增加。

30.5.4 环境问题

在一般情况下，大多数研究得出这样的结论：纤维素生物燃料的环境影响将比玉米乙醇更正向，估计纤维素的温室气体减排量要高得多。专用能源作物如柳枝稷和芒草比传统作物具有更低的化学径流和土壤侵蚀。专用能源作物还提供良好的野生动物栖息地。主要的环境问题是潜在的生物多样性损失。这是可能的，依赖于专用作物的纤维素转换设施，周围地区小区域内会有成千上万英亩的这些作物。

30.5.5 政府政策

可能一个关键的不确定性是政府的政策。目前已经在石油行业、畜牧生产集团以及杂货制造商出现明显的反对 RFS 的声音。他们都认为 RFS 增加了他们的成本。很难说这些团体是否占上风，还是可再生燃料的游说集团继续成功地保卫 RFS。

如果淘汰了 RFS，如上图所示，就不会开发纤维素生物燃料。如果市场的唯一保证是政府，而政策又是如此的不确定，那么就很难说服私人投资者把钱投入到工厂。

　　无论是玉米乙醇、生物柴油还是纤维素生物燃料，关键是未来的高度不确定性。纤维素生物燃料接近具有经济性，但需要开发其 RFS。

参考文献

Agency USEP, 2013. Regulation of fuels and fuel additives: 2013 renewable fuel standards. Federal Register 78 (26), 9282–9308.

Brown, T.R., Brown, R.C., 2013. Techno-economics of advanced biofuels pathways. RSC Advances 3 (17), 5758–5764.

Irwin, S., Good, D., April 10, 2013. Freeze it–a proposal for implementing RFS2 through 2015. FarmdocDaily. http://farmdocdaily.illinois.edu/2013/04/freeze-it-proposal-implementing-RFS2.html.

National Research Council, 2011. Renewable Fuel Standard: Potential Economic Effects of U.S. Biofuel Policy.

Paulson, N., April 12, 2013. An update on the 2012 RIN carryover controversy. FarmdocDaily. http://farmdocdaily.illinois.edu/2013/04/update-2012-rin-carryover-controversy.html.

Tyner, W.E., 2010. Cellulosic biofuels market uncertainties and government policy. Biofuels 1 (3), 389–391.

Tyner, W.E., 4th quarter 2013. The renewable fuel standard–where do we go from here? Choices 28 (4), 1–5.

U.S. Congress, 2005. Energy policy act of 2005. Public Law, 109–158.

U.S. Congress, 2007. Energy independence and security act of 2007. In: H.R. 6, 110 Congress, 1st Session.

U.S. Department of Energy, 2013. Annual Energy Outlook.

U.S. Environmental Protection Agency, (August 6, 2013a. 40 CFR Part 80, Regulation of Fuels and Fuel Additives: 2013 Renewable Fuel Standards.

U.S. Environmental Protection Agency, November 2013b. 2014 Standards for the Renewable Fuel Standard Program. 40 CFR Part 80.

U.S. Environmental Protection Agency, August 6, 2013c. EPA Finalizes 2013 Renewable Fuel Standards.

U.S. Environmental Protection Agency, November 15, 2013d. EPA Proposes 2014 Renewable Fuel Standards.

第三十一章

乙醇和生物柴油的经济学

Bob Parsons

美国,佛蒙特州,伯灵顿,佛蒙特大学社区发展和应用经济系

31.1 概 述

对生物燃料日益增长的兴趣是受政治、经济、环境和道义力量驱动的。通常情况下,对每一种驱动力量都有赞成者也有反对者。就拿经济来说,似乎应该让数字说话,任何分析应该都应该公正而直接,并能讲一个故事。

然而,正如许多有关生物燃料的争论,情况要比这复杂得多,因为有些深远的影响许多人还没有意识到,并且任何经济分析都是很大程度上依赖于建模分析的假设。与各种投入、替代品、补充物、生产规模、数量、价格以及直接产品和产量不同,但对生物燃料综合利用具有重要意义的副产品消费的数量和价格均有经济关联。例如,自从 2005 年以来,美国的玉米乙醇的使用已经增长到法律规定的程度,占驱动我们汽车燃料的约 10 %。乙醇的影响可能超出我们购买燃料方面,它还极大地影响玉米、其他谷物、油料作物和其他纤维、饲料和粮食作物的面积和价格,使每个人消费食物和纤维的财务受到影响。这种影响刚好是因为乙醇增长的原因吗?这是巧合吗?或者是直接影响吗?请看证据,自己做判断。

31.2 农业经济

目前美国汽油混合乙醇的规定已经影响到农业生产,其影响不同于其他任何事件,除了在20世纪70年代对苏联的粮食安全和1983年美国农业部的实物支付(PIK)计划。如果人们还记得历史,从 1971 年到 1973 年,美国曾向苏联大量出售粮食,导致农业戏剧性地繁荣起来,消费价格大幅上涨,以及农业政策的从制约生产到全面生产的 180 度转变;当时称之为从篱笆到篱笆的全面耕种(Luttrell,1973)。接

下来是可以说是到那个时候为止美国农业最繁荣的和平时期。1983 年，为了应对 20 世纪 70 年代农业政策转变带来的大量盈余，美国制定了实物支付计划，从玉米生产中去除了 2000 万英亩或美国玉米总产量的 25%（USDA-ERS，1983）。将乙醇规定和这些事件相比较，确实表明，这种影响是一个重大事件，导致了与美国农业历史上一些最重大事件相当的后续影响。这三个事件都改变了我们所有主要农作物的种植面积和价格，导致土地价格上涨，增加了农场主的收入和购买力，导致前所未有的农场设备的销售，造成消费食品价格的上涨。

对于我们的复杂食物系统的现实是，改变一种商品的价格和市场结构有广泛的影响，而这种影响人们通常初期无法感知。不幸的是，大多数的经济分析是由一个单一的部门来做的，而假设其他部门一样。但实际情况不是这样的，我们发现，对于乙醇，感觉其影响超过了乙醇设施。

要求美国环境保护局强制执行在汽油中加入玉米乙醇的立法，对我们的复杂食品系统具有深远的影响。乙醇一直存在，并很长一段时间用作燃料，即使 Henry Ford 的 T 型车可以使用乙醇燃料。从 1986—2001 年，用来生产乙醇的玉米已经从 2.9 亿蒲式耳增加到 7.07 亿蒲式耳，其中 2001 年产量只有美国玉米产量的 7.5%（图 31-1）（National Corn Growers）。利益和政策只是加快了速度，到 2006 年，21.19 亿蒲式耳（美国产量的 20 %）运到乙醇工厂，然后真的是突然增加，2007 年交付 30.49 亿蒲式耳（美国产量的 23.4 %），2011 年达到峰值 50 亿蒲式耳（美国产量的 40%）。2012 年用于乙醇的玉米在二十一世纪以来第一次下降到 45 亿蒲式耳，由于玉米价格较高和干旱致使玉米供应减少，但乙醇的使用量仍占玉米产量的 42%。美国的乙醇商业，从 2001 年一个小的作用增长至 2011 的主要用途。增长是这样的，似乎每个人都在计划建立乙醇工厂。作者甚至在一个研讨会上听说一个说法，如果曾在爱荷华绘图板上的所有乙醇工厂要是真的都建立起来的话，爱荷华就已经成了一个净玉米进口者。那要大量的玉米生产大量的乙醇。

有各种各样的论据支持玉米乙醇的推广。

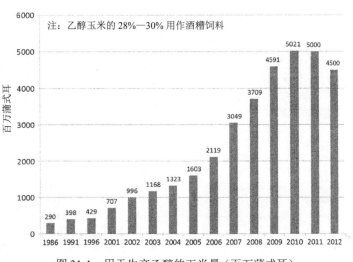

图 31-1　用于生产乙醇的玉米量（百万蒲式耳）

从战略的角度来看，发展我们自己的燃料将使美国减少对外国石油来源的依赖。

从政治上讲，推动我们的燃料发展是有意义的，可以说这是可持续的，因为我们可以每年种植自己的"燃料"玉米。从经济上讲，它也是有意义的，虽然玉米是我们最广泛种植和最有价值的作物，但盈利不多，产量有大量盈余，需要补贴。凡是可以增加其需求的任何事情都将有助于农场主，而且如果能够减少对作物补贴的支出，会受政府和纳税人的欢迎。从 1997 年到 2005 年年间，美国玉米的平均价格在 2.43 美元到 1.82 美元之间，其中的六年在 2.06 美元以下（USDA QuickStats）。直接支付和其他玉米支持计划花去政府数十亿美元。为什么不使用一些我们的玉米生产乙醇代替外国石油并帮助农场主呢？因此，由于把乙醇作为重点，增加了对乙醇的需求。玉米价格也随之上升，跳到从 2006 年 3.04 美元飙升到 2007 年的 4.2 美元，2012 年达到每蒲式耳 6.67 美元的峰值（图 31-2）（USDA Quickstats）。

美国农场主不需要太多的激励来应对价格上涨。当玉米价格上涨时，如果他们认为有利可图，农场主往往会种植更多的玉米。是的，他们就是这样做了。玉米面积从 2006 年的 7830 万英亩增加到 2007 的 9350 万英亩，这是自 1944 年以来最大玉米种植面积（图 31-3）。到 2012 年，玉米面积达到峰值，9720 万英亩，是 1937 年以来最大面积（USDA Quickstats）。这对玉米生产国家的影响是巨大的。更多英亩和较高价格意味着更多金钱。2005 年在农场层面上玉米的产值为 222 亿美元，这个值，从 1989 年以来一直相当稳定（图 31-4）。然而，2007 年这个产值跃升至 545 亿，2011 年达到 765 亿美元（USDA Quickstats）。这不需要太多逻辑来就能意识到在玉米国家乙醇很受欢迎。乙醇不是玉米

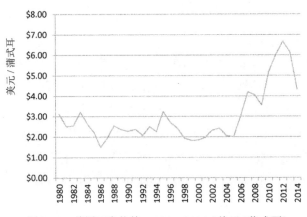

图 31-2　美国玉米价格，1980—2014（美元/蒲式耳）

图 31-3　美国玉米面积，1980—2013（千英亩）

价格的唯一驱动因素，因为在2006—2013 年期间也遇到过国际市场对玉米需求的增加。美国经历了国际金融危机，也影响了价格，但是生产商所看到的，乙醇是玉米价格的驱动因素，将盈利能力和收入推到出售俄罗斯粮食以来从未经历的水平。

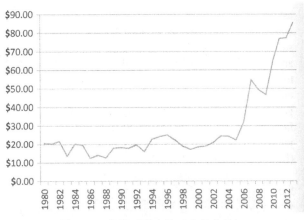

图 31-4　美国玉米产值（十亿美元）

毫无疑问，乙醇会使种植玉米的农场主最终受益。农场收入的增加直接影响地方、区域和国家的经济。从一般性积极的角度来看，当农场主有更多收入时，他们会花掉这些收入。因为对农场设备如拖拉机、播种机，以及联合收割机的需求都很高，因此设备经销商销售旺盛。其他农产品也有较高需求，导致农场供应商的更大繁荣。有很多钱四处传播、流动。考虑到 2008 年全国进入了金融危机，玉米国家的反应是"什么衰退？"时代有利于玉米农场主，有利于他们的供应商和他们的社区。当玉米种植面积增加时，也推高了玉米投入的价格。土地价格、土地租金、玉米种子、化肥和除草剂的价格也增加了农场主的生产成本，但不足以抑制玉米种植面积的增长。

当玉米面积增加时，必须记住我们没有制造更多土地。因此，多种一种作物意味着就要少种另一种作物。所以当农场主计划多种玉米时，土地是从其他作物（比如中西部的大豆）生产中转移过来的。南部的农场主减少了棉花种植面积，种上了玉米。在玉米带西部边缘，土地被从麦地中腾出，种上了玉米。美国各地，本该休闲或用于甘草或牧草的土地也投入玉米生产。一些土地保护性储备计划（CRP）合同到期的土地也转向种植玉米。从 2006 年到 2007 年，大豆面积下降 1080 万英亩，棉花面积下降 450 万英亩，甚至水稻面积下降 6.5 万英亩，其中绝大部分转向种植玉米（USDA Quickstats）。

要全面了解农场商品的情况，只需考虑供应和需求即可。乙醇需求增加，玉米价格就会上涨，玉米面积就会增加，其他作物面积就会减少。那么逻辑也告诉我们，其他作物面积较小意味着这些作物产量较少，从而推动其他作物的价格上涨。这样就会出现这样的情况：较高的玉米价格导致大豆、小麦、水稻甚至棉花价格的显著上涨。虽然对这些作物的生产者有利，较高的价格会透过食物系统，导致消费者消费食品价格的上涨。你所看到的燕麦片价格的上涨可以说是由于乙醇引起的玉米价格的上涨。想想，当你把乙醇加到你的车里，你接下来你就得填补。

乙醇争论还有一个不利方面：在乙醇兴起之前，美国最大的玉米用户是畜牧业。玉米是肉牛、家禽和奶牛的主要饲料成分。2012年，这些动物消耗了美国玉米产量的40%（National Corn Growers Association）。在历史上，有关美国农业政策的重点总有些大败笔。问问任何一个畜牧养殖者什么是好的政策？答案是低粮价。问问任何一位粮食生产商什么是好政策？答案是高粮价。那么你如何补救这种明显的冲突？美国农业政策专业的学生认识到，这不是偶然的，我们最后形成一个给粮食生产商直接农业补贴的制度。这种直补为粮食生产提供补贴，促进了高于正常水平的粮食生产，使价格保持低于没有补贴的情况。该政策使购买额外粮食喂养畜牧的畜牧生产商受益。政策框架是将纳税人（并不是所有个人所得税）的财富转移给所有消费者。这是怎么做到的呢？纳税人的钱给粮农来补贴粮食生产，保持粮食价格低于不补贴时本该有的价格。较低的粮食价格鼓励更多地生产肉产品，为消费者造出比没有补贴情况下更多的低价肉产品。除了纳税人，每个人都从受益，但纳税人很少知道他们交的税里直接给农业的数目。乙醇政策打乱了这种平衡，引起玉米基畜牧饲料价格从2005年到2012年增长2倍。无须说，牧民不高兴，不得不改变他们的生产，导致养殖群体变小，少喂粮食，并导致肉类柜台的肉价格较高。当消费者挑选他们的牛排、猪肉、排骨、鸡肉或牛奶时，乙醇是推高价格的首要因素。

较高粮价的负面影响不止畜牧部门。当玉米变昂贵时，你就会找替代品。大麦、小麦和其他小宗粮食是玉米的替代品。这种需求的增加对其价格施加了压力。因此，不仅替代作物的面积会更少，还会有额外的需求，推动价格上涨。大豆还有个复杂情况。大豆是人类和畜牧食物的主要蛋白源。对于畜牧生产者，当农场主将1000万英亩大豆转到玉米时，不仅他们的能量部分（玉米和其他谷物淀粉）价格上涨，他们蛋白成本也会上升（图31-5），导致大豆价格从2006年的6.43美元/蒲式耳上涨到2007年的10.1美元/蒲式耳，并于2012年达到14.04美元/蒲式耳的高峰（图31-6）（USDA Quickstats）。大豆和玉米价格都上涨时，在畜牧生产者会议上寻求对乙醇的支持不是个好建议。

乙醇的确具有对畜牧生产者好的一面：乙醇是从玉米蒸馏而来，留下发酵过的副产

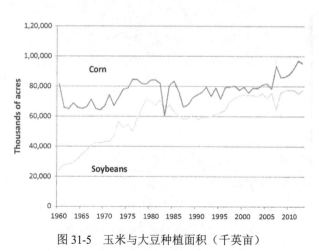

图31-5　玉米与大豆种植面积（千英亩）

物——酒糟（DDG），用其喂养畜牧时，具有重要的营养价值。每蒲式耳玉米加工成乙醇，会产生约 2.7 升乙醇和 17.4 磅 DDG（按重量，约 1/3）（National Corn Grower Association）。用于生产乙醇的玉米越多，可用于动物饲料的 DDG 的供应量就越大。所以，对于 2012 年，50 亿蒲式耳运到乙醇厂，31 % 或

图 31-6 大豆价格，1980—2014（美元 / 蒲式耳）

者相当于 14.47 亿蒲式耳又回到动物饲料。当从这个角度看乙醇总量时，只有全国玉米供应量的 27 % 直接用于乙醇，而我们玉米的多一半还是用于动物饲料。在乙醇经济中，DDG 的价值很重要，如下图 31-7、图 31-8 所示。

乙醇的其他主要经济影响就是已经发生在土地价格上的及其增加利益的流向方。有一个具有讽刺意味的经济学方面，即利益流到资本所有者，在种植玉米的情况下即为土地所有者。在美国中西部，对于大部分粮农来说，租用约 40%—60% 土地，并收支平衡，是件很平常的事。当农业经历像售粮给俄罗斯时期或者乙醇快速增长时期高于正常利润的时候，农场主设法种植更多有利可图的作物。他们会把自己的一些土地转向种植玉米，并设法租用更多土地。他们还会设法购买更多土地，然而，在任何一年，可以出售的土地变得很有限。

土地租赁市场和其他市场相似，受供求驱动。正如 Will Rogers 所表达的："……投资土地，因为土地不会再制造了。"土地供应量有限，所以当需求增加时，几乎所有农场主都在寻求更多土地进行耕种，土地所有者会受益。当土地变得可以得到时，农场主会彼此竞争，从而推高了土地租用成本。2006 年，中西部的以 200—250 美元 /

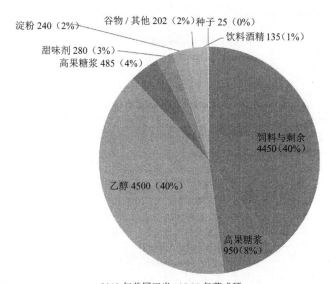

淀粉 240（2%）　谷物 / 其他 202（2%）　种子 25（0%）
甜味剂 280（3%）　饮料酒精 135（1%）
高果糖浆 485（4%）
饲料与剩余 4450（40%）
乙醇 4500（40%）
高果糖浆 950（8%）

2012 年美国玉米 107.80 亿蒲式耳

图 31-7　美国玉米原初去向，2012

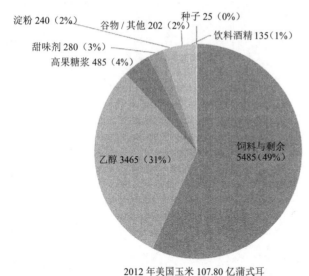

淀粉 240（2%）　谷物/其他 202（2%）　种子 25（0%）

甜味剂 280（3%）　　　　　　　饮料酒精 135（1%）

高果糖浆 485（4%）

乙醇 3465（31%）

饲料与剩余 5485（49%）

2012 年美国玉米 107.80 亿蒲式耳

图 31-8　美国玉米根据最终用途分类

英亩出租的农业土地，突然变得更值钱了，一些农场主竞标地租超过 400 美元/英亩，据爱荷华和伊利诺斯的一些报告，竞租达到 500 美元/英亩（Stebbins，2013）。这如何影响农场主和地主？对于拥有一些或者全部土地的农场主，增加的利润流向土地所有者/农场主。然而，对于出租者，现在的农场主每英亩土地支付的过多，从而限制了他们的盈利能力。例如，每英亩耕地仅仅是租金从 200 美元增加到 400 美元，仅仅支付地租每蒲式耳就增加生产成本 1—1.5 美元（根据单产）。要支付租金，农场主就需要较高的价格。在这种情况下，耕种增加的利益没有归于农场主，而是归于地租。相应地，土地售价飙升，许多地块从 2006 年到 2012 年售价增长一倍以上。土地价格似乎保持在稳定水平，2013 年下降一点，但总的结果是寻找土地耕种，或租或拥有，比发展乙醇燃料之前贵多了。

乙醇的兴起也间接地冲击了其他产品。玉米不是低投入作物：需要种子、肥料、除草剂以及种植、收获和运输的设备。只要想想玉米面积增加近 1500 万英亩，这些新增玉米面积所需的种子是玉米种子部门预想不到的。需要更多氮、磷、钾肥料，对现有供给和价格施加了压力。氮，玉米最重要的养分，需求量远远大于以前。此外，天然气，用来生产大部分氮肥，价格飙升，由于 2007 年能源成本上升。更进一步推高了氮肥价格。世界磷、钾供应更为紧张，并面临日益增长的国际需求，导致肥料价格增高 60%—120%（USDA-ERSb）。由于能源价格上涨，农场主不得不为耕作、种植和收获购买柴油燃料开销更多。因此，当盈利能力很火爆时，由于玉米价格上涨，农场主短期内支付更高价格的土地租金、肥料和燃料，从 2006—2012 年每蒲式耳玉米的生产成本翻了近一番。所以，农场主不仅获得由于乙醇和其他需求带来的玉米高价，也不得不接受更高的价格来支付更高的生产成本。

生物燃料，这里指的是生物柴油，没有接近乙醇那样对食物系统的影响。对于乙醇，9000 万英亩玉米的 40%，即 3600 万英亩的玉米用于乙醇。对于大豆生物燃料，我们看到产量日益增长，但是无论是燃料数量上还是专门用于生物燃料生产的面积还是远没有那么显著。自 2008 年以来，美国已经见证了生物燃料的生产从 450 万英亩（生产面积的 6 %）增长到 1170 万英亩（美国生产面积的 15 %）（Agricultural Resource Marketing Center）。这样，没见到大豆相当的发展和全方位影响，像我们在玉米中所见的那样。这两种作物有几种关键差异：大豆是豆科植物，向土地增加氮。在生产方面，他们需要很少的投入，特别是不需要氮，大豆可以自己生产。大豆是最大的蛋白供应源之一，无论是对动物还是人类，使之很有价值。大豆，与玉米不同，历史上从来不是美国的主要作物，大部分增长都是近 40 年的事。1960—1973 年期间大豆面积从 2400 万英亩增长近一倍，到 1979 年，增长近 2 倍，达到 7000 万英亩（参见图 31-5）。20 世纪整个 80 年代和 90 年代面积多变，但是自 1997 年以来，总是超过 7000 万英亩。其中一个例外是 2007 年，我们经历了玉米面积的大增长（USDA Quickstats）。农场主将大豆用作与玉米轮作的作物，依靠其固氮特性减少玉米所需的氮。需要较少的投入，每英亩大豆产量是玉米产量的约 30 %（体积），但一般每蒲式耳的价格比玉米高 2—3 倍。当农场主决定是相信每英亩玉米还是相信每英亩大豆会产生更多净收入的时候，就会出现面积的改变。由于经济和生物多样性的原因，农场主经常用大豆与玉米轮作。

和玉米相比，大豆对转化生物燃料是稍微复杂一点的产品。大豆对于全世界的食物来源非常有价值，所以国际价格使出口要比转化生物燃料更有吸引力。美国不是世界上最大的大豆生产国（图 31-9）。巴西几乎和美国生产相同体积的大豆，阿根廷产量约为美国产量的 60%。这两个南

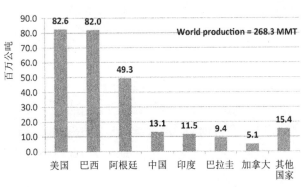

图 31-9　2012 — 2013 世界大豆产量

美农业大国生产世界大豆的 50%。中国的产量远远落在第四，进口世界交易大豆的 63% 用于补充蛋白，主要是食物，一些用于动物（United States Soybean Board）。

大豆价格的反应与玉米相似。从 1987 年到 2006 年，大豆价格在 2001 年的 4.38 美元 / 蒲式耳到 1988 年的 7.42 美元 / 蒲式耳之间。同样，对于支持生物柴油可形成与玉米相同的争论。过去非常稳定地处于低水平盈利状态的价格，被农业直补和价格补贴抬高了。因此，和玉米一样，促进生物燃料，帮助提高农场的盈利能力似乎并不是一个令人不可容忍的想法。同样和玉米一样，预报未能预测到农场主和市场如何应对市场状况的改变。在 2007 年，由于减少 1000 万英亩，大豆价格平均为 10.10 美元，2013 年达到峰值 14.04 美元（参见图 31-6）。在某些月份，大豆的现

货价格达到15美元/蒲式耳（USDA Quickstats）。除了生物燃料和对玉米市场的反应，全世界的经济增长还改善了生活水平，对大豆所提供蛋白需求日益增长。因此，由于重点关注生物燃料，应对乙醇作物的改变，以及世界对蛋白需求的增长，大豆的情况说变就变。

从农场的角度，2007年大豆价格的上涨导致2008年的面积弹回2006年的水平，一直到2013年都保持在7400—7600万英亩的范围内。价格上涨而投入价格与玉米相比小幅上涨，使大豆深受生产者的欢迎。另一个保持大豆面积相当稳定的因素是大豆几乎没有能够提供同样多蛋白的竞争者。此外，豆科作物是一种与玉米轮作非常好的选择，所以，随着玉米面积增加，对大豆轮作的需求增加。大豆也面临与玉米相同的土地价格的困境。受玉米或者大豆的潜在利润驱动，不论你种什么，土地租金和价值都已上涨。

从大的方面说，因为乙醇或者可以说是生物燃料的兴起，容易看到在商品生产中一直有决定性的改变。我们已经见证了数百万英亩土地改种更多玉米，我们也已经见证了大豆的反弹。玉米和大豆两者的价格都维持在从未见过的高价水平。虽然种植业农场主喜欢这些价格，但畜牧业农场主和消费者要分别支付较高的饲料和食品价格，包括预料不到的经济后果，并肯定会引出乙醇和生物燃料的政治成果问题。

虽然乙醇和生物燃料肯定已经影响了价格和主要投入的面积，但还有一个关于这些替代燃料经济可行性如何的问题。乙醇已经见证了全美国加工厂的激增，大部分都位于玉米带，一些是建于奇怪的地方，但那更主要是由于资金的来源问题。比如，一些地区具有工业发展资金，用于在不顾是否合理的地方建设乙醇厂。如果要考虑乙醇生产的重要方面，将是有玉米供应和能够将乙醇运到汽油系统两个考虑方面。因此，虽然希望乙醇厂建于玉米生产区域，但由于有工业发展资金问题，一些位于奇怪的地方。

乙醇的经济性取决于很多因素：市场条件已经具备，比如支付产品和供给的需求与意愿，以优势价格提供产品的意愿；供给与需求也受到替代品的作用和管理规则的影响。对于乙醇，美国政府营造了一个实际上保障经济活力的市场情景。首先，为了创造一个市场，政府通过法律强制要求零售汽油要含有乙醇。没有这个强制要求，石油公司几乎没有在汽油中混合乙醇的动力。有了这个法规，需求就产生了。第二，政府法律考虑了替代品的影响。世界上最大的乙醇生产国是巴西，其乙醇来源于甘蔗，一种更为高效的乙醇资源。巴西可以以低于美国所产乙醇的价格将乙醇出口到美国。因此，为了鼓励美国乙醇的生产，设定了进口壁垒，以防止进口巴西乙醇。第三，美国乙醇的生产成本开始时很贵，需要在基础设施上大量投资。为了鼓励投资工厂并保证运行盈利，为承担生产成本，降低工厂运营商的风险以及鼓励建设乙醇厂，制定实施了补贴政策。有了这个法规，美国政府创造了对乙醇的需求，为了鼓励在美国建设乙醇厂供应国内市场而限制了竞争并压低了生产成本。这类法律安排会被任何商业部门所羡慕。

乙醇生产成本不是一套成本，由于在投资工厂、设备、工厂产能以及开发一个熟练地的制造和销售流程等方面成本不同。检查爱荷华州立大学 Don Hofstrand 所做的进行性分析，提供了一个可靠的具有代表性的乙醇加工设施的方法。在这个例子中，工厂投资 2.11 亿美元，年生产能力是 1 亿加仑。据他们估计，乙醇生产的燃料成本将是加工每蒲式耳 0.60 美元。可变成本包括酶、酵母、其他发酵成分、劳务、维护以及各种杂费，估计 1.03 美元/蒲式耳。用于粮食发酵加热的天然气估计 0.93 美元/蒲式耳。很明显，乙醇生产中最大成本是玉米籽粒的成本。

每生产加工 1 蒲式耳玉米（56 磅）产生 2.8 加仑乙醇和 16 磅 DDG。每加仑乙醇营销成本是 0.05 美元，每吨 DDG 营销成本 4 美元（即 0.17 美元/蒲式耳）。从下面的表 31-1 可见在几种情形下可能的后果。第一列反应乙醇、玉米和 DDG 的当前价格。所有固定和上述可变成本都包括在该表中。当玉米价格为 4.85 美元/蒲式耳、乙醇价格 2.30 美元/加仑时，乙醇生产商的出清价是 0.65 美元/蒲式耳玉米，即 0.23 美元/加仑乙醇。该过程在这些价格下显示出盈利。在第 2 列、第 3 列，我们看到的是乙醇和玉米价格的敏感性。从第 2 列我们看到，如果乙醇价格下降到 2.06 美元/加仑，乙醇生产盈亏平衡。从第 3 列，我们看到的是当玉米价格为 5.50 美元/蒲式耳，乙醇价格为 2.30 美元/加仑时，生产过程盈亏平衡。如果我们降低乙醇价格，提高玉米价格，在 0.66 美元/蒲式耳和 0.24 美元/加仑时，净利润就会亏损。

表 31-1　不同情形下乙醇的净收益

	市场	乙醇盈亏价格	玉米盈亏价格	较差情况	高蛋白 DDG	低蛋白 DDG
玉米价格/蒲式耳（美元）	4.85	4.85	5.50	5.50	4.85	4.85
DDG 价格/吨（美元）	225	225	225	225	250	180
乙醇价格/加仑（美元）	2.30	2.06	2.30	2.06	2.06	2.06
乙醇加仑数/蒲式耳	2.80	2.80	2.80	2.80	2.80	2.80
DDG 磅数/蒲式耳	16.0	16.0	16.0	16.0	16.0	16.0
固定成本/蒲式耳（美元）	0.60	0.60	0.60	0.60	0.60	0.60
可变成本/蒲式耳（美元）	1.03	1.03	1.03	1.03	1.03	1.03
能源/蒲式耳	0.93	0.93	0.93	0.93	0.93	0.93
销售成本/蒲式耳（美元）	0.17	0.17	0.17	0.17	0.17	0.17

表 31-1　不同情形下乙醇的净收益（续表）

	市场	乙醇盈亏价格	玉米盈亏价格	较差情况	高蛋白 DDG	低蛋白 DDG
乙醇收入 / 蒲式耳（美元）	6.43	5.77	6.43	5.77	5.77	5.77
DDG 收入 / 蒲式耳（美元）	1.80	1.80	1.80	1.80	2.00	1.44
总收入（美元）	8.23	7.57	8.23	7.57	7.77	7.21
成本 / 蒲式耳（美元）	7.58	7.58	8.23	8.23	7.57	7.58
净收入 / 蒲式耳（美元）	0.65	−0.01	0.00	−0.66	0.19	−0.37
乙醇收入 / 加仑（美元）	2.30	2.06	2.30	2.06	2.06	2.06
DDG 收入 / 加仑（美元）	0.64	0.64	0.64	0.64	0.71	0.51
总收入 / 加仑（美元）	2.94	2.70	2.94	2.70	2.77	2.57
成本 / 加仑（美元）	2.71	2.71	2.94	2.94	2.71	2.71
净收入 / 加仑（美元）	0.23	0.00	0.00	−0.24	0.07	−0.13

DDG，酒糟

基础数据来源：Hofstrand (http://www.extension.iastate.edu/agdm/articles/hof/HofJan08.html).

　　乙醇的回报率在很大程度上取决于一些因素，很明显，玉米价格是主要投入，最为重要。从 2012 年到 2014 年，我们已经见证了玉米成本高至 7.50 美元 / 蒲式耳以上，少至 4.10 美元 / 加仑。其他关键价格是乙醇，在 2.3 美元的标准时，比 2014 年 1 月末多近 0.40 美元。DDG 价格也会因供求关系和出口而波动。在当前玉米价格 4.85 美元 / 蒲式耳时，DDG 上涨到 250 美元，乙醇生产可以有 0.07 美元 / 加仑的盈利（第 5 列）。当 DDG 价格下降到 180 美元 / 吨时，乙醇的利润下降到亏损 0.13 美元 / 加仑。如果排除产能和设计相同的工厂间效率的差异，表 31-1 提供了对利润如何随着玉米、乙醇和 DDG 价格的小变动而变化的一种认识。请注意，这只是对于一个代表性工厂，当地价格、效率和营销成本会影响收益。市场销售会包括通过经营者努力锁定输入和输出的有利价格。玉米价格也会因当地供求而变，而根据一年当中的时间，价格产生积极和消极基础。

　　乙醇生产能力也已经稳定在接近 130 亿加仑。自从 2010 年以来，生产能力已经稳定，只新增了 11 家加工厂。从 2005 年到 2013 年，美国的乙醇厂从 82 家增加到 211 家，产能从 36 亿加仑增加到 128 亿加仑。你可能会得出结论，乙醇行业已经成熟，因为 2013 年全国计划增加的产能只有 1.58 亿加仑，相比之下，2007 年在建产能 62 亿加仑（State of Nebraska）（表 31-2）。

表 31-2　美国乙醇厂和产能

年	运行工厂数	产能（百万加仑）	未来产能（百万加仑）
2005	82	3643.7	754
2006	95	4336.4	1746
2007	111	5533.4	6189
2008	139	7888.4	5536
2009	179	10343.4	1450
2010	200	11877.4	1432
2011	204	13507.9	560
2012	209	13859.4	487
2013	211	12836.9	158

来源：内布拉斯加州 (http://www.neo.ne.gov/statshtml/122_200501.htm).

伊利诺伊大学所做的估计表明，乙醇行业的收益高度多变。2007 年和 2011 年的收益非常好，而 2009 年、2010 年和 2012 年收益为负数（图 31-10）（Farm Doc Daily）。无论按什么标准，一个行业 5 年里 3 年负收益，都会认为这是个很

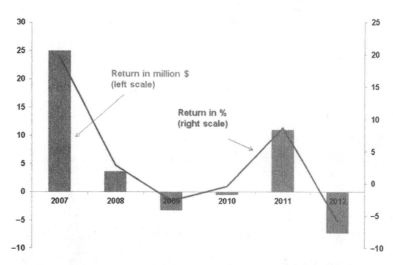

图 31-10　2007 — 2012 年艾奥瓦一个代表性乙醇生产厂的投资回报
（资料来源：http://farmdodaily, illinois. edu / 2013 / 061updated - profitability – ethanol – production. html.）

大风险，对吸引投资将会是个挑战。然而，长期收益的一个好的方面是 EPA 的要求还在有效，防止乙醇需求下降。

31.3 生物燃料的经济学

在过去，生物柴油应用也在增长，但完全不同于乙醇的速度。生物柴油是由植物油特别是大豆油生产的，占当前生产的所有生物柴油的 60%。其他来源有回收的

植物油、菜籽油和向日葵油。生物柴油行业主要地围绕着大豆，一种含有的主要油分相对容易转化成生物柴油的饲料作物；然而它还面临来自其他使用的激烈竞争，如食品和饲料的蛋白来源。

2008 年，生产生物柴油的大豆用量已经增加，占了美国大豆面积的 15.2%。预计 2013—2014 用于生物燃料的大豆面积如表 31-3。其百分比和面积显著低于 40% 的美国玉米产量运到乙醇厂。但生物燃料利用仍然从2008—2009年的6％开始增长，主要由于生物柴油消费税信用，每加仑生物柴油免除 1 美元消费税。此外，还有联邦强制规定，要求混合一定量的生物柴油燃料。1 美元的消费税信用 2010 年实施，2013 年 12 月到期。数量要求还保留不变。我们很容易看到 2010—2011 年生物燃料税信用的影响，用于生物柴油生产的大豆面积增加将近一倍，大豆生物燃料的体积也将近增加一倍（Agricultural Resource Marketing Center）。

表 31-3　2008—2014 年美国大豆油生物柴油生产

年	总产量（百万蒲式耳）	用于生产生物燃料的面积百分比（%）	生产生物燃料的量（百万蒲式耳）	生产生物燃料的面积（百万英亩）	生物燃料（百万加仑）
2005—2006					112.0
2008—2009	2.967	6.0	179	4.51	262.5
2009—2010	3.359	4.5	150	3.42	218.2
2010—2011	3.329	7.1	237	5.45	353.5
2011—2012	3.094	13.6	420	10.02	632.5
2012—2013	3.014	14.4	435	10.99	655.8
2013—2014	3.338	15.2	491	11.69	733.1

生物柴油的经济学与乙醇有很多相同的因素。大豆有可供选择的用途，因此，在市场中作为一种蛋白质来源具有竞争性。由于发展中国家，特别是中国和太平洋周边地区对蛋白质需求的增加使得近些年出口一直在增加。对于下面的分析，我们比较了加工压榨出来的大豆油的价值。大豆油有一个独特的由芝加哥商品交易所确定的市场价值。对两种大豆主要产品（大豆油和豆粕）的价格直接相关，都来自于大豆的价格。

对于这个分析，我们还是使用伊利诺伊大学研究的假设。这是基于一个工业规模的工厂具有每年用大豆生产 3000 万加仑生物柴油的产能。据估计建设成本是 4700 万美元，或 1.57 美元 / 加仑产能。工厂以 50/50 债务股本组合融资，以 8.25% 进行债务融资 10 年。工厂转化 7.55 磅大豆油生产 1 加仑生物柴油和 0.9 磅甘油（每加仑生物柴油）。生产每加仑生物柴油需要 7 立方英尺天然气和 0.71 磅甲醇。可变成本是 0.25 美元，而总的固定成本是 0.26 美元 / 加仑生物柴油。上面的规格说明是对于一个代表性工厂，并考虑到不同工厂的产能和效率的差异。大豆用作生物柴油范例，因为大豆代表了美国生物柴油产量的 60% 以上。在分析生物柴油中也涉及一些其他因素。曾有个混合燃料税信用，2013 年年底过期。另一因素是生物柴油的任务，即 2013 年美国环境保护局将生物柴油从 10 亿加仑扩大到 12.8 亿加仑。与乙醇一样，政府的行为创造了产品需求，从而刺激了公司投资工厂和设备，开发技术提高生产效率。

下面的分析用 Hofstrand(b) 为指导确定盈利能力。对于初步分析，我们使用 2014 年大豆油和生物柴油的平均价格。当地大豆油和生物柴油的价格会根据一年中的时间、当地供给和需求状况而变异。由于世界需求高涨，当前的大豆价格极高。就这方面来说，2014 年大豆油的平均价格是 0.45 美元 / 磅，生物柴油平均 4.62 美元 / 加仑。请注意，相应的柴油燃料价格相当便宜，在 3.80—4.00 美元之间。以 2013 年平均价格，生物柴油加工净收入是 0.53 美元 / 加仑。要使于加工经济上盈亏平衡，大豆油的价格必须升高到 0.52 美元 / 磅，或者柴油燃料的价格降低到 4.09 美元 / 加仑（表 31-4）。

图 31-4　不同情形下大豆基生物柴油净收益（2014 年价格）

	2014 年平均价格	豆油盈亏价格	生物柴油盈亏价格	豆油最高价	豆油最低价	生物柴油最高价格
豆油价格美元 / 磅	0.450	0.520	0.450	0.496	0.378	0.460
豆油磅数 / 加仑生物柴油	7.55	7.55	7.55	7.55	7.55	7.55
生物柴油价格，美元 / 加仑	4.62	4.62	4.09	4.49	3.90	5.03
甘油价值，美元 / 加仑	0.03	0.03	0.03	0.03	0.03	0.03
固定成本，美元 / 加仑	0.26	0.26	0.26	0.26	0.26	0.26
可变成本，美元 / 加仑	0.25	0.25	0.25	0.25	0.25	0.25
甲醇成本，美元 / 加仑	0.17	0.17	0.17	0.16	0.20	0.17
生物柴油收入，美元 / 加仑	4.62	4.62	4.09	4.09	3.90	5.03
总收入，美元 / 加仑	4.65	4.65	4.12	4.52	3.93	5.06
成本，美元 / 加仑生物柴油	4.12	4.65	4.12	4.45	3.61	4.19
净收入，美元 / 加仑	0.53	0.00	0.00	0.07	0.32	0.87

来源：Don Hofstrand (b)（*http://www.extension.iastate.edu/agdm/energy/html/dl-15html*）

主要成分是大豆油，所以，如果我们看看 2013 年大豆油的价格范围，我们可以看到价格增加到 0.496 美元时，估计净收入只有 0.07 美元，而大豆油价格下降到 0.378 美元，每加仑生物柴油会产生 0.32 美元的净收入。如果我们看生物柴油价格最高，5.03 美元的时候，估计每加仑生物柴油的净收益为 0.87 美元。

从前面的预算计算可看出生物柴油加工是一个具有潜在的、有利可图的风险项目。所没有表明的是年度间净收益的变化。在 2013 年期间，净收益变动于亏损 0.08 美元到 1.02 美元 / 加仑的正收益之间（表 31-5）。一般来说，大豆油的价格随着生物柴油的价格变动（相关系数 0.43）。这些收益显示出生物柴油生产盈利良好，然而，前 4 年中（2009—2012）只有 1 年产生正的平均收益。从这些微薄的收益，我们很容易看出，为什么创造需求的强制任务和 1 美元的免税对于生物柴油产量增长近一倍是有帮助的，因为这减去了方程中的很多风险，为投资者保证了更为持续稳定的收益。请注意，这只是对于一个代表性工厂，当地价格、效率和营销成本会影响收益。市场营销包括通过经营者努力锁定输入和输出的有利价格。

图 31-5　2013 年价格和成本变化

月份	豆油 美元 / 磅	总成本 美元 / 加仑	生物柴油 美元 / 加仑	总收入 美元 / 加仑
一月	0.487	4.39	4.28	0.08
二月	0.496	4.45	4.49	0.07
三月	0.490	4.42	4.63	0.23
四月	0.491	4.43	4.75	0.35
五月	0.495	4.46	4.87	0.43
六月	0.484	4.38	4.94	0.59
七月	0.457	4.17	5.03	0.89
八月	0.425	3.93	4.90	1.00
九月	0.419	3.88	4.88	1.02
十月	0.400	3.75	4.64	0.92
十一月	0.393	3.71	4.12	0.43
十二月	0.378	3.61	3.90	0.32
平均	0.451	4.13	4.62	0.51

来源：Don Hofstrand (b)（*http://www.extension.iastate.edu/agdm/energy/html/dl-15html*）

31.4 农场规模的生产

有些生物柴油的推动者支持自给自足可持续农场的想法，种植可以加工成拖拉机燃料的作物，农场使用拖拉机生产作物。这个想法在政治上受欢迎，在技术上可行，但是当考虑经济现实性时就不那么实际了（Stebbins-Wheellock 等，2012）。一个明显的挑战是规模问题。一个农场规模生物柴油生产效率如何和一个 3000 万加仑产量的工厂竞争？首先，已经尝试用大豆或其他油料作物进行整体运行的农场从种植工厂开始，早一步加工，意味着他们不得不从大豆中得到油。要这样做，他们需要一个压榨机榨油。并不是所有压榨机都一样，因此，压榨成本与取油完全性成正比。对于这个过程意味着什么呢？一个农场加工者不得不处理豆粕。豆粕，当前价格 476 美元／吨，如果达到行业标准，就是一种很有价值的副产品。如果没有达到标准，这种豆粕不如工业豆粕值钱，销售明显大打折扣，并改变整个农场规模项目的经济性。问题在于脂肪含量，这对平衡奶牛、肉牛、猪和鸡的日粮非常重要。问题不只是豆粕中的脂肪水平，也由于豆粕中脂肪的可变性。商业级的大豆油保证一致，这对大多数农场规模的榨油几乎是不可能做到的。

农场规模的生产还有其他成本，包括建筑、加工设备、筛选设备以及获得一致产量。主要方面是要考虑每年生产一定量（可能至多只有几千加仑）生物柴油燃料所需成本是多少。农场主必须记住，大豆这种原料有现成的市场价值，确定了生物柴油的初始成本。他们可能会认为他们的劳动是不要钱的，农场主在这方面可能有优势，但是劳动只是生物柴油加工中很小的一部分。最终，劳动对于单个个体投资生物柴油加工设备自己制造燃料油的意义很小。这或许能够达成个人目标，但根据严格的经济分析，自己制造燃料似乎不是个赚钱的事。

农场规模的另一种方法可能是创建一组贡献资源和劳动之间的合作型安排。在这种情况下，个人构成加工设备及其共享利用的间接成本。使用越多越降低每人每加仑燃料的成本。设备闲置只会花钱，而加大利用会提高效率。然而，建立合作社可能不会将成本降到自己加工生物柴油经济可行的程度。这个观察是一个严格的经济意义上的，没有考虑满足能源独立，即自给自足。

当我们看乙醇和生物柴油的经济性时，数字表明利润很紧，投资收益多变。因此，税收信用补贴被认为对发展乙醇和生物柴油行业所必需的。从理论上说，我们预计一个新的经济风险事业正在成长阶段，无法达到既定行业部门的盈利状况。因此，我们证明政府通过立法、市场强制措施、贸易壁垒以及税收政策为一些人所说的为了公众利益的行动提供激励而介入是恰当合理的。政府行为让期望的行业在市场上具有竞争力，发展基础设施、技术、效率和市场，使市场知道如何获得确立并具有竞争力。这些都是政府支持乙醇和生物柴油运动的行为的争论。正如上面提到的，税收补贴即给乙醇也给生物柴油生产，鼓励生产。政府通过公共法律生产乙醇和生物柴油燃料来保障市场。政府要求在燃料系统中使用乙醇和生物柴油。作为进一步措施，政府创立了合法的障碍防止竞争性产品的进口。有人可能会争论，这不是一个好的选择，然而，却为如何采用政府行为发展政府期望的产品提供了一个良好范例。

生物柴油和乙醇会自己独立生存吗？这是个只有时间才能回答的问题。正如上面的分析所示，没有政府行为，就不会出现发展乙醇或生物柴油行业的经济气候。如果该行业能够对其技术精益求精，就会变得更为高效，通过开发市场认知，市场就可能不得不改变。但是，要在世界市场上竞争，在人口增长需求日益扩大的情况下利用主食物和饲料将是个挑战。他们具有经济竞争性吗？他们会是一个曾经尝试过想法，但未能发展其经济关系的曾经的时代吗？敬请关注。

参考文献

Agricultural Resource Marketing Center. Soybean Balance Sheet by Iowa State Extension. Available at: https://www.extension.iastate.edu/agdm/crops/outlook/soybeanbalancesheet.pdf.

Farm Doc Daily, June 14, 2013. An Updated Look at the Profitability of Ethanol Production. University of Illinois-Urbana-Champaign, Department of Agricultural and Consumer Economics. Available at: http://farmdocdaily.illinois.edu/2013/06/updated-profitability-ethanol-production.html.

Hofstrand, Don, Ag Decision Maker: Tracking Biodiesel Profitability, Iowa State University Extension and Outreach. Available at: http://www.extension.iastate.edu/agdm/energy/html/d1-15.html.

Hofstrand, Don(b), Ag Decision Maker: Tracking Ethanol Profitability, Iowa State University Extension and Outreach. Available at: https://www.extension.iastate.edu/agdm/articles/hof/HofJan08.html.

Luttrell, Clifton B., October 1973. The Russian Wheat Deal—Hindsight vs. Foresight. Reprint no. 81. Federal Reserve Bank of St. Louis. http://research.stlouisfed.org/publications/review/73/10/Russian_Oct1973.pdf.

National Corn Growers Association, 2013. World of Corn: Unlimited Possibilities. Available at: http://www.ncga.com/upload/files/documents/pdf/WOC%202013.pdf.

State of Nebraska. Ethanol Production Capacity by Plant. Available at: http://www.neo.ne.gov/statshtml/122_200501.htm.

Stebbins, Christine, December 24, 2013. High Cash Rents to Squeeze U.S. Midwest Grain Farmers in 2014. Available at: http://www.reuters.com/article/2013/12/24/usa-farm-rents-idUSL2N0K30LY20131224.

Stebbins-Wheelock, Emily, Parsons, Robert, Wang, Qingbin, Darby, Heather, Grubinger, Vern, December, 2012. Technical feasibility of small-scale oilseed and on-farm biodiesel production: a Vermont case study. Art #6RIB8 Journal of Extension 50 (6). http://www.joe.org/joe/2012december/pdf/JOE_v50_6rb8.pdf.

United States Soybean Board, Soystats 2103 Guide: A Reference Guide to Important Soybean Facts and Figures. Available at: http://soystats.com/.

United States Department of Agriculture, National Agricultural Statistics Service. Available at: http://www.nass.usda.gov/Quick_Stats/.

United States Department of Agriculture. Economic Research Service, April 1983. An Initial Assessment of the Payment in Kind Program.

United States Department of Agriculture. Economic Research Service, Fertilizer Use and Price. Available at: http://www.ers.usda.gov/data-products/fertilizer-use-and-price.aspx#.U1UQHFepQu8.

第三十二章
燃料质量政策

国家生物柴油委员会

32.1 目 的

美国材料与试验协会（ASTM）是美国公认的制定燃料和添加剂标准的机构。ASTM 采用纯生物柴油标准（ASTM D6751）和含 6%—20% 生物柴油的生物柴油混合燃料的规范（ASTM D7467）。ASTM 还承认，允许在 ASTM D975 柴油和 ASTM D396 取暖油混合高达 5% 的生物柴油是符合生物柴油标准 ASTM D6751 的。当符合其规格的生物柴油适当混入符合规范的柴油，并根据正确的燃料管理技术进行处理，由此产生的燃料质量高且优质，这已经在任何未经修改的柴油发动机上的良好表现所证明。然而，使用任何不符合其质量规格的燃料，都可能会导致性能问题或设备损坏，这包括生物柴油。国家生物柴油委员会（NBB）强烈认为，为了保护消费者在不知情的情况下购买不合格的燃料，为了保持国家的燃料供应的完整性，为了保护生物柴油是高质量、高性能燃料的声誉，严格遵守 D6751 很重要。销售不合格燃料通常就违反了联邦和州的法律。有几个联邦和州级政府机构负责美国燃料质量的监管和执法。国家生物柴油委员会（NBB）是一个非营利性的行业协会，没有权力规范或执行燃料质量。然而，这种"燃料质量政策"概括了 NBB 采取的提升行业整体燃料质量的措施。

32.2 政府采用 ASTM D6751

国家生物柴油委员会是 ASTM D6751 的强大支持者。国家生物柴油委员会预计，它的每一个生产者成员均致力于 ASTM D6751 标准的生产 B100。国家生物柴油委员会将继续由联邦、州、地方政府的每一个适当的水平，在生物柴油的生产和销售的法律要求方面，促使 ASTM D6751 被采用。对于成员和非成员生产者，国家生物柴油委员会将在收到关于燃料质量的投诉后，向投诉人提供任何适用的州或联邦政府机构的燃料质量执法工作的所有可用的信息。

32.3 生物柴油混合燃料 ASTM 标准

ASTM 已采用了含 6%—20% 生物柴油的生物柴油混合燃料标准 ASTM D7467。ASTM 也承认，在 ASTM D975 柴油燃料和 ASTM D396 取暖燃油中混合高压 5% 的生物柴油是被允许的，如果生物柴油符合 ASTM D6751。国家生物柴油委员会完全支持这些规格，即认为混合活动之前生物柴油必须满足 ASTM D6751 规范。

32.4 BQ–9000 认证

国家生物柴油委员会在 2000 年创立了国家生物柴油认证委员会，并负责制定生物柴油生产商和营销人员能力的认证计划。由此产生的认证计划 BQ-9000，有两个认证：认证营销人员和认证生产者。在这两种情况下，被认证方必须具有质量手册和质量控制系统，并采用保证交付优质产品的最佳方法。NBB 鼓励所有的生物柴油生产商和销售商实现和维护在 BQ-9000 计划下审批。

32.5 政府实施

NBB 鼓励由美国国税局、美国环境保护局、美国农业部与国家计量局积极实施 D6751。此外，NBB 会积极调查，看看哪些机构对 D 6751 实施采取最主动、有效的测试计划并对这些工作给予支持。这些当中的许多机构已经表示，他们也将对妨碍可信投诉的违规给予适当回应。

致 谢

本简报来自 http://www.biodiesel.org/，经国家生物柴油委员会许可后发表。编辑感谢 Ray Albrecht 工程师（美国东北部的技术代表）和 Jessica Robinson（通讯主任），他们为本书的这些资料贡献了时间和精力。

第三十三章

可再生取暖燃油

Matt Cota

美国，佛蒙特，蒙彼利埃，佛蒙特燃料经销商协会

33.1 取暖燃油市场的兴衰

取暖燃油工业是东北部特有的。美国每年销售的 80 亿加仑的取暖燃油几乎全部消耗在纽约、新泽西、宾夕法尼亚和新英格兰六个州。说到家庭取暖燃料的消费，新英格兰和纽约与美国其他地方不同。虽然靠近波士顿和纽约市区人口更为密集的地区转换为管道天然气，但这在农村地区不太可能。铺设地下天然气管道的成本可能超过 200 万美元 / 英里。这项投资会导致纽约北部和新英格兰人口稀少地区的天然气公用事业的收益率为负数。正因如此，在可预见的未来，可交付的液体燃料将是新英格兰能源基础设施的一部分。然而，在城市人口中心市场份额的下降，推动了该行业探索将其核心产品转变成可再生能源的方式。

与能源公用事业模式不同，大多数取暖燃油销售商都是第三代或第四代家族企业。可交付的家庭能源工业可以追溯到 20 世纪初的煤炭和冰的运输。这些企业会使用卡车运输两种产品，夏天运冰和冬季运煤。这就是为什么大多数东北部农村人在二十世纪上半叶能够保持他们的食物低温而他们家里温暖的原因（图 33-1）。20世纪 40 年代通用电气大规模生产冰箱，最终淘汰了冰块的家庭配送业务。然而，当消费者将其加热系统从煤转换为 2 号燃料油时，一种新的更有利可图的商业模式出现了。液体家庭取暖燃料更普遍地称为取暖燃油（oilheat），它的使用开始于 20世纪 20 年代燃油炉的发明，并很快成为东北部天气寒冷各州的主要燃料来源。

取暖燃油异军突起，20 世纪 70 年代达到顶峰，其中有几个原因。煤炭取暖必须将煤铲入蒸汽锅炉，而油热系统消除了所有手工劳动。又大又脏的煤仓不再需要了，所以房主可以将地下室的这个空间改造利用。油热提供更均匀的热量，小股气

流比煤炭少，这意味着健康风险更少。燃油炉还更为洁净。凡是曾经生活在燃煤取暖房子里的人都知道，烟尘会渗过建筑物，破坏衣服和家具。此外，煤灰必须运走并处理掉。油暖还允许房主通过简单地触摸客厅中的温控器来控制温度。不像煤或木材炉子，使用油暖的家庭可以离开房子数个星期，家还会保持温暖。

图 33-1　运油卡车，20 世纪 40 年代，佛蒙特州罗金厄姆
（资料来源：Cota and Cota, Inc.）

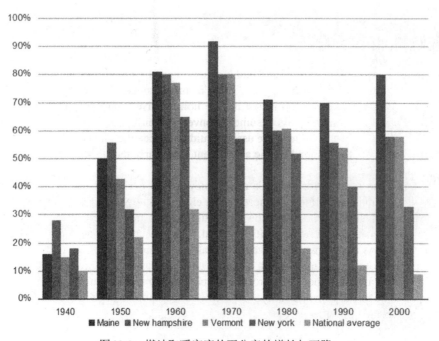

图 33-2　燃油取暖家庭的百分率的增长与下降。

　　然而，在过去 40 年里，取暖燃油已失去大量市场份额。虽然仍然在缅因州、新罕布什尔州、佛蒙特州的大多数家庭，油暖的普及已经陷入几乎停顿的状态，因为更多的家庭转上了天然气或丙烷。自从 1960 年以来，燃暖行业已经失去一半的客户，转向了竞争燃料（图 33-2）。面对由于节能导致的市场份额的丧失和销售量下降，取暖燃油零售商今天面临着与他们父辈类似的困境。

33.2 一种更为清洁绿色的燃料

2009年9月15日，近100位油暖行业代表聚集巴尔的摩参加一个国家政策峰会。与会者几乎包括了每个国家、地区和州的油暖协会以及来自业界批发、零售和家庭取暖设备生产部分的领导。此次政策峰会的目的是讨论并表决确保行业未来所需的措施。出席会议的大多数人同意一项决议，呼吁过渡到混合不同生物燃料原料的超低硫取暖燃油。该决议指出，到2010年7月，所有取暖燃油都要混合生物燃料成分，到2011年7月，我们现在所称为取暖燃油的石油基原料将转变为超低硫柴油燃料。

这个决定不是一夜之间发生的。该行业得益于十多年的研究，表明可以做。2011年，布鲁克海文实验室对使用生物柴油替代传统取暖燃油进行了一项全面的可行性研究（Krishna，2001）。布鲁克海文的科学家发现，生物柴油和取暖燃油的混合燃料可以通过设备微小改装或者不用改装即可使用。其他研究主要集中于生物柴油与超低硫燃料混合减少烟雾和氮氧化物（NOx）的环境效益 (NESCAUM，2005)。这给了取暖燃油经销商开始向客户销售生物柴油混合燃料的信心。不久，注册了商标 BioHeat®，并进行广告宣传。

在国家政策峰会上建立的时间表是非常积极的。虽然目标尚未实现，但已经取得巨大进展。延迟的原因之一是，取暖燃油的燃料质量标准不受联邦政府管制，而是由各州控制。其结果变成一个拼凑的监管方法。马萨诸塞州、罗得岛、佛蒙特州、康涅狄格和纽约都有成文的法律，设定了一个时间表或刺激办法，要求取暖燃油混合生物柴油。虽然还需要联邦确立任务，但由于联邦税收政策鼓励上游混合生物柴油，目前大部分取暖燃有都混合了多达 5% 的生物柴油。

为了使油暖工业继续向可再生燃料转型，需要一些转型技术。第一是取暖设备。虽然目前的设备可以处理高达 B20 的混合燃料，但被美国保险商实验室只飙定为B5。一旦建成用于燃烧高于 B20 的混合物水平的加热系统，混合到取暖燃油中的生物燃料的量就会增加，如果 2 号馏出物和 B100 之间的套利使得这样做经济的话。

对于东北部取暖燃油市场营销人员来说，关键是混合当地生产的生物燃料。有三种策略来制造这种燃料：油籽作物、废油和藻类。这三种来源的生物柴油都已经成功地混合并用于取暖系统中。生物柴油生产商仅仅在取暖燃油市场方面的潜在市场将已经是很惊人的了。美国取暖燃油市场目前为 60 亿加仑。在接下来的十年中，12 亿加仑来自生物燃料的 B20 混合燃料是可能的。

33.3 其他可再生能源的机会

取暖燃料经销商通过分发固体燃料继续尝试"回到未来"的商业模式，非常像他们的祖父曾经做过的那样。然而，经销商正在研究的不是煤，而是输送木质颗粒的经济性。在新英格兰东北部的农村森林地区，向客户门到门运送木材的概念有可取之处。

固体燃料取暖设备的进步对客户采取集中供暖系统和"颗粒料斗"有帮助，这使人联想到一些维多利亚时代的房子地下室中仍然存在的煤箱。然而，挑战是颗粒的分发。一辆 10 吨运货卡车在大多数道路的重量限制下可运载多达 2800 加仑取暖燃油。这个数量的液体取暖燃料代表大约 3.8 亿 BTU。相同的货车只能运载 20000磅木屑，或相当于 1.6 亿 BTU。此外，颗粒输送卡车不能快速地将颗粒转移到料斗中，或燃料分解过"细"并失去其 BTU 值。在一些批量输送分布实验中，驾驶员平均每分钟输送约 200 磅木颗粒或 160 万 BTU。液体燃料可以更快地输送，一辆普通的取暖燃油输送车可泵送 50 加仑/分钟，相当于 700 万 BTU。

对于可交付燃料工业中的人来说，这一点是显而易见的。如果所有使用取暖燃油的房子转换成木质颗粒，燃料经销商将需要两倍多的卡车和司机。每辆卡车需要四倍的时间来运送相同数量的 BTU，需要更多的卡车和更多的司机。当你考虑一辆 10 吨的货车每加仑行驶约 7 英里，并每年行驶 13000 英里，与颗粒运送相关的运输成本远远大于取暖燃油。这可以通过增加颗粒的零售成本来改善，然而，这将使他们在经济上对客户更没吸引力。

这就是为什么越来越多的取暖燃油经销商正在接受过渡到 Bioheat®（图 33-3）。可再生液体燃料更有吸引力，因为基础设施目前已经存在。卡车、存储、储罐、和取暖设备不需要转换，使消费者受益于本地生产、环保优质的取暖燃油。这种新的可再生燃料代表了可交付家庭能源行业及其客户的最佳未来。

33.4 案例研究：Bourne 能源公司

2010 年春天，Peter Bourne 展望公司未来，认识到必须做出某些改变了。在过去的 10 年里，热效率和取暖设备的改善已经导致数量减少，因为每户销售量持续下降。当他的父亲 Bob Brourne 早在 1947 年在莫里斯维尔第一次开始销售取暖燃油时，平均每户使用 1400 多加仑（图 33-4）。今天，佛蒙特的绝大多数家庭消费不足那个数量的一半。Bourne 能源公司不是唯一一个面临这种挑战的公司。拉莫伊尔县还有其他 10 多个取暖燃油供应商也在争取相同的客户。Bourne 知道，为了让公司延续到下一代，他必须让其企业在竞争中与众不同。

当 Bourne 认识到具有环境意识的客户基数，于是决定停止销售取暖燃油，开始销售 BioHeat®，一种生物柴油和取暖燃油的混合燃料。BioHeat® 可购买预混的，用卡车从伯灵顿或奥尔巴尼的批发终端运过来。其他选择是用卡车将两种产品（B-

图 33-3　销售带有 **BioHeat**® 商标的混合生物柴油的取暖燃油

100 和取暖燃油）运到莫里斯维尔，在这里可以现场混合（图 33-4）。

虽然现在销售可再生取暖燃油，但 Bourne 能源公司是以传统石油服务公司起家的。

Bourne 决定自己混合产品，由于技术和经济的原因，他购买 B100，因为他可以决定将其与标准取暖燃油的混合水平。这点很重要，当天气变得极为寒冷时，较高的混合燃料会使燃料浑浊，抑制燃烧。这也让 Bourne 能够确保代表其顾客有更好的价格，并根据顾客的偏好进行更高水平的混合。

Bourne 需要建一套能够储存生物柴油交货和注入、混合设备设施。多亏有佛蒙特可持续工作基金的部分资助，Bourne 安装了一套 1 万加仑的 B100 燃料罐，能 100% 回收食用油（图 33-5）。燃料是由新罕布什尔州北黑弗里尔 White Mountain 生物柴油公司生产。White Mountain 以 1 美元 / 加仑的价格从新英格兰的餐馆购买用过的食用油，将其转化成生物柴油。然后他们将其以相当于标准取暖燃油的价格卖给 Bourne 能源公司和其他取暖燃料经销商。

为了适应生物柴油，Bourne 对储罐进行了升级改造，并添置了混合设施。客户和送货车司机使用触屏电脑控制他们所需的等级。现在 Bourne 能源公司正在销售 B-5 到 B99 混合燃料供家庭取暖和野外发电机使用。所有生物燃料的混合燃料的燃烧效率至少与直接燃烧柴油和家庭取暖燃油产品一样。

图 33-5　2012 年 Bourne 能源公司在佛蒙特莫里斯维尔的生物柴油调配设施盛大开业。佛蒙特燃料经销商协会 Matt Cota 提供

尽管 Bourne 需要额外设备来保持和混合生物柴油，但价格仍然具有竞争性。同时，燃料燃烧的更为清洁，显著降低了空气污染物——二氧化硫、颗粒物（煤烟）和二氧化碳排放，根据美国环境保护局的标准（生物柴油对尾气排放的影响，2002 年 10 月）。当地生物柴油生产商开始认识到取暖燃油的市场潜力。有十余家佛蒙特公司种植油籽作物生产燃料。根基佛蒙特可持续工作基金（佛蒙特可持续工作基金，2014 年 1 月 17 日），农场生产从 2010 年的 27.10 万加仑飙升到 2011 年的 60.40 万加仑。Bourne 能源公司销售生物柴油与取暖燃油

的混合燃料一直很成功。该公司已经在拉莫伊尔县之外新开了 5 个点，变成该州最大的 10 家独立经营的取暖燃料供应商之一。

参考文献

A Comprehensive Analysis of Biodiesel Impacts on Exhaust Emissions Assessment and Standards Division, October 2002. Office of Transportation and Air Quality, U.S. Environmental Protection Agency. EPA420-P-02-001.

Krishna, C.R., 2001. Biodiesel Blends in Space Heating Equipment. Prepared for: National Renewable Energy Laboratory Program Manager. Brookhaven National Laboratory, Upton, NY. Retrieved fromhttp://homepower.com/files/webextras/Biodiesel_Space_Heating.pdf.

Northeast States for Coordinated Air Use Management (NESCAUM), 2005. Low Sulfur Heating Oil in the Northeast States: An Overview of Benefits, Costs and Implementation Issues. Boston, MA. Retrieved from: http://vtbio.org/ss_files/NESCAUM%20REPORT.pdf.

Vermont Sustainable Jobs Fund, Oilseeds and Biodiesel Project–Program Outcomes. http://www.vsjf.org/project-details/11/vermont-grass-energy-partnership (last accessed 17.01.14).

第三十四章

生物柴油燃料有何不同之处?

Daniel Ciolkosz

美国，宾夕法尼亚大学，宾夕法尼亚生物能源中心与农业和生物工程系

34.1 引 言

生物柴油是一种通过化学处理植物油，并改变其属性，使其表现得更像石油柴油的液体燃料。在 20 世纪 70 年代末，第一次对生物柴油进行了认真评估，但当时并没有被广泛采用。

最近，生物柴油燃料的话题已经获得了极大的兴趣，各种规模的制造商已经开始在全国各地生产。然而，许多人仍然不确定生物柴油是否是一个可靠的、安全的供柴油发动机使用的燃料。

本简报说明生物柴油和石油柴油的主要差异，包括生物柴油添加剂和混合燃料的信息。"在你的引擎中使用生物柴油燃料"系列中的随带说明书解释了当运行一个生物柴油发动机你可以期望的性能。

34.2 生物柴油与石油柴油

生物柴油和石油柴油的分子大小是大致相同的，但它们的化学结构有所不同。生物柴油分子几乎完全由称为脂肪酸甲酯（FAMEs）的化学物质组成，它含有不饱和的"烯烃"成分。而低硫柴油是由约 95% 的饱和烃和 5% 芳香族化合物组成。

如果生物柴油是用乙醇而不是甲醇生产，所得分子是脂肪酸乙酯 (FAEE)。

石油柴油和生物柴油的化学成分和结构的不同导致两种燃料的物理性质的几个显著差异。七个最显著的差异如下：

（1）生物柴油比石油柴油具有更高的润滑性（这是更"滑"）。这是一件好事，因为它可以预期减少发动机磨损。

（2）生物柴油中几乎不含硫。这也是一件好事，因为可以预期发动机使用生物柴油会减少污染。

（3）生物柴油具有比石油柴油高的含氧量（通常为10%—12%）。这会导致较低的污染排放量。但是，相对于石油柴油，它会导致稍微降低发动机的峰值功率（~4%）。

（4）生物柴油往往比柴油粘稠且低温下更容易"凝胶"。有些类型的石油比其他类型的石油问题更多。这是一个值得关注的问题，特别是对于典型的宾夕法尼亚寒冷的冬天。

（5）生物柴油更容易氧化（与氧反应）形成半固体凝胶状物质。这是一个令人关注的问题，特别是对于扩大燃料储存和只偶尔使用发动机（如备用发电机）时。一个良好的存储方法是使用一个干燥、半密封、凉爽的避光容器。

（6）生物柴油作为溶剂比石油柴油的化学活性更高。因此，相比安全的柴油而言，它可能通常被认为是具有更强侵害性的一些材料。

（7）生物柴油比石油柴油的毒性小得多，这对于泄漏的清理可能是真正的好处。

石油柴油的质量往往是更一致和可靠的，尤其是与小规模生产的生物柴油相比，小规模生产的质量控制可能不是很好。石油柴油可能在质量上从工厂到工厂或从区域到区域都有所不同，但变化通常要小得多。劣质的生物柴油燃料可能会导致发动机性能的许多问题，并应小心维护，以确保您的燃料质量良好（见"可再生能源替代能源的说明书"：在你的发动机上使用生物柴油燃料）。生物柴油，符合ASTM D 6751标准应该是一致的，高质量的。

公正地说，我们应该提到，石油柴油也表现出氧化稳定性和低温性能的问题，虽然目前生物柴油似乎是敏感的。

34.3 所用植物油的类型与生产生物柴油有关系吗？

关于生物柴油出现一个常见的问题，是"哪种作物产生最好的生物柴油？"从作物到作物有一定的差异，但它不是一个简单的选择一个"最好的"的问题，尤其是当种植或购买油的成本从作物到作物可能相当不同。

不同的植物油有较高或较低浓度不同的化学成分（大部分是脂肪酸），当他们被制成生物柴油时，这影响了他们的表现。此外，与油反应生成生物柴油的醇的化学结构也会影响燃料的性能。在一般情况下，关系到化学性质最大的是生物柴油分子的长度，在链中"分支"的数量和分子"饱和"程度。

如表34-1所示，这些特性对生物柴油既有正面也有负面的影响，所以不是真能选择一个"完美"的油生产生物柴油。如果这还不够复杂，我们还需要记住，冷起动性能在寒冷气候的冬季可能是至关重要的，但在夏季或在世界各地的温暖地区不重要。最重要的是，可以购买添加剂改善生物柴油一些不太理想的性能。

表 34-1　与用作生物柴油相关油的不同化学性质的一般比较

特性	正向作用	负向作用
分子长度	提高十六烷值、燃烧热，降低 NOx 排放	增加粘性
分支数量	降低凝点	降低十六烷值
饱和度	减少氮氧化物的排放，提高氧化稳定性，减少沉积	增加的熔点和粘度，降低润滑性 *

　　* 在技术上，润滑性的降低是由于去除含有硫极性化合物，这些化合物是加氢和饱和化合物形成的天然添加剂。

　　在一般情况下，分支较多较长的分子有利于生物柴油的性能，但 FAMEs 很少存在。高不饱和（高碘值）造成生物柴油氧化稳定性差、不受欢迎。植物油中的脂肪酸种类很多，油酸可能是最好的，而亚油酸其次，亚麻酸是最不想要的。

　　鉴于上述分析，看来菜籽油，由于具有高比例的不饱和脂肪酸（大量油酸），用于生物燃料的质量稍微比其他一些油料作物好些，虽然这还没有确切得到仔细测试的证实。热带油，如棕榈油，具有高比例的饱和脂肪，往往有显著的、与寒冷天气性能相关的问题，因为他们往往比许多其他油更容易固化。

34.4 用添加剂使生物柴油更好

　　从发动机性能的角度来看，生物柴油燃料的一些性能是不理想的。值得庆幸的是，可用添加剂来解决这些问题，并提高燃料的总体质量。

　　低温流动改进剂：这些添加剂通过限制其凝胶能力来提高生物柴油冷天气的性能。他们往往只提高了约 5 度的范围。

　　燃料稳定剂：这些添加剂作为"抗氧化剂"，以减少燃料的氧化降解的可能性。

　　抗菌添加剂：在生物柴油中有可能生长微生物，造成管线堵塞和设备污染。抗菌添加剂通过杀死任何现有的微生物并防止他们恢复生长来防治这些问题。

　　去污添加剂：这些添加剂在零件上形成一个保护层并溶解发动机内表面现有的沉积物，从而有助于减少发动机部件上形成沉积。

　　缓蚀剂：这些也可以通过在构件上形成保护层来保护发动机，从而防止腐蚀性化学物质接触表面。

　　今天，一系列的添加剂在市场上都可以买到，可在汽车商店或互联网上购买。通常，一个单一的产品可以结合许多或上述所有添加剂一起购买。这些添加剂的实际组成通常是一个严格保密的商业秘密，并不是所有的添加剂表现得都一样。用户应该跟踪一个特定的添加剂是如何为他们工作，并注意按照制造商建议的浓度并恰当使用添加剂。请记住，今天市场上有许多"蛇油"销售人员。只和那些得到你的发动机制造商认可的有信誉的公司和供应商打交道。

34.5 混合燃料怎么样?

生物柴油燃料非常容易与石油柴油混合。这些混合物燃料是根据其生物柴油的比例来描述（例如，"B20"有20%的生物柴油，80%柴油）。在一般情况下，混合燃料的性质将介于生物柴油和石油柴油两者之间。有时混合燃料被用来提高石油柴油的润滑性能或降低其硫含量。一个生物柴油生产商混合生物柴油的原因可能是改善其冬季低温工作特性。已有报告指出，温和冬季条件下，70%生物柴油和30%石油柴油混合是有效的。在冬季几个月，煤油（也称为1号柴油）和2号标准石油柴油混合（通常~40%煤油，60% 2号柴油）改善寒冷天气下的性能。这种方法可能是在宾夕法尼亚的严冬条件下使生物柴油可用的最简单的方法。然而，记住，应该只使用被批准为发动机燃料的低硫煤油。

34.6 总 结

生物柴油和石油柴油是非常相似的燃料，但他们是不一样的。然而，当我们考虑到制造生物柴油的程序与石油柴油完全不同时，其差异就显得非常之小。许多添加剂可以改进生物柴油燃料的特性，生物柴油可以很容易地与石油柴油混合，如果需要的话。对于更多的信息，请参阅下面的宾州推广合作局的简报和报告：
- 生物柴油：一种可再生的国内能源
- 可再生能源和替代能源的简报：在你的发动机中使用生物柴油燃料
- 制作自己的生物柴油：简要程序和安全预防措施
- 小规模的非商业性生产的生物柴油安全和最佳管理方法

致 谢

本章曾以同名被宾州州立大学农业科学学院作为宣传资料发表（发表代号UC205）。作者感谢宾州 Joseph Pterz，Dennis Buffington 和 Glen Cauffman 审阅本文。

第三十五章

生物柴油排放和健康影响测试

美国国家生物柴油委员会

35.1 生物柴油排放

生物柴油是第一个也是唯一一个根据"清洁空气法"第211（b）款，向美国环境保护局（EPA）提交了一套完整排放结果和潜在的健康影响评价的替代燃料。这些程序包括美国环境保护局认证的燃料或燃料添加剂所要求最严格的排放测试程序。这套测试收集了完整、彻底，以及目前技术允许的环境和人类健康影响属性目录的数据。美国环境保护局调查了大量的生物柴油的排放量的研究，并将健康效果的测试结果以及其他主要研究结果进行平均。结果见下表。要查看 EPA 题为"'生物柴油废气排放'的影响综合分析"的报告，访问：www.epa.gov/otaq/models/analysis/biodsl/p02001.pdf.

表 35-1　生物柴油的平均排放量与传统的柴油比较（根据美国环境保护局）

排放类型	B100	B20
监管		
总的未燃烧的碳氢化合物	−67%	−20%
Carbon Monoxide	−48%	−12%
颗粒物质	−47%	−12%
Nox	+10%	+2% to−2%
非监管		
硫酸盐	−100%	−20%*
PAH（多环芳烃）**	−80%	−13%
nPAH 硝基多环芳烃 **	−90%	−50%***
Ozone potential of speciated HC	−50%	−10%

生物柴油的臭氧（烟雾）形成潜力小于柴油燃料。演化生烃排放的臭氧形成潜力是柴油燃料排放量的 50%。

纯生物柴油基本上消除了硫的排放。与柴油机相比，生物柴油基本消除了硫氧化物和硫酸盐的排放（酸雨的主要成分）。

标准污染物随着生物柴油的使用减少。测试表明，在柴油机中使用生物柴油大幅降低未燃烧碳氢化合物、一氧化碳和颗粒物。氮氧化物的排放保持不变或略有增加。

一氧化碳——生物柴油的尾气排放中一氧化碳（一种有毒气体）平均比柴油排放的一氧化碳排放低 48%。

颗粒物——可吸入颗粒物已被证明危害人类健康。生物柴油颗粒物的尾气排放量约比柴油的总颗粒物排放量低 47%。

碳氢化合物——生物柴油的总碳氢化合物尾气排放（局部形成烟雾和臭氧的一个贡献因素）平均比柴油燃料低 67%。

氮氧化物——生物柴油氮氧化物排放量的增加或减少取决于发动机型号和测试程序。纯（100%）生物柴油的氮氧化物（局部形成烟雾和臭氧的一个贡献因素）排放量平均增加 10%。然而，生物柴油中没有硫可以使用传统柴油中不能使用的氮氧化物控制技术。

此外，一些公司已经成功开发了添加剂，以减少生物柴油混合燃料的氮氧化物排放量。

生物柴油降低与石油柴油相关的健康风险。生物柴油排放中已被确定为潜在致癌物的多环芳香烃（PAH）和硝基多环芳烃（NPAH）的水平下降。在健康效应的测试，多环芳烃化合物降低 75%—85%，而苯骈蒽例外，大约降低 50%。生物柴油目标化合物 nPAH 也可大幅降低，2-硝基芴和 1-硝基芘减少 90%，其他化合物只可减少微量水平。

35.2 健康影响测试

35.2.1 历史

2000 年 6 月，生物柴油成为第一个和唯一一个已经成功地完成"清洁空气法案"1990 修正案要求的第一级和第二级健康影响测试的替代燃料。生物柴油行业向健康影响测试计划投入了四年时间和二百多万美元，目标是将生物柴油与其他替代燃料分开，并增强消费者对生物柴油的信心。

35.2.2 测试

一级健康影响测试由西南研究所完成,包括生物柴油的排放量的详细分析。第二级是由 Lovelace 呼吸研究所完成,以对室内空气(高、中、低)的三种不同稀释浓度进行了 90 天亚慢性吸入生物柴油尾气的研究,并进行了具体的健康评估。

35.3 结 果

通过对健康影响的测试得出结论,中等尾气浓度(远高于该领域观察到的浓度)无明显不良作用水平(NOAE),说明生物柴油废气对人体健康没有威胁。除了显示已知加重哮喘和其他疾病等健康威胁的颗粒物减少,还发现致癌化合物减少。称为多环芳香族碳氢化合物(PAH)和硝基多环芳烃(NPAH)的芳香族化合物的排放明显降低。大多数的 PAH 化合物降低 75%—85 %。所有的 NPAH 化合物都至少降低 90 %。

35.4 意 义

健康效应测试使用最先进的技术,验证现有的测试数据,其结果提供了确凿的科学证据。生物柴油数据整体足以证明生物柴油对环境和公众健康的显著益处。这将会增加消费者的信心、促进生物柴油的使用。

致 谢

编者感谢 Ray Albrecht 工程师(美国东北部的技术代表)和 Jessica Robinson(通讯主任)为本书的这两份资料贡献的时间和精力,本资料来自 http://www.biodiesel.org,得到国家生物柴油委员会许可。

第三十六章
生物柴油可持续性宣传单

国家生物柴油委员会（NBB）

36.1 可持续性原则

· 国家生物柴油委员会将减缓气候变化、人权保障、食品安全和尊重所有自然资源等方面的可持续性作为最优先考虑的事情。这就是为什么这个行业已经采用并遵循展现我们全方位可持续发展承诺的指导原则。

· 生物柴油生产商已经提供了一个非常可持续发展的燃料，这些原则是以另一种方式，确保随着我们的行业发展，继续提高生活质量、保护环境、加强经济。

· 生物柴油改善空气质量，它是可再生的，它在我们的社区创造了绿色白领的工作岗位。NBB 致力于保持生物柴油处于可持续发展的前沿。

36.2 能量平衡

· 生物柴油具有很高的"能量平衡"，美国爱达荷大学和美国农业部的最新研究表明，对于生产生物柴油所需的每一单位化石能源，其回报是 5.54 个单位。由大豆油制成的生物柴油具有很高的能量平衡，因为用于种植大豆的主要能源是太阳能。

· "能量平衡"考虑到种植、收获、燃料生产和燃料运输到最终用户。由于现代农业技术和能源效率的结果，生物柴油的能量平衡将不断提高。

· 相比之下，常规化石燃料生物柴油具有负能量平衡。

36.3 水资源保护

· 农作物不灌溉，只为生产生物柴油而种植。这些共产物和副产品的转化使用很少的水——整个美国生物柴油产业 2008 年加工用水量不能满足灌溉阳光地带两个高尔夫球场的用水量。

•1998 年，一个美国农业和能源部门联合完成的对生物柴油生产"从摇篮到坟墓"的分析发现，它减少了 79% 的废水，并且危险废物的产生比石油柴油减少 96%。

36.4 土地保护

•美国农业部报告显示，自 1959 以来，美国的作物种植面积并没有增加。

•在美国不希望因生物燃料而带来危及环境敏感土地的利用变化。事实上，已有非常坚实的联邦和州法律，帮助确保这些土地保持原状。

•美国农作物的生产正显著地趋向利用更多的保护性措施，并且农业进步使同样的种植面积获得更高产量，而投入降低。

•联合国粮食和农业组织（FAO）计算，今天可以用于农业的土地当中，104 亿英亩中只有 37 亿英亩已经使用，并认为其中只有 1% 的面积用于生物燃料（包括乙醇）。

36.5 食品供应安全

•生物柴油不是通过将大豆粉碎全部用来生产成燃料。大豆有两个组成部分，油和蛋白粕。这种豆粕是大豆的大部分，并用作食品和牲畜饲料。生物柴油只使用大豆油这一部分。

•通过为共产出的大豆油创建一个新市场，增加大豆总价值，豆粕部分变得对于蛋白质市场更具成本竞争力。这对粮食供应具有积极的净效应。

•生物柴油不会像大食品公司令你相信的那样影响食品价格。例如，在 2008 年后一个季度，生物柴油生产接近行业新高，超过 6000 万加仑 / 月，但在同一时间内，大豆商品销售接近历史低点。如果这还不够，即使商品价格下降，食品价格几乎没有变化。

•用美国大豆生产的生物柴油，每年只使用全国大豆收获量的约 3%。

•生物柴油只使用大豆油的部分，所有的蛋白质可以为人类和牲畜提供营养。

•2008 年，用大豆生产的生物柴油，同时产生足够相当于 1150 亿份发展中国家饥饿者蛋白质需要量的豆粕。

36.6 多样性

•生物柴油是地球上最多样化的燃料。它是由区域所有的、美国富产的可再生资源（包括大豆油、植物油、回收餐厅油脂、牛油及其他脂肪）生产。

• 生物柴油需求的增加正刺激着开发生产生物柴油新材料的研究与投资，如藻类、荠，麻风树，其他旱地作物以及废物（如地沟油）。因此，我们会看到更多的原料量来自休闲或低产土地，并利用创新技术。

• 根据位于科罗拉哥尔登的国家可再生能源实验室的研究，国产生物柴油原料为 16 亿加仑（包括油脂、动物脂肪和植物油）。NREL 预计 2016 年自然增长和现有原料扩大（大豆、油菜、向日葵），原料供应将会额外扩大 18 亿加仑。

36.7 清洁空气和健康影响

• 美国能源部和美国农业部说，生物柴油降低其生命周期中的二氧化碳、温室气体，达到 78%。[1998 年 5 月，美国能源部（DOE）和美国农业部（USDA）公布的生物柴油生命周期的清查研究结果。这个 3.5 年的研究跟踪美国环境保护局（EPA）和私营行业认可的协议进行这类研究] 生物柴油也显著减少了直接影响人类健康的排放物。

• 生物柴油是唯一一个自愿完成美国环境保护局一级和二级测试，量化排放特性和健康影响的替代燃料。

• 业已证明，吸入颗粒物危害人类健康。生物柴油的颗粒物排放量较柴油总颗粒物排放量低约 47 %。

• 生物柴油排放表现出多环芳香烃和硝基多环芳烃水平的大幅度下降（分别为下降 75 %—85 %、90 % 及微量水平），这两种物质已被确定为潜在致癌物。

• 由于生物柴油对健康的好处，美国肺脏协会的一些章程已经呼吁支持使用替代燃料。

致 谢

本简报来自 http://www.biodiesel.org，经国家生物柴油委员会许可后发表。编者感谢 Ray Albrecht（生产工程师，美国东北部的技术代表）和 Jessica Robinson（通讯主任），他们为本书的这些资料贡献了时间和精力。

第三十七章

生物能源创业机会

F. John Hay

美国，内布拉斯加州，内布拉斯加州大学林肯分校生物系统工程系

37.1 生物能创业

对于社会发展来说，创业非常重要，因为创业可以推动创新和技术革新，从而促进经济增长（Schumpeter，1934）。本章从市场驱动力、创业动机和生物能创业机会等几个方面就生物能创业展开讨论。包括政策引导、能源危机和环境恶化等因素在内的市场驱动力驱使着能源产业向可再生能源方向发展。经济、环境、社会因素和开拓精神等多重因素激励着人们开创新的行业。通过探讨生物能创业市场驱动力和创业动机，有助于我们更清楚地发现和找到进入生物能源产业的契机。

生物能创业打开的是生物质转化成能源的市场。创业这个词对于不同的人来说其含义可能也不同。《韦氏大词典》是这么定义创业的：创业是指一个人成立、经营一项商业或一个企业，并承担这项商业或这个企业的相关风险。为便于理解，本章采用 Shane 和 Venkataraman（2000）的观点，他们认为创业是"发现、评估并利用机会制造人们未来需要的商品或服务"的过程。

并不是所有生物质创业人都能像做得最好的那几家生物质能转化大企业一样成功，这些生物质创业人都有一些共同特征，他们都是白手起家、全力以赴、勇于冒险、精力充沛、富有远见。即使你具备了以上所有特质，也不能保证你的创业就一定会成功。生物能行业里很多人成功，也有很多人失败，还有很多人一直在挣扎沉浮。

在现代生物能行业里创业最后是成功还是失败，取决于时机。2005 年伴随着生物燃料开始兴起，环境政策鼓励厂家往燃油中混合乙醇，玉米乙醇产业爆发式增长，生产乙醇的工厂如雨后春笋般遍地开花，其中一些工厂在 1—2 年时间内就清偿了债务，开始盈利，赚到了巨额利润。后来加入的企业就没有那么幸运了，随着

玉米价格上涨，利润空间减小，这些企业一直艰难求存（Hofstrand，2008）。创业成功的那些人是怎么抓住时机的呢，可能仅仅只是运气比你好一点，也可能是他们更有远见，总之，抓住时机是创业成功的关键。

37.2 现在及未来的能源状况

由于世界人口的增长及发展中国家财富的增加，对能源的需求也将随之继续增长。世界人口在增多，发展中国家居民的财富也在飞速上涨。据美国能源信息管理局估测，截至2040年，世界能源消费将由2010年的523×1015的英国热量单位（Btu）增长至819×1015的英国热量单位（Btu）（美国能源信息管理局国际能源展望，2013）。全球能源的通用来源如下：33%来自石油，28%来自煤炭，22%来自天然气，11%来自可再生能源，6%来自核能（图37-1）。电能来源主要有煤炭发电、天然气发电、核能发电、水电、风力发电以及太阳能发电。运输燃料主要来自于石油。运输燃料严重依赖于一种原料意味着，石油市场的价格飞升将对燃料价格产生巨大影响。石油行业在基础设施上领先了一百多年，而十年来的高价也为其提供了雄厚资本以投资新的钻井、勘探及提取技术。与之相对的是，在技术飞速发展的当下，要推动生物燃料与生物能源的大规模生产，生物能源行业几乎得从零开始，而在此过程中，它还需依赖石油行业，购买石油产品。因授权委托再加上盈利

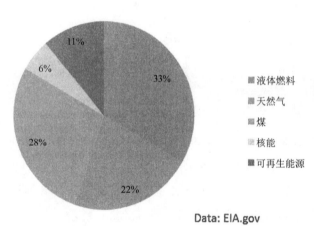

Data: EIA.gov

图37-1　2012年世界燃料能源消耗（1015 Btu）

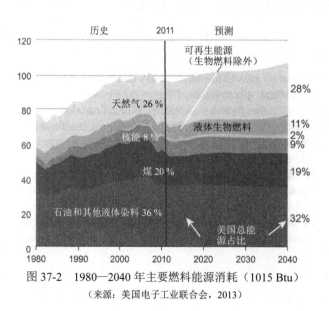

图37-2　1980—2040年主要燃料能源消耗（1015 Btu）

（来源：美国电子工业联合会，2013）

机会，一些石油公司开始投资可再生能源。截至 2040 年的能源使用预测表明，可再生能源的使用有所增加，而化石能源的使用保持稳定（图 37-2）（美国能源信息管理局国际能源展望，2013）。而在未来，当生物能源与石油、煤炭、天然气以及核能展开竞争以生产低成本能源时，其从业者也将面临同样的挑战。

37.3 生物能源的创业动机

不同的生物能源创业项目，其背后的主要推动者或关键人物的创业动机可能各有不同。Lin（2008）指出了创业者的三个主要创业动机：环境、社会福利和创业。一个具有环境创业动机的项目希望利用生物能源来解决环境问题。例如一个养猪场有意扩大规模，却担忧会加重环境中的臭味，因此犹豫不决。通过生物能创业，增设一个厌氧消化池，消耗掉各种有机残余物，即可解决不良气味的问题，同时产生的能量还可用来发电及运行农场设备（将沼气去除杂质净化后再进行压缩，即可作为压缩天然气使用）。社会福利创业动机是指创业以提高社区居民生活质量为驱动力。生物能创业可以从很多方面提高居民生活质量，这样的实例也有很多，例如提供低价电，增加社区成员就业或增加社区税收。玉米乙醇行业的迅速发展体现了生物能创业带来社会福利的很多实例，比如社区领导筹措资金、自己建立乙醇厂或吸引乙醇厂入驻社区。乙醇厂落成后，可以为社区提供高薪工作岗位，创造大量的税收收入，同时还可提高玉米价格。

最后，创业型动机则体现在市场还很不成熟的情况下，生物能源创业企业的主要推动者冒险利用创新技术进行生物能创业。这些企业立志于成为新兴生物能源市场的龙头企业。第一代纤维素生物燃料工厂投产后，艰难求存，就是创业型动机驱动创业的一个实例。还有一个创业型动机的创业实例，就是很多小企业对藻类进行研究，完善藻类种植和收获技术，预期用于生物能创业。

除了 Lin 指出的上述三个动机之外，Shane 辩称创业精神还包含人类能动性及创造性本质，表现在人类有以全新的方式重整资源，进行创造性活动的本质驱动力（Shane 等人，2003）。我们可以将这种动力称之为第四动机——"开拓精神"，如 Shane 所言"人类动机在创业过程中发挥着至关重要的作用"。这种开拓精神驱动着生物能源企业家将新兴替代能源推向市场，并与传统化石燃料竞争。一个企业家必须具备这种开拓精神，在各种市场环境下尽力开拓市场。更多市场驱动力的相关内容，下一节将有进一步讨论。

37.4 市场驱动力

一直以来，生物能都占据着一部分能源市场。燃烧木材取热和蒸汽就是生物能利用的一个例子，在木材较多或其他燃料价格较高的地区，人们至今还在使用木材作为能量来源。生物质液体燃料，如乙醇，在 20 世纪 20 年代之前风行过一阵，后来由于法规出台禁止使用乙醇燃料，这个产业也就消失了。现代的液体乙醇工业主要利用当地出产的玉米作为乙醇来源，相比之前的乙醇产业，其产能更高。

玉米乙醇工业的发展无疑与各种补贴、政府命令和联邦、各州的环境政策密切相关（图 37-3）。早在 1978 年，政府就开始实施玉米乙醇工业的免税补贴，补贴金额达每加仑 0.40 美元，在免税补贴政策的驱使下，玉米乙醇产业产量缓慢增长，直到 2005 年，美国国会通过了 2005 "能源法"（其中一部分内容涉及可再生能源标准 RFS），根据该法要求，到 2012 年为止，至少要在汽油中混入 75 亿（10^9）加仑可再生燃料。该法案的出台，加上与燃油添加剂甲基叔丁基醚（MTBE）相关的环境问题日益严重，导致了燃油工业开始放弃使用甲基叔丁基醚，而改用乙醇作为氧合和辛烷值促进剂。此后不久，2007 "能源法"（内含 RFS-2）出台，更新了 2005 年制定的 RFS，并要求到 2022 年为止，汽油和柴油中至少要混入 360 亿可再生燃料。RFS-2 不仅强制规定了可再生燃料的质量和用量，还根据与汽油相比，可再生燃料燃烧产生温室气体量的减小程度，对可再生燃料进行了分类。法规归类囊括了每一种生物燃料，并规定了每一类生物燃料的最低混入量。淀粉制生物燃料最低混入量定为 150 亿加仑。RFS-2 之所以这么制定，其目的在于刺激对不同类别生物燃料的需求，从而构建起一个完整的生物燃料行业。RFS 和 RFS-2 对于建立一个稳定的生物燃料市场都很重要，市场稳定，才能刺激资金进入可再生燃料行业。乙醇价格低，辛烷值高，是燃料行业一种物美价廉的辛烷值促进剂，作为汽油燃料添加剂越来越流行。由此，也大大刺激了乙醇市场需求，截至 2011 年底，乙醇产量增长率已经超过 RFS 规定，且稳定在高需求水平，联邦规定的乙醇消费税抵扣（乙醇补贴）期限到期之后，需求仍然坚挺。图 37-3 展示了美国以玉米为原料的乙醇产量，根据这些数据可以看到联邦政策加上环境法规，如何一步步推动了乙醇的市场需求。

RFS-2 的未来掌握在美国环境保护局（EPA）的手里。2014 年，EPA 发布决定称，由于汽油消耗量低于计划，因此决定减少生物燃料规定消耗量。这一决定增加了 RFS-2 未来走向和高端生物燃料能否满足强制混合水平的不确定性。2014 年间，该政策刺激了生物柴油的市场需求和产量，生物柴油主要用作柴油车高级生物燃料和家用取暖油添加能源。不过，纤维素生物燃料的增产率没有达到最初预期。

刺激可再生能源用于发电采取的也是类似的法规强制和补贴方针。可再生能源发电配额制（RPS）要求必须有一定比例的电量是由可再生资源产生。很多州和地

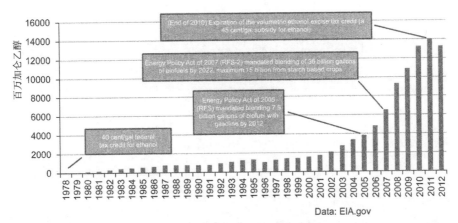

图 37-3　1978—2012 年美国乙醇燃料产量

（资料来源：EIA.gov）

区都实施了这类法规（实施 RPS 的州 / 地区包括华盛顿州、俄勒冈州、加利福尼亚州、蒙大拿州、内华达州、亚利桑那州、新墨西哥州、德克萨斯州、夏威夷州、堪萨斯州、明尼苏达州、威斯康星州、路易斯安那州、伊利诺伊州、密苏里州、密歇根州、俄亥俄州、纽约州、宾夕法尼亚州、缅因州、新罕布什尔州、马萨诸塞州、罗德岛州、康涅狄格州、新泽西州、马里兰州、特拉华州、北卡罗莱那州、华盛顿特区和波多黎各；可再生能源配额目标州包括犹他州、北达科他州、南达科他州、俄克拉荷马州、印地安那州、西维吉尼亚州、维吉尼亚州和佛蒙特州）。RPS 实施之后，在它的驱动下，各州建立了大量风力发电机组和太阳能发电站。其中有些州实施的 RPS 还包括太阳能发电配额制，规定了太阳能发电量占总发电量的百分比。这些州安装了大型太阳能光伏发电阵列，如果没有 RPS 规定，他们不可能会去安装这么大型的太阳能阵列。

　　法规和税收优惠补贴的不确定性是生物质投资和创业共同面临的主要问题。可能你要问：一个产业的市场不确定的时候，开始商业冒险合适吗？要知道，巨大的风险往往也预示着巨大的潜能（E2，2012）。为发现生物能创业机会，我们首先需要对生物能供应链和产业供需决定因素进行一番研究（表 37-1）。

表 37-1 生物能供需决定因素

需求决定因素	供应决定因素
1. 口味或偏好 人们对目前的能源状况有什么想法：他们是否需要生物能？是否愿意花更多的钱购买生物能源？	1. 产品价格 a. 原料价格变化 b. 质量和效率最新技术进步 c. 导致效率提高/降低的组织变革 d. 政府政策、包括税收和补贴
2. 相关产品的供应量和价格 替代品：替代产品的价格越高，对这个产品的需求就越大。如果原油价格上涨，石油公司就会尽可能地混入价格更低的生物燃料。 互补品：互补品的价格上涨，对互补品的需求就会下降，新兴产品的需求也会随之下降。如果汽油价格上涨，对汽车需求就会下降，汽油需求也随之下降。	2. 替代产品和供应的盈利 比方巴西有一个甘蔗厂，如果生产糖的利润比生产乙醇的利润高，则乙醇的供应量就会减少，糖的供应量会增加。
3. 收入 随着人们收入增加，对产品和服务的需求就会增加。收入增加，汽车数量和行车里程数也会增加。	3. 自然因素、随机市场冲击 这包括恶劣天气、地震、战争和劳资纠纷
4. 未来价格走向预期 如果人们预计产品最近价格会有变化，那么他们会相应地改变自己的购买习惯。比如，如果人们预估油价要上涨了，那么他们就会买更省油的车或者弹性燃料车。	4. 未来价格预期 如果厂家预期产品价格近期会上涨，那么他们就会增加产品库存量（减少当前供应量）以等价格上涨后获得更大的利润。
5. 人口因素 人口的构成和数量影响着需求。如果人口数量增加，并且人们变得更加富裕，对能源的需求就会增加。	5. 联合供应产品的利润 如果乙醇的供应量上涨，那么相应地玉米粕作为乙醇联产品之一，其供应量也会增加。

37.5 生物能机遇：生物燃料产业价值链

生物能产业的原料可以是任何以"生物"两字打头的东西，包括专用能源作物、农作物收割后剩下的残留物、城市固体废弃物或粪肥在内的废弃物以及各种植物油（原油或使用过的油）。每种原料收割、储存和运输成本不同，生产价格也各不相同。通过研究原料生产各个步骤，可以帮助我们发现藏在背后的创业机会。

生物燃料产业价值链可以归纳如下：

原料遗传与育种→原料生产→原料运输→生物质加工→转化→副产物/联产品利用→营销

创新性人才和小公司可以从生物质作物遗传学和能源转化生物技术两方面入手，开发出更好的生物质燃料转化途径，这两个方面是创新性人才和小公司可以有所作为的两大领域。酶、催化剂、酵母和植物育种等生物技术影响着生物燃料的产量。需要发展和完善生物加工和整个供应链相关的设备工程，改进生物质生产体系。工程师和设备修理人员等已经开发出针对设备问题的创新解决方案，也可以将这些解决方案推向市场。

燃料的分布格局基本上已经由历史上几家主要的大公司和汽油及柴油运输基础

设施这两者限定。生物燃料公司作为市场融合者，通过各种特殊渠道营销，为消费者增加生物燃料选择，在燃料分布系统上起着越来越重要的作用。

副产品和联产品对于第一代乙醇作物盈亏极其重要。同理，加强副产品和联产品的营销力也可以增加生物能工厂的经济效益，玉米乙醇产业的主要联产品是玉米粕和玉米麸质饲料。此外，玉米乙醇产业还把副产品二氧化碳和后发酵产生的玉米油推向市场。还可以与另外一个独立公司建立合作关系，由这个公司专门负责收集和销售副产品，这种做法在玉米乙醇行业也比较常见。有些公司对玉米粕进行制粒，变成更紧实的饲料出售，收集二氧化碳用于灌装行业，并将玉米油转化成生物柴油，通过这些手段实现副产品增值。作为生产低值产品的企业，可以对副产品投以更多关注，认真考虑副产品的开发利用，以实现企业整体增值。

37.6 生物燃料产业价值链创业者实例

这里为大家提供了一份真实企业家清单，这些企业家成功发现、评估并利用了现存生物燃料产业价值链机会进行了生物质能创业：

原料培育和遗传学：

• 玉米培育者应把直链淀粉含量高的杂交玉米作为种植重点，用这种玉米来生产乙醇，可以降低生产成本，节约购酶成本。

• 藻类作为生物能源潜力巨大，很多创业公司最初都是把藻类作为主要生物质进行培育。藻类早期主要用于生产特殊化学品。

原料生产：

• 农民可以按种植合约种植上面实例中所说的直链淀粉含量高的玉米，参与到生物能产业中来。

原料物流：

• 内布拉斯加州的两个农民把他们发明的用于穗轴收割的联合收割粮食车附属装置推向了市场，这种装置可以用来收割玉米穗轴和苞叶生物质并将其运输到先进生物燃料生产地点。

生物质加工：

• 内布拉斯加州的一个老饲料加工厂现在已经变成了一家木屑制粒车间，主要用于生产生物质颗粒，满足当前多元化市场的需求。

• 密苏里州的一群农民成立了"给我能量合作社"，专门销售他们的柳枝稷和其他生物质。这家合作社开发了用于将生物质制成燃料和颗粒饲料的混合和制粒专利技术。

转化过程：

• 有几位昔日的学生根据爱荷华州立大学生物经济研究所的研究结果，向市场推出了新的气化技术。

副产品 / 联产品利用：

• 一些私企已经和乙醇生产商签订了合同，合同约定乙醇生产公司收集副产品二氧化碳，销售给合作私企司用于生产饮料、干冰和其他商品。

• 2010 年之前干磨法生产乙醇产生的玉米油利用率很低。如今，很多干磨法生产乙醇的厂家将后发酵过程中除掉的玉米油出售给其他公司，供这些公司用于生产饲料或生物燃料。

• 有一些心急的创业者已经开始将生物炭（生物质热化学转化技术的副产品）商品化。随着第二代生物燃料的兴起，生物炭市场将快速增长。

营销和配送：

• 乙醇在很多中西部燃料站被用作营销工具。生物柴油的情况和乙醇差不多一样，中西部地区的这些消费者愿意花更多的钱购买本地生产的燃料。

• 内布拉斯加州成立了一家开发、建造和销售以乙醇为动力燃料的灌溉机的创业型组织。

37.7 小规模生物能创业机会

生物能利用小规模市场缺口的存在由来已久，加创业者制造自用生物柴油转化系统，从粪便中收集甲烷和其他废物，或利用废弃木材和其他材料取热。

37.7.1 生物柴油

由植物油经简单转化就可以得到甲酯（生物柴油），生物柴油是一种典型的小规模生物能。用正确的材料经简单化学反应就可以生成生物柴油。农民用自己种植的油料种子在农场自制生物柴油，带动了生物柴油自制潮流。制得的生物柴油可以用在拖拉机或者其他柴油机上。这种小规模生物柴油的主要问题在于质量控制。小规模生产商生产的燃料难以达到美国材料试验协会（ASTM）标准。不能满足ASTM 的标准，就不能推向市场进行销售。一些现在还在运行的小规模生物柴油生产厂家经过多年钻研，现在已经基本可以满足 ASTM 的标准试验要求，他们主要以合作社的模式运行，由社员提供油料种子或其他油原料，产出的燃料也由社员消耗。其他油原料包括废弃餐饮油脂、动物油脂，还有包括芥菜籽、亚麻、油菜籽、芥菜、大豆、向日葵、玉米、藻类等在内的植物油。每种油料的特征各不相同，根据其不同特征，加工过程略有不同。生物柴油创业者如果熟练掌握各种原料加工办法，就可以以最低成本开发利用各种原料。

37.7.2 甲烷

这一部分讨论的是厌氧消化产生的沼气甲醇，不包括其他来源的沼气甲醇，如填埋气甲醇。将有机物堆积在缺氧环境中，厌氧微生物以有机物为食物，进行厌氧消化，并产生沼气（主要含甲醇）。废弃物是沼气甲醇生产的常见原料，包括肥料、食品加工废弃物、生物污水和其他有机废物。产生的沼气甲醇可以用于内燃机发电，锅炉或工业炉供热，或经净化后灌输到天然气管道，也可以直接燃烧（开放空间明火燃烧）。粪肥是可供厌氧微生物作用生产沼气甲醇的一种很好的原料，也是沼气常见的最主要的原料。因此，奶牛场、市政污水处理系统、养猪场等场所沼气池比较常见。沼气池做好后，可以持续产生甲醇。生成的甲醇必须及时用掉或直接烧掉，以防止甲醇在沼气池内部聚集，压力增大，发生爆炸。

• 沼气甲醇直接燃烧对环境是很有好处的，含一个碳原子的甲醇燃烧后生成一个二氧化碳分子，其生成温室气体的量是制备甲醇原料直接燃烧产生温室气体产量的 1/25。

需要减少二氧化碳等温室气体排放，比如需要可再生能源替代或进行碳交易时，就是体现甲醇收集和燃烧价值的时候。

• 厌氧消化还可以减少不良气味，已经有农场通过建造沼气池，成功地减少了粪便等有机废弃物带来的不良气味，没有了令人厌恶的难闻气味，农场得以继续在人口密集的地方开办，或者还可以扩大规模，而不会遭到附近居民反对。

农民可以利用沼气技术维持和扩大甲醇生产规模，控制沼气池不良气味，加入生物能创业者行列。在此过程中，农民还有更有用的主要产物，借此产生的能量只是他们的第二产物。

37.7.3 生物质和木材

在人类文明发展史上，人们在家里燃烧木头取暖的历史由来已久。当今美国，在树木非常茂盛的地区，住户最常用的取暖方式还是烧木头，有些地区的烧木头取暖技术几乎和古时候一模一样。大部分地区，住户们自己砍伐树木，然后经处理后燃烧，而其他人可以从个人或小店购买这些木材。烧木柴或其他生物质芯块的芯块炉现在越来越常用，这种炉子比传统壁炉更加可控。燃烧木料均匀、紧实，生物质传输和打包操作方便。因为木材是可再生能源，温室气体生成量比煤和其他化石燃料更少，欧洲也逐渐流行使用压缩木燃料。市面上已经有人提供用船运输压缩木进行出售或其他取暖用途的服务。

• 木材收获：

除了市场上购买木材之外，除去的树木枝梢、打薄树木的辅料、木材加工切削废料、木材厂废料、工厂废料、旧托盘、避难所改造和死树，都是可以获得木材的方式。

• 木材加工：

将木材转变成压缩木燃料或其他商业价值更高的产品。近年来，国内市场对压缩木燃料的需求大幅增加。

37.7.4 合作社

合作社是由一群人为了满足成员的需求共同工作组成的团体。成员们共同拥有和管理合作社。生物能合作社是向成员提供生物能，或者使用成员提供的原料进行生物能创业的组织。

很多企业最开始都是以合作社的形式实现资源共享，然后逐步发展成企业。单独个人或者家庭刚在创业起步阶段的时候，成立企业显得太复杂了，而成立合作社就比较方便。还有一些合作社的成立是为了提供比个人所供商品或服务质量更高的的商品或服务。出于不同目的成立的合作社，其组织形式也略有不同，不过，一般来说，合作社都是由有共同意向的个人用资金或者其他资产购入和建立的面向所有成员的一种商业形式。前面我们说到过生物能创业动机，合作社的成立动机可能是为了环保、社会福利或者创业。

• 生物能合作社例子：

小规模生物柴油（社员提供油菜籽作原料，得到最终产品生物柴油，供社员使用＝环境动机）

生物质制粒设备（社员购买制粒设备使用配额，社员提供生物质，拿到报酬＝环境和创业型动机）

甲烷沼气池（相邻的农场一起建立社区沼气池，所有社员为沼气池提供粪肥，沼气池所产能源收益由社员共享，建立沼气池还可以减少社区异味，造福所有社员＝环境和创业型动机）

37.8 大规模生物能创业机会

大规模生物能是指年生产量达到几百万加仑或生产能力达到几十万生物质物质的企业，比如用于加热或发动设备的每年数百万加仑的生物精炼或百万瓦特级的生物能源。此类工厂需要雄厚的资金实力。生物质创业也不乏这种大规模的生物企业，不过，我们通常认为创业是指刚起步的小公司。生物能工厂离不开技术供应商的专业技术和设备。这些技术供应商分布在很宽的领域，包括重型设备、计算机、化学、分析设备和废物处理等领域。

37.9 外围创业机会

在生物柴油和生物能产业圈定的范围之外，同样存在着很多创业机会。一些创业者在生物能外围进行创业活动可能就挺知足了。这种外围创业机会可能不直接支持生物燃料和生物能产业，而是利用生物燃料和生物能产业的存在，从周边寻找创业点。在生物燃料和生物能产业紧张的建设期期间，为建筑工人提供满足各种个人需要的企业就是一个边缘创业的例子。在建造高峰期过去以后，这类生意仍然可以继续为生物能产业从业人员提供服务。这种生意抓住了建造高峰期这个时机，一般可以很快实现盈利。

生物能产业爆发式增长时期外围生意包括以下几种：

- 餐厅
- 加油站
- 服饰店
- 银行
- 汽车旅馆
- 公寓建筑群

37.10 乙醇生物能源急剧增长时期创业例子

2001 年至 2007 年乙醇产业急剧发展期间，成百上千的创业者利用乙醇产业扩张时机创业。充分体现了一个产业的扩张怎样从多方面带动创业。2001 年至 2007 年间，沿玉米种植带（图 37-4）成立了成百上千座乙醇厂，几乎所有的乙醇厂都建在离玉米种植地和畜牧场较近的农村地区，乙醇的联产品可以供畜牧场做饲料用。每座工厂建成需要 1—2 年，花费达 5 千万至 2 亿美元。大多数工厂都是由大的生物能公司承建，其中也有小部分由当地投资建造，或者由合作社和农民建造。当地投资建造乙醇厂大多数是为了造福当地百姓。成立一个乙醇厂可以提高当地玉米价格，为所在社区提供工作机会，包括 25—50 个长期稳定的全职工作机会。除了提供直接工作岗位之外，还通过支持乙醇产业的企业的成立间接地带来其他工作机会。

2008 年，内布拉斯加大学林肯分校从内布拉斯加 5 个农村地区召集生物能产业主要驱动者和社会领袖进行访问研究，试图发现乙醇厂对当地社会和人们生活的影响。这项研究是为了从中获取经验和信息，帮助其他农村地区做好迎接未来生物能产业扩张的准备。研究结果清晰显示了当地创业者是如何通过启动生物能产业需要的商业服务或扩大已有的生意，一步步地进行生物能产业创业（Hay 等人，

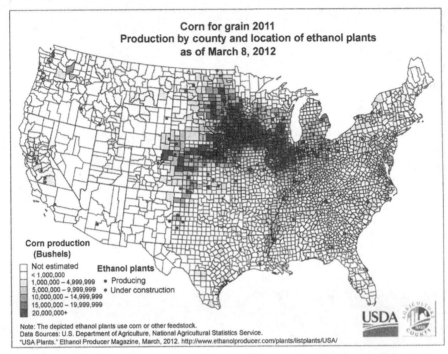

图 37-4　20 世纪 80 年代，玉米乙醇厂可谓屈指可数，到 2012 年，已经超过 200 个。
纤维素生物燃料产量达 160 亿加仑，并且还存在纤维素生物燃料工厂缺口 300 多个
（5 千万加仑 / 年）。

2008）。

　　每建成一个工厂，需要近 200 名工人，这些工人要在农村地区吃、住、玩，这是一个巨大的商机。当地创业者踊跃行动，抓住这个机会，张罗和扩张相关生意。最初几年摸爬滚打的实战经历教会他们如何迅速收回成本，实现盈利。内布拉斯加州阿尔比昂县的一家快餐店就是其中一个极好的例子。在内布拉斯加州阿尔比昂县，创业者在生物质工厂建造期间建造和开办了一个连锁餐厅。此前居住着 1623 个居民的阿尔比昂县没有一家快餐店。大量建筑工人涌入这个地区，需要解决吃饭问题，此时是建立快餐店的绝好机会。同理，建筑工人的住宅需求刺激了汽车旅馆、住房、公寓的建造和改造，甚至拉动了对野营床垫的需求。乙醇厂建造期间，所有这些建造和改造带来的新增住处迅速被消化掉，乙醇厂建成，工人离开之后，这些住处继续为当地居民提供更多的住房选择机会。

　　乙醇厂建设完成后，即投入运行。工厂运行期间，周边行业中发生变化的最常见行业是运输业，会带动很多新的运输公司出现，原来就有的运输公司规模也会扩大。每个乙醇厂都需要稳定的玉米原料供应物流，很少有工厂用火车拉玉米，因为工厂本身就比较靠近玉米种植地。比如，年产量为 1 亿加仑的乙醇厂每天需要

100 辆半拖车拉玉米，才能维持工厂正常运行。此外，同样一间工厂，每天还需要 30—90 辆卡车将玉米粕拉到附近的畜牧场做饲料。例如，内布拉斯加州，特伦顿的一家只有两量卡车的货运公司，在乙醇厂开起来之后，扩张到了 28 辆卡车，22 名雇员；现在，这家公司每个月在当地加油站的消费就高达 10 万美元。

不仅仅是生物能的直接生产过程中有生物能创业机会，在支持生物能产业及其从业人员生活的方方面面都有创业机会。有时候，你不费吹灰之力就赶上了趟，刚好抓住了机会，不过，大多数时候，还是不能指望天上掉馅饼，创业者必须有开拓精神，主动去寻找和发现机会。

玉米乙醇产业急速发展时期，在内布拉斯加州农村新兴起来的生意包括：
• 内布拉斯加州，奥斯蒙德一家汽车旅馆
• 内布拉斯加州，阿尔比昂县一家快餐店
• 内布拉斯加州，阿尔比昂县一家免下车咖啡店
• 货运生意
玉米乙醇产业急速发展时期，在内布拉斯加州 5 个镇得到扩张的生意包括：
• 银行工作时间延长
• 汽车旅馆重新整修
• 出租屋重新整修
• 所有地方都有了货运服务点

37.11 挑 战

多数情况下，生物质能源的价格较化石燃料为高，不具备价格优势，这对于想要用生物质能直接和化石燃料竞争，试图占领一部分能源市场的生物能创业者来说，是一个巨大的挑战。比如，就 2014 年 1 月的行情来看，全国平均汽油价格为 3.27 美元每加仑，28 美元每百万 Btu，同期乙醇价格为 2.61 美元每加仑，34 美元每百万 Btu。煤和天然气的价格远低于可再生电力的价格（EIA.gov）。随着环境法规向化石燃料行业施压，这种局面有望改变。原料价格较高，这是可再生能源价格偏高的一个主要原因。以价格算是很低的生物质原料树木为例，即使树木本身完全免费（联邦政府为了防止发生森林火灾，故意砍伐掉一些树木，打薄森林），光砍伐、切割、运输的费用就是怀俄明州石油价格的 3—5 倍（Han，2007），随着生物能行业竞争不断激烈，原料价格还将持续走高。

生物燃料市场不成熟，也不稳定，这种状况对生物能创业企业的资金筹募能力和市场开发能力都是极大的挑战。尽管政府出台了系列强制法规支持生物燃料，不过对于这类法规，每年都会重新讨论是否要修改或者废止，政策不明朗对于投资者

来说，也是一个不确定因素。市场不成熟和不确定是生物能产业面临的一个主要问题，不说最主要，至少是很重要的一个问题。

创业者一般具备以下特质——自力更生、全力以赴、承担风险、干劲十足、心怀梦想——生物能创业者也是一样。这些特征对于下一代生物能发展非常关键。作为一个创业者，必须有一定的远见，能够准备好应对可能出现的局面，必须有实力承担不确定市场带来的风险，必须有勇往直前的勇气。

参考文献

Database of State Incentives for Renewables and Efficiency, U.S. Department of Energy. http://dsireusa.org.

Environmental Entrepreneurs (E2), Solecki, M., Dougherty, A., Epstein, B., 2012. Advanced Biofuel Market Report. http://www.e2.org/ext/doc/E2AdvancedBiofuelMarketReport2012.pdf.

U.S. Energy Information Administration, 2013. Annual Energy Outlook. http://www.eia.gov/forecasts/aeo/pdf/0383(2013).pdf.

EIA.gov, Energy Information Administration, Energy production and Consumption. Data online at http://eia.gov.

Han, Han-Sup, 2007. Powerpoint Presentation Getting Biomass to Market: Harvesting Methods and Costs. Humboldt State University. http://ucanr.edu/sites/WoodyBiomass/files/78827.pdf.

Hay, F.J., Corr, A., Teel, D., 2008. Impact of Ethanol Production on a Community or Region. Unpublished. University of Nebraska–Lincoln Extension.

Hofstrand, D., Corn-Ethanol Profitability, AgMRC Renewable Energy Newsletter November/December 2008. http://www.agmrc.org/renewable_energy/ethanol/corn-ethanol-profitability/.

Lin, N., 2008. Bioenergy Entrepreneurship in Rural China [IIIEE thesis]. Lund University, Sweden. Merriam Webster, http://m-w.com.

Schumpeter, J.A., 1934. The Theory of Economic Development. Harvard University Press, Cambridge, MA.

Shane, S., Venkataraman, S., 2000. The promise of entrepreneurship as a field of research. Academy of Management Review 25 (1), 217–226.

Shane, S., Locke, E.A., Collins, C.J., 2003. Entrepreneurial motivation. Human Resources Management Review 13, 257–279. http://faculty.utep.edu/Portals/167/52%20Entrepreneurial%20Motivation.pdf.

University of Maryland Extension, Traits of Entrepreneurs. Online at http://extension.umd.edu/learn/traits-entrepreneur.

第三十八章　整合的农业生态技术网络：
食物、生物能源和生物材料制品

Samuel Gorton[1], Jason McCune-Sanders[2], Anju Dahiya[3,4]

[1] 美国，佛蒙特大学，环境和自然资源鲁宾斯坦学院，生态经济学冈德研究所；
[2] 美国，佛蒙特大学工程系；[3] 美国，佛蒙特大学；[4] 美国，GSR Solutions 公司

38.1 前　言

38.1.1 生态农业技术应用和自然资源管理

　　生态技术是指将自然资源转化为可供人类使用的商品或可以支持人类的服务，同时生成有益于生态系统的物质和能量，返回到生态系统中，减小环境污染的技术。与现行技术不同，生态技术在满足新增人口需求的同时，可以产生积极的社会和经济效应，保护土壤，减少污染。

　　生态农业技术主要分为以下 3 种：

　　（1）自然资源管理生态技术，如放牧、耕作和收割系统。

　　（2）自然资源生态转化技术，包括收割后处理、产能，生成其他有用物质。

　　（3）生态构造技术，如居住和耕作环境建造，以及上述技术的设备制造技术。

　　生态技术的出发点无疑是有利于人类的，不过，对于生态技术的总体环境效应和经济效应，仍然需要通过评估来确定。可以通过持续监测物质和能量流以及生态系统的健康状况，评估生态技术的环境和经济效应。为保证生产技术的经济可行性和环境友好性，还可能需要跟踪获取数据反馈，发现生态系统生物质和能量流对生产系统健康状况的影响。

　　本章以佛蒙特州作为案例，主要讲述现存的和最新研发的适合于给定地区使用的生态技术，并介绍了生态技术及其性能塑造和性能评估方法。前言还介绍了农业和能源行业相互渗透、互相交叉在一起，以及对于社会发展的重要性。介绍了可持

续集约化的概念，阐述了食物能源联合的生态农业（CFEA）设计的概念，工业生态学在 CFEA 设计中的作用介绍和评估部分进一步阐述了 CFEA 的概念。CFEA 在一个竞争性社会中的性能评估部分综述了为什么我们需要严格评估 CFEA 系统和系统中用到了生态技术的有效性，也就是 CFEA 系统对人类资源的竞争性，以及 CFEA 系统内在生态学本质。CFEA 原始数据收集的 PAR 部分概括了一种重要的分析方法：参与式行动研究法（PAR）。最后，佛蒙特州 CFEA 和 CFEA 案例生态技术分析部分内容包括：伯灵顿区生态农业园介绍，以伯灵顿区生态农业园为例提供了运用这些技巧评估生态技术的方法，包括 CFEA 和相关生态技术在可再生能源生产中的作用。希望读者看了这本书之后，可以根据自己的理解，洞悉生态技术的开发和评估方法。

38.1.2 农业和生物能

能源是影响现代人类文明起源的关键因素，特别是能源在农业中的运用。（Smil，1994）。农业活动将太阳能、土壤和大气中的营养物质转变成人类需要的植物生物质。农业活动，包括翻土、土壤保持、收割和加工农作物等都需要投入体力劳动。建造农业劳动需要用到的农具和农具运行还需要投入太阳能之外的其他能量。在生物质能出现之前，这些能量主要由人、役使动物、生物质、风、水、化石燃料燃烧以及煤和核能发电提供。

工业化之前，生态系统主要用到的能量包括人力、动物力、生物质、风力和水力。这些能量需要通过设备转变成可用功，历史上这类设备通常效率较低；工业革命和相关的科学技术进步提高了这些传统设备的效率（Smil，1994）。同时，还为农业生态系统引入了新的能源，也就是化石燃料。使得生态农业的劳动生产率大大提高，同时导致所产食物热量与生产和配送这些食物消耗的化石热量之比普遍下降。

现代工业活动导致的生态环境退化已经成为全球性的问题，农业活动是解决这个问题的杠杆点，可以起到四两拨千斤的作用。在先进能源技术出现之前，农业生产的物质和能量基本上都是自给自足（Smil，1994）；当今的工业化食物生产系统严重依赖外部输入，对农业之外的社会经济和生态系统都产生了重要影响（Pimentel，1996；Conway 和 Pretty，2009）。针对工业化农业的特殊性质，CFEA 生态设计理念致力于重建食物、饲料、纤维和能源生产活动产业链（Porter 等人，2009）。这种重建需要借助各种生态农业技术来完成，佛蒙特州 CFEA 生态技术分析部分对比将进行进一步讨论。

在接下来的 50 年甚至更长的时间内，农业——包括林业和渔业，都将面临巨大的需求压力，这些需求压力主要来自以下 4 个方面：（1）人口增长，（2）人们的食物安全意识增强，食物安全问题增多，（3）人类管理不当和自然灾害导致的多产自然生态和农业生态系统退化（如水产枯竭、土壤侵蚀、作物减产等），和（4）越来越多的人意识到生物质燃料和生物质产品对人类和生态的益处（如相比于化石燃料其温室气体排放更低）（Godfray 等，2010）。为了应对这些压力，戈德福里等人和其他组织（皇家学会，2009）提出了"可持续集约化"的实践号召。可持续集约化是指同样大小的一片土地上，生产出更多的食物或其他农业产品，同时尽量减小无法避免的环境影响（Godfray 等，2010）。

38.2 工业生态学在 CFEA 设计和评估中的作用

CFEA 理念就是可持续集约化的一种具体表现形式，根据 CFEA 理念，一个整体化工业生态系统可以出产多种产品（包括食物、饲料和能源作物）。波特等人介绍了丹麦哥本哈根大学经营的一家试验性农场，这家农场自 1995 年以来，一直按照 CFEA 模式运行，它生产的食物（小麦和大麦）、牧场饲料（车轴草和牧草）、生物能作物（生长迅速的红柳树矮树篱）和提供的生态系统服务（供蜜蜂栖息、温室气体排放减少等）都比传统的生态系统更多，而它消耗掉的非可再生能源却比传统生态系统要少（Porter 等人，2009）。

这种可持续集约化理念体现了农业生态学和工业生态学（IE）原理的协同增效性。农业生态学理念和生态学实践致力于运用生态学原理管理农业生态系统的各个构成部分，研究各构成部分之间的关系，比如植物、动物、土壤、气候和人之间的关系，以更好地生产出食物、纤维、能源和其他农产品（Wezel 等，2009）。因此，以改善农业的生态学和社会经济学影响为出发点，生态农业主要关注的是在一个更大的农工业系统中的农业活动和农业产业链。

农业生态学研究者、农场主和服务提供商必须借助工业管理学（IE）原理为工具，帮助自己全面分析一件事物的各方面影响。IE 基于这样一条原理——特别是在当今经济全球化的形势下——每一个产业活动，包括农业在内，都与千千万万的其他活动、交易以及它们所处的环境不可分割（Graedel 和 Allenby，2003）。此外，农业生态学家致力于建立农业生态系统中各构成部分之间的良性互动关系，工业生态学家也是一样，关注公司和整个经济环境之间的物质、能源和其他交换关系。

工业生态学家主要研究制造业，如个人电动车、日用消费品以及汽车制造业，而农业系统分析家采用 IE 模拟仿真工具计算能源投资回报（EROI）（Cleveland，1995；Pimentel 等，1996；Pimentel，2009）或评估各种工业生态系统的生命周期（LCA）（Andersen，2002；Pizzigallo 等，2008；Peters 等，2010）这些 IE 评估工具只能评估出给定工业系统的部分影响，评估所使用的数据还可以用来生成一系列指标，这些指标是农业生态活动、技术生态学和经济表现的数字化表现。这类数据和相关指标对决策者来说很重要，包括农业创业者、研究人员、政策制定者和技术顾问都可以根据这些数字反馈信息，采取相应的措施，开发和改进生态技术。

38.3 竞争性世界里 CFEA 的性能评估

CFEA 理念力求寻找人类需要的食物能源等物质需求和生产这些物质需要用到的自然资源两者之间的平衡。随着全球人口数量的增加，人口的流动性增加，CFEA 系统的生产力对于该系统的社会和环境意义非常关键。如何平衡这些需求，关键在于要持续改进研究方法，这需要相关人员开发出系统持续评价和重新评估手段。

生物质是目前能够替代各种主要形式的传统能源——包括电力、加热燃料、烹饪燃料、液体燃料和气体燃料（Green 和 Byrne，2004）的唯一一种替代能源。德米尔巴斯介绍了 20 种农村用生物质能源转化技术（Demirbas 等，2007），生物质甚至可以代替能源密集型建筑材料和化学品。不过，生物质和生产生物质需要的资源同时还可以有其他用途，包括用作能源、食物和生态系统服务，因此，不同用途间存在竞争关系。特别是作物残茬，既可以用来产能也可以用来喂养家畜（Green 和 Byrne，2004；Devendra 和 Leng，2011；Devadas，2001）。因此，农场能源系统的研究方法应该重点关注农村农业地区物质和能量流和转化。

一种技术是否适合于某一个地区，主要取决于该地区的社会氛围和政治气候以及可供使用的资源。资源包括环境资源（地形地貌、气候、生物和营养）和人类提供的资源（钱、人力资源和薪资水平、机器、燃料和电力）两种。能源地理分布不均以及政策倾斜已经造成了不同地区农业能源、农业活动和技术之间的巨大差异。比如在尼泊尔和印度的农村地区，将近 90% 的家用能源都是木材燃料或其他传统生物质资源（Malholtra 等，2004；Salerno 等，2010，Devadas，2001）。直到 20世纪 90 年代，Devadas 还发现在印度的泰米尔纳德邦，那里耕田、运输和灌溉用的都是役使动物和人力（Devadas，2001）。此外，那里的农民完全依靠能源密集型无机肥料实现作物增产。

因此，适合上述农场地区的技术与适合发达地区使用的技术很可能大相径庭。相对而言，人力昂贵，能源便宜，机动运输已经广泛普及。研究者利用 PAR 技术，通过与当地居民和利益相关者对话，评估了技术性能，以及检测技术是否适合该地区使用。

38.4 CFEA 原始数据采集用 PAR 技术

PAR 是一类通过和新入行参与者对话提供培训和授权的研究方法（Chambers，1994）。尼泊尔和印度已经将 PAR 运用于乡下农场和能源系统。为了从农业生产中获得生物质能源，减少温室气体排放（Green 和 Byrne，2004），可以用 PAR 方法来生成原始数据，衡量替代能源系统的农业生态学和社会经济学利弊得失。

通过把利益相关者召集到一起面谈、实地参观、数据集评估和数学建模等手段，一些研究者已经利用 PAR 方法评估了农场生物质生产（Vayssieres 等，2007；Devadas，2001；Devendra 和 Leng，2011）以及农场和家庭能源消耗（Devadas，2001；Malholtra 等，2004；Salerno 等，2010）。这些研究者不想去明确地定义他们工作的农业生态学性质，而是专心地运用"系统整体"方法，把人类及其活动看作与生物物理环境相互作用的复杂系统的一部分。他们的研究成果提供的是与行动息息相关的信息，涉及农业投入、农业生物质和能源管理方方面面。

农村地区的生活用能问题一直是国际发展组织关注的一个重点。传统的烹饪方式导致室内空气污染，排放出温室气体，同时加剧了森林砍伐行为。萨勒诺应用参与式建模方法（Salerno 等，2010）研究了传统烹饪对尼泊尔萨加玛塔国家公园和周边地区（SNPBZ）的影响。通过结构化访谈收集能源需求和燃料资源数据。德瓦达斯以类似的方法收集生活以及农业生产相关的重要农业生态学物质流和能量流（Devadas，2001）。SNPBZ 研究中，通过与 SNPBZ 居民交谈，建立了管理水平定性模型，得出了性能指标，总结了系统理念，并发现了以上各因素之间的关系。随后，用电子表格将定性模型建成数学模型，用于研究了能量管理系统，室内空气质量和林业行为之间的相互作用。这个模型为 SNPBZ 的生态活力恢复和经济改善提供了一种合适的管理工具，不过，当时研究者还不清楚，是否可以，如果可以，又该怎样利用这个模型来说明用替代能源烹饪和烧水用具性能是否合格，是否能为人们所接受。

Devadas 的参与式动力建模研究重点针对现有的生物质转化方法建模（Devadas，2001）。用生物质资源的能量、食物、饲料、肥料价值建立了一个线性规划模型。研究者力求将下面 6 类农村能量研究纳入到该模型中：（1）生活用能，（2）农业能源消耗，（3）农村系统能源相互作用，（4）农村系统生态技术的经济可行性的评价，（5）技术对农村系统的影响，（6）农村微级能源计划。研究特别注重农村和农民原始资料收集。建模成果是一系列表格，这些表格中列出了实际印度农村公社的资金、物质和能量流。不过，除了以表格形式展现结果之外，为了在更大范围展示研究结果，用一系列描述性块状物流图展示这些数据会更清楚。

38.5 佛蒙特州 CFEA 生态技术分析

我们需要把可能适用的生态技术阐述清楚，并贯穿起来，这是用 IE 和 PAR 方法评估佛蒙特州 CFEA 的第一步。除了作为作者的学术研究实验机构之外，佛蒙特州还是本章重点介绍的地区，因为这个地区——在社会压力和政治意愿的推动下——朝着可再生能源生产和能源自给自足的具体目标跨了一大步。特别是，佛蒙特州决心实现 25% 的能源替代目标，要求该州需要的能量中至少 25% 由本州自有的可再生资源，如生物质、太阳能和风能提供（Spring Hill Solutions，2008）。这个承诺最初并不受法律约束，佛蒙特州近期游说立法机关对此立法，并在立法中进一步提高了这些标准和目标。可再生能源生产和能源自给自足目标的达成，应该借助社会氛围和政治气候为基础力量，以生态技术为手段。随着消费者和利益相关者对于生态、经济和当地食物消耗增加带来的其他益处逐渐产生兴趣，佛蒙特州的食物系统也明显处在这样一种氛围中（Schattman，2009；Kahler 等，2011）。

随着佛蒙特州的社会氛围和政治气候成熟，在可以用合适的生态技术达成食物和能源自给自足的目标之后，这个州可以使用什么资源供能和养活居民来从事国民生产活动呢？佛蒙特州 21% 的陆地是农业用地，某些郡约 50% 都是农业用地（Kahler 等，2011）。此外，这个州超过 70% 的陆地被森林覆盖（Spring Hill Solutions，2008）。基于上述事实，到 2025 年，佛蒙特州的"25% 计划"应该可以部分实现，20% 多的能源可以从自己的能源作物、作物收割后的残留物和木质生物质产生。不过，研究者承认，这个目标的实现，是通过采用未经过考验或者不具备经济可行性的技术实现的，比如用到了纤维素乙醇和海藻生物柴油（Spring Hill Solutions，2008）。同时，在生成生物柴油和生物能源产品的过程中，还需要用到非可再生能源，比如培育、收获、加工以及生物质原料运输，都需要消耗非可再生能源（Mears，2007）。

根据近期能量分析发现的佛蒙特州有机生物柴油生产能量输出和输入比例为 8:1（Garza，2011），所有生物质能源技术用第一近似值，佛蒙特州用于国民生产消耗的总能源中，该州总能源需求中由生物质产生 20 % 可再生能源，则要求其中有 2.5 % 的来自非可再生能源。合理假设后，用类似的方法计算，还可以估算出生成各种食物、饲料、纤维和林产品需要的能源输入。当然，这些生产活动除了能源意义之外，还有其他意义，包括土壤侵蚀、土壤硬化、养分流失和浸出或其他生物多样性损失，以及对人类、畜牧、土壤和其他农业生态系统组成部分健康的影响。

最后，关于生物质生态技术的生态效益，仍然存在争议，对于此类技术经济可行性的批评和怀疑也是举不胜举。曼彻斯特的研究者们最近发现，森林生物质发电是碳密集技术，每单位能量释放的 CO_2 当量比燃煤发电厂更高（Manomet 中心，2010）。研究者应该以生态技术固有的物质流和能量流为基础，寻找在更广的范围内评价生物质生态技术的经济因素和生态因子的方法，用这种方法支持生态技术开发和改进研究。

38.5.1 适合于某地区使用的生态技术关键方面

尽管特定技术在经济和生态性能方面（即不同的生物能创业公司之间存在竞争关系，同一项生态技术，不同的公司使用，就会做不一样的适应性改造，就像各种不同的工程系公司设计的商业规模加工厂一样，各个工厂的技术都有自己的特征）会有一些不同——基本的资源流，包括输入和产出——是相似的。生态技术的 4 个关键方面如下：

（1）物质流包括生物质作物输入；食物、燃料、纤维、营养制品和相关副产品；肥料和杀虫剂运用；生物催化剂（酶、矿物质、种子培养物）。重点注意农肥（氮肥、磷肥、钾肥和有机肥），食物营养（热量、脂肪、蛋白质、碳水化合物、微量营养物）和可能的有毒物质流。

（2）能量流是指热和功（电力或者机械，包括牵引力）吸收或产生。重点注意最终燃料资源、燃料流和能量流的形式。

（3）最后也是最新的采用核心上游基础设施以提取原料和生产成品的方法，包括相关联产品（如其他工业投入、废水和有毒物质排放）管理系统。

（4）工作时间、工作重复性和工作强度相关的劳工问题；一般岗位安全和公众安全，比如有毒化学品的暴露和接触重型设备和家畜；可能的收入水平（对应的人工成本）以及生态技术劳动力培训需求。

根据以上几点，下面介绍三种适合佛蒙特州的生态技术。表 38-1 列出的清单中囊括了所有适合佛蒙特州农业生态系统使用的生态技术。

38.5.2 集约式放牧管理

集约式放牧管理（MIG）是历史上为了尽可能提高牧场牧草质量和牧场产率，通过平衡家畜放牧强度和放牧对牧场的破坏，采取的一种综合牧场放牧管理方式或称放牧办法。牧场和农田是佛蒙特州 MIG 生产系统最终可以依赖的要素，其他要素在冬天都将消失，在寒冷和潮湿的季节，牧场无法放牧，需要机器收割农作物作为补充食物喂养家畜，还需要做围栏和建立水利基础设施。

MIG 生态技术可以用来生产任何动物产品，包括肉、奶、纤维和蛋。牧场放牧的动物产品比圈养的动物产品含有更多主要脂肪酸和氨基酸。因为动物在牧场吃

表 38-1　佛蒙特州农业生态系统可能适用的生态技术非穷举列表

生态技术	技术类型	关键近似和最终版方法/手段	关键化和主要素投入	关键产出	关键联产品	佛蒙特州实例
厌氧消化	NR转化	圈养动物: 运输网; 重型设备; 耕地; 淡水; 石油化工产业和其他制造业	厩肥和草垫、食物、饲料和其他有机残余物; 热能和电力; 重型设备和燃料	可再生天然气 a; 热能和电力 b; 肥料 b; 草垫或泥炭替代品 a	奶; 肉	福斯特兄弟农场
生物柴油加工	NR转化	运输网; 耕地; 重型设备; 石油化工产业和其他制造业	植物油; 乙醇; 氢氧化钠; 淡水; 热能和电力	生物柴油; 丙三醇 a; 废水 b	棉籽粉、人流和物流、温室气体(GHGs) 输送	州界生物燃料
乙醇加工	NR转化	运输网; 耕地; 重型设备; 石油化工产业和其他制造业	糖和淀粉; 酶和培养物; 热能和电力	乙醇; 固体废弃物 a; 废水 b	可以用于食品、燃料和药品发酵和蒸馏的设备; 人流和物流流; 温室气体(GHGs) 输送	州界生物燃料
奶制品加工	NR转化	运输网; 耕地; 重型设备; 石油化工产业和其他制造业	奶; 淡水; 酶和培养物; 热能和电力; 化学灭菌剂	奶酪; 乳清 a; 废水 b	脱脂牛奶或奶油制品; 用户有机残余物	卡伯特奶油合作社
木质生物质气化和燃烧	NR转化	林地; 收割设备; 热能和电力和其他燃料	木质生物质; 热能和电力收割设备和燃料	可再生合成气 a; 热能和电力 a; 木灰; 空气污染排放物 b	林产品; 森林生命周期 ES	麦克尼尔发电站
木质生物质热解	NR转化	林地; 收割设备; 石油化工产业和其他制造业	木质生物质; 热能和电力收割设备和燃料	可再生合成气 a; 生物炭 a; 生物油 a; 空气污染排放物 b	林产品; 森林生命周期 ES	Green Fire Char
综合水产养殖	NR管理	鱼苗场; 淡水; 耕地和渔场; 石油化工产业和其他制造业	鱼饲料; 热能和电力; 种子; 水生培养物; (日)光	鱼肉 a; 可食用和不可食用植物; 肥料 b (池底淤泥)	可食用和不可食用鱼生物质; 用户有机残余物	有机能开发 (R, D & C)
综合生物温室	结构技术	播种耕地; 覆盖材料; 石油化工产业和其他制造业	热能和电力; 种子; 水生培养物; (日)光	可食用和不可食用植物	堆肥生物质残余物; 用户有机残余余物	Wild Branch 制药
管理密集型覆盖	NR管理	部分动物圈养; 淡水; 耕地; 幼年家畜; 运输网; 石油化工产业和其他制造业	(日)光; 筑栅栏的材料; 农场设施; 淡水; 收割的草料	肉 a/ 奶 a/ 蛋 a; 动物产生热量和空气污染排放物	不可食用或不合需要的尸体生物质; 用户有机残余物; 幼畜	美国有机农场
堆肥处理	NR转化	部分动物圈养; 有机残余物处理系统; 运输网; 石油化工产业和其他制造业	重型设备和燃料; 有机残余料; 木制生物质和其他余物; 石油化工产业和其他制造业	堆肥; 热能 a; 空气污染物	食物、饲料和其他堆肥、施园产品	Diamond Hill Custom Heifers
商业厨房和微型食物加工设备	NR转化	耕地; 包装; 运输网; 淡水; 石油化工产业和其他制造业	生食或熟食; 淡水; 热能和电力; 重型设备和燃料	热食 a; 有机残余物; 废水 b	其他用户残余物	佛蒙特食品投资中心
营养恢复	NR转化	圈养动物; 运输网; 耕地; 淡水; 石油化工产业和其他制造业	粪浆或厌氧沼肥; 重型设备和燃料	高氮肥料 b; 高磷肥料 b; 草垫或泥炭藓替代物	可食用和不可食用植物	佛蒙特有机物再利用中心

a 可能需要辅助设备来生成或用或可销售的产品。　　b 对人类和野生动植物可能有毒。

草，为牧民省去了收割、储藏和为动物分配食物的麻烦，不过，牧场的农民需要做的事也不少，他们要掌握牧场管理技能，花时间建围栏和修补围栏，建水利设施和维修水利设施。MIG 系统中家畜粪便的清理工作要比圈养更轻松一些。不过，在潮湿和寒冷的冬天到来之后，家畜就不能放牧出去了，佛蒙特州的 MIG 牧民必须维护牧场各基础设施和收割、储存和饲料分配设备，喂养家畜。

MIG 系统的一个关键方面在于，其最主要的输入能量和物质是阳光和水，这些能量和物质直接为 MIG 生产系统所利用。这种自然输入对于自然资源管理生态技术，如 MIG 来说非常常见，给大自然提供了发挥作用的机会，动物和植物吸收太阳能，并将其转化成动物生物质和新鲜的肥料，最后都流入土壤，变成了新的土壤有机肥，这一点是以非可再生能源输入为基础运行的传统生产系统无法媲美的。因此，MIG 作为一种打造、恢复和维持土壤高产，低外部输入的一种生态技术，被纳入农业生态系统。

MIG 生态技术的一个主要挑战是它的亩均产量太低，用天然无加工的新鲜饲料喂养家畜，与传统的经加工的新鲜全混合日粮（TMR）喂养相比，所得产量很低。根据具体的牧场、农田情况和动物提供一定量肉、奶和纤维需要消耗的能源的量，需要在传统和 MIG 之间，做一个综合选择。这种选择根据具体情况的不同而不同，需要根据具体数据，仿真建模并进行计算，以量化的方法帮助选择权衡。一般说来，圈养系统与 MIG 系统相比，完全依赖于一块固定的农田和圈舍上，需要的燃料和电力输入都比较大，需要消耗的能量更多。

动物的新陈代谢活动会产生一定量的热量和气态污染物，也就是 CO_2。对于放牧和圈养家畜，两种牧业生产方式排放的 GHG（CO_2 当量）到底哪个更大，目前仍然没有定论（Peters 等，2010）。有趣的是，一些农业创新人士建立了混合型农场，将养家畜和种植整合到了一起，形成生物温室。在这种生物温室里，体型较小的家畜，比如蛋鸡和兔子产生的 CO_2 和热量刚好补充提供这个加强型，整年型太阳能温室需要的热量和 CO_2，提高了温室的产量（Edey，1998）。最终，家畜生长产生的大量生物质残留物，包括粪便、废弃动物窝、生产废水，以及不想要的动物肉和骨头，都可以返回系统，用作作物和牧场牧草的肥料。

38.5.3 厌氧消化

厌氧消化（AD）是有机物质在无氧（O_2）生物反应器中转化成沼气燃料和稳定肥料的过程。在佛蒙特州的自然资源中，可用来作厌氧消化投入原料的物资包括动物粪肥，主要是奶牛场奶牛粪肥，以及从餐饮垃圾和奶制品加工废弃物中收集得到的有机残余物。此类原料投入有赖于重型机械设备、相关燃料和基建设施的支持。

沼气由乙醇（60%—70% 体积）、二氧化碳（30%—40%），以及痕量水蒸气、硫化氢、氨气和其他挥发性物质组成。在使用沼气前，必须通过某些气体净化措施，除去其中的痕量成分，保证沼气的高效利用。高品质（杂质含量低）沼气可以替代天然气或丙烷燃料气，用来烧水、做饭或处理食物、饲料和燃料产物。就地使用沼气需要安装储存设施和输送系统，沼气在系统内细微的压力差作用下从生物反应器流向使用点。如果将沼气运输到远离农场的地方使用，则需要除去其中的 CO_2 并压缩成高压气体再运输，以实现能源和物资利用最大化。佛蒙特州没有这样的可再生天然气（RNG）输送系统，这样的系统在整个北美地区也是屈指可数。

沼气也可以用来建设农场热电联供（CHP）系统，这是更常见的沼气运用方式。这种利用沼气发电的可再生能源转化系统发电效率一般在 20 %—30 % 之间，其余热可以收集起来加热生物反应器和农场其他散热器（Goodrich，2005）。AD 技术厌氧处理产生的副产品淤泥可以进一步利用，通过螺杆分离和脱水处理将其加工成液体肥料和固体草垫或灌注材料。这种副产品的开发利用对于 AD 系统的财政生命力至关重要（Goodrich，2005）。同时，考虑到动物圈养、生物反应器和 CHP 结构以及重型收割设备维持和运行需要投入的物资，合并开发固液分离工艺实现系统增值是很有益处的。

38.5.4 综合生物温室

综合生物温室（IB）是一种集光、聚热、气体循环种植植物（蔬菜、观赏植物、多年生植物、树／灌木等）的温室大棚。IB 温室大棚建造需要用到高级玻璃和其他独特的结构材料。IB 大棚运行需要投入的关键物料包括日光、种子、淡水、热能和电力。和 MIG、AD 一样，此类投入物料大都可以在当地获取，省去了运输成本。不过，节约下来的运输成本刚好可以用来购买建造和运行生态温室需要的物资，并且，两者基本是持平的。

佛蒙特州全年运行的温室受到冬天低温和日照时间短所限。冬季时，当地可获取的蔬菜大都是秋天收获，冷藏保存起来的根菜类蔬菜，叶类蔬菜要消耗能源从温暖的地方运输过来。全年运行的 IB 温室通过采取保温手段和用供热设备供热，在冬天仍然可以种植一些喜阴作物，比如蔬菜苗和菠菜。另外，也可以用可再生能源——比如厌氧消化产生的沼气——为 IB 温室提供热量和电力。表 38-1 对这类生态技术整合进行了总结分析，不过，光靠这些还不能够实现佛蒙特州食物和能源自给自足的目标，需要进行进一步研究，继续寻找合适的方案。

本章节中分析的生态技术或有利于佛蒙特州在其自身森林和农业资源的条件下实现食品与能源自给。文中分析的生态技术目前均处于开发阶段或在佛蒙特州境内试行，但这些生态技术最终取决于大量的非可再生投入，同时会产生不良生态影响。为了实现保护人类健康与生态环境这一对相互竞争又密不可分的目标，本文分析采用了仿真建模研究，对农业工业生态技术进行评估。

38.6 CFEA 案例研究：伯灵顿地区农业生态园概念

在佛蒙特州及其他地区，极具创新意识的生态设计师不断提出新的生态技术并对现有技术进行不断升级。MIG、AD 和 IB 系统的应用以及 CFEA 的堆肥、气化、与热解处理均在佛蒙特州得到了良好的推广和应用。这些生态技术可直接与可持续农业和林业相结合，从而形成低投入、高产出的经营模式。

以牧场乳业为主业的农业生态园需要伯灵顿、佛蒙特州地区自然资源的支撑。该地区对可持续生产的产品需求充足，并形成了一个低投入、脱离电网的 CFEA 产品的新兴市场。本文中提到的农业生态园指的是一张生态单元操作网，通过质量与能量的内部循环产出新鲜及腌制食品、新鲜及发酵奶制品以及大量肥料（以供多个菜园使用）以供出口。为了建造这种生态园，需利用化学工程实践与原则开发出一种动态模型，并将该模型应用到多种设计场景的迭代测试中。生态技术及其相关材料与能量流的早期概念方框流程图如图 38-1 所示。

38.6.1 土地资源

本质上来说，农业生态园是一种几乎脱离传统能源（即化石燃料）的现代农场。这样的生态园中的原材料绝大部分自给，而将外部投入降到最低。要维持这种运营方式，生态园必须经济自立，为其园区工人提供合理的薪资、健康的食物以及舒适的居所。为了实现自力更生，生产出足够的食品、饲料，以及能源作物，农场将引用自然资源管理生态技术，这种技术的应用将需要大量的土地资源。自然资源转换生态技术可以将各种有机（食物、饲料或纤维）原材料加工成可供出售的产品，并将剩下的原材料收集起来再加工为各种可用的产品，这种技术也需要额外的土地资源。伯灵顿地区农业生态园定义的基本土地资源包括：放牧的牧场；种植冬季牲畜饲料的草地和小型粮田；提供建筑材料、木片和锯屑的林场；建房用的平坦宽敞的土地以及翻晒作物用的凸起的园子。

38.6.2 乳业为主的加工

有了上述土地资源，园区内的加工过程可被定义为实现经济可行。首先，由于园内用于放牧的土地资源充足，乳品业成为一项主业。将乳品业作为主业，生态园便可生产以下高价高耗能产品——牛奶、肉类以及粪肥。牛奶可以直接装瓶销售，

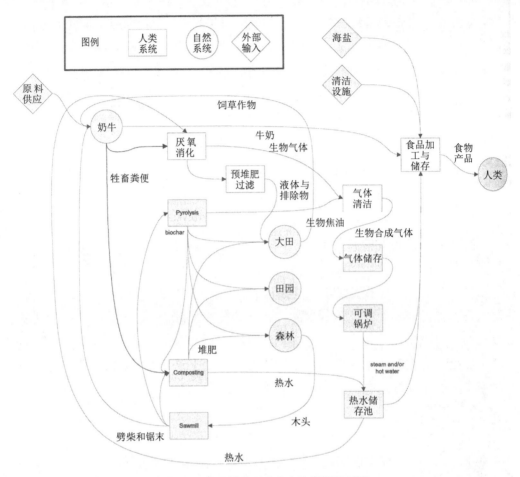

图 38-1 伯灵顿地区农业生态园程序框图

也可进一步加工成黄油、酸奶、奶酪、酸奶油以及脱脂乳。肉类可按传统方式切块出售，也可经烟熏腌制后与生态园产出的香草经由各熟食店销售。粪肥可被当作原料投入厌氧沼气池产出沼气能源，进而削减碳排放。粪肥还可与锯木厂的木质有机废料、食物及饲料残渣混合，用来生产堆肥。

38.6.3 土堆肥

堆肥能为作物田、菜园甚至森林提供稳定的养分与侵蚀防护，对农场的低成本经营至关重要。活性堆肥堆的顶层可供鸡群觅食，产出鸡蛋与鸡肉。堆肥的腐解过程也可为食品加工提供热能（以及温室生产提供备用热能），已完成的堆肥还具有气液生物过滤的潜力。在该生态园系统中，堆肥与碱性木灰和生物碳混合可将沼气与合成气中的氨气或硫化氢分离出来，于是形成一种高硫堆肥，这种高硫堆肥还可用于浆果生产或其他需硫量高的农业生产过程。同样，向木屑/锯屑组成的基质中通入 AD 系统的排放物，可以吸收氮与磷，同时过滤掉颗粒物。接下来再将该基质与新一批的堆肥混合。液态 AD 排放物可用于作物田中，也可用于藻类作物生产的水培操作中。利用蚓粪进行堆肥可为水生生物提供额外原料，并能为菜园及作物生产提供蚓粪堆肥。

38.6.4 菜园、森林及水产养殖

菜园、森林与水产养殖业管理有助于生态园生产出足够的增值产品，从而增强其经济可行性。户外，垄作菜园可产出大量新鲜蔬菜，可供夏季即时销售，也可用于贮藏 / 保藏（由废热供能，见下文）供冬季销售。苗圃应用 IB 系统培育树苗，为森林与种子园的收成添砖加瓦。这些系统主要由堆肥（这些堆肥也可向当地菜农出售）供能。太阳能养耕共生系统设计在生活区，兼具供热、药草与蔬菜种植及养鱼的功能。液态 AD 排放物与虫类（蚓粪堆肥原料）将是该系统的主要投入。

38.6.5 废热利用

废热来自于持续发热的活性堆肥堆，并可通过沼气与合成气燃料以及太阳能热发电进行补充。这些废热部分将用于沼气池加热，但可能有大量余热残留。余热可被储存在热水蓄水池中，用于食品加工与保藏。主营食品的加工过程需要进行热敏工序控制，如酸奶、奶酪以及酸奶油生产。使用气体燃料加热或烹饪食品时，是以水为介质进行加热，还是直接使用燃料加热，两者间达到一种平衡非常重要。关于食品保存，可采用一台由沼气或合成气供能的定制蒸汽发生器，将堆肥产生的废热转化为蒸汽。蒸汽可被用于高压灭菌器中，为贮藏奶制品、水果罐头及蔬菜罐头的可回收玻璃罐高温灭菌。利用可再生能源管理方法，这些操作工序可在脱离电网的情况下提供大规模的附加价值产品的生产。

38.6.6 农业生态园的其他生态技术

木质生物燃料是热化学反应器进行气化和热解反应的原材料。这些生物燃料将由人工管理的林地提供，并由锯木厂按反应器要求进行加工。热化学过程中也可能会加入饲料作物。木质生物燃料的消耗可被分为堆肥与热解两个过程。锯木厂的运转需要机械能。园区内大量的运输需求将由驮马队满足，马队与其他牲畜一样可在草场觅食。基本负载电能可来自于风能及太阳能发电，并利用储能基础设施加以存储。园内工人也会产生大量排泄物，人类排泄物经单独堆肥可用于生物能作物生产。有意思的是，该堆肥还可用在人造湿地上培育香蒲，而香蒲可为提取乙醇的蒸馏设备提供液态燃料。最后，静止燃烧过程（产出蒸汽）所产生的废气可被用于水产养

殖业，为藻类生长提供原料。

38.6.7 单元操作建模以进行经济预测

本文中提出的农业生态园设计是一张农业加工、制造业工序以及生态处理过程三者高度互连的网络。鉴于生态园的综合性，评估园内产业的经济可行性需要建立质量与能量流的动态模型。关于园区模型的探究，可将主要的操作类别（田地、菜园、森林、AD、堆肥、热解、锯木厂等）视为单元操作。每一个单元操作可根据其固有的投入与产出进行建模。各自建模后，每个单元操作之间或将建立起来相互联系，因而一个单元操作的输出可提供另一个单元操作所需的输入，从而生成第二层的建模。

这种单元建模方法被应用于计算机仿真建模软件中，化学工程师们（包括石化炼油厂）经常采用这种方法为复杂的化学反应建模。这种仿真建模程序为反应器、热交换器、蒸馏塔、锅炉、压缩机、蒸汽液体分离器以及其他化工厂常用器械提供模型。这些单元操作网将会在图形用户界面（GUI）中建模，为化工厂生成一张工艺流程图。流转在不同单元操作之间的材料与状态方程均旨在模拟其在不同温度与压力下的状态。应用（供热、冷却及电能）消耗或发电模型也可被并入这种模型。

在农业生态园案例中，仿真模型软件程序对材料属性的模拟以及这些属性如何被各种园区布局的单元操作影响而言至关重要。生态园的最终目标是使园内农业生态系统中产出的产品既可内部自用，又可向外销售。因此，仿真建模程序必须能够定义并预测出物质能量属性，进而估测出单元操作间的联系及系统输出的流率。

软件程序还必须能兼顾生物量产量的季节变化，从而与园区动物饲料、居民口粮以及加工能耗的基本需求相匹配。例如，收割季节中能源消耗巨大，其中包括工人劳作的能耗、拖拉机能耗以及其他装备的能耗。绝大部分的土壤耕作均以园地为基地，正如乳品业以牧场为基地。模型还需包括由农民与工程师开发的飞轮储能系统，用来处理生物量产量的季节变化。灌装操作将与年终大批的农产品保持一致。因此，为食品的灌装做准备也将产生大量的热能需求。为了将这种热能需求与能源生产及存储相匹配，需要使用模型进行匹配工具模拟。最后，这种模式也会经历数次基底产量与经济高峰的循环，该循环需要与系统的物质能量资源及存储能力相匹配。

38.6.8 案例研究结论

多种传统及现代生态技术可用于伯灵顿地区生态农业园的建造。定义土地上的可用资源是设计生态园的基础。本章节中提及的生态园包含田地、森林、牧场、支撑乳业的水资源以及轻型锯木业。以上内容属于系统的核心部分，能为园区提供高度综合加工的基本原材料，产出大量所需的奶制品及锯木投入。综合加工过程包括木质有机燃料热解与气化、AD、堆肥、太阳热能与发电、风车、奶制品加工、肉类加工、食物保藏与灌装、园地与苗圃、养耕共生、人造湿地、各种食品、燃料以及能源存储系统。粪肥、牛奶、木质有机燃料、堆肥、液体肥料、药用作物、气体燃料以及废气为主要的内部循环材料。出口材料包括生鲜奶制品及发酵奶制品（奶酪、酸奶、酸奶油、牛奶、奶油以及脱脂乳）、新鲜及熏制肉产品（鱼肉与牛肉）、新鲜蔬菜水果及腌菜果脯、堆肥、树苗以及不定量的电能或热能。至关重要的外部投入包括岩粉、牲畜饲料添加剂及药物、海盐、润滑剂以及食品级清洁剂。为了确定综合系统的经济可行性，需建立一种能兼容物质能量产出的季节变化的动态模型。计算机模块化建模程序以化学工程基本原理与单元操作为基础，将为 CFEA 绩效评估提供必要的接口以生成数据与设计场景。

结 论

本章节阐明了 IE 原则及评价方法与 CFEA 系统设计、实施及管理中 PAR 方法的潜在应用。 弄清章节简介中的三种农业生态技术之间的关系颇为重要。 自然资源管理生态技术指的是能为自然资源转换生态技术提供原材料的系统。一般而言，自然资源转换生态技术则是指转换生物堆及其他自然资源的工序，通过该工序将被转换物转化为有价值的产品。结构性生态技术则指被用于自然资源管理系统与自然资源转换工序中的设备与结构。

通过这种方式定义潜在的适用于 CFEA 的生态技术，农工业生态学者可根据固有的物质能量流之间的关系揭露可能现存的增效作用。在揭露农工业增效作用的过程中，PAR 方法被推荐给农工业生态学者。据作者所知，农民与农业专家能为 CFEA 系统理念提供关键且有价值的反馈。此外，这些重要的利益相关者是数据反馈回路的重要节点，对按照经济环境指标来评估现有及新兴的生态农业技术而言必不可少。

尽管开发者有着将生态影响最小化的完美打算，衡量生态技术必须与对应的传统技术进行效率（分子／分母）对比，即以生产为目的（产品为分子）消耗土地、水、能源、金钱及其他类似的基本资源（分母）的效率。这些基本数学指标提供关键——然而个别不完整且仅限部分的——信息，以对为实现某个给定区域内能源与食品自给目标而采取的生态技术解决方案进行评估。基本上来说，本章节进一步"揭露"了佛蒙特州农工业互利共生机会，包括食品、纤维、林业生产以及可再生能源生产行业。从 IE 角度来看，此类的分析是可持续发展进程中关键的第一步（Chertow,

2007）。

前文的分析并未量化与传统农业技术相应的农业生态技术的成本与收益，而是基于作者自身在可持续农业发展领域的经验对资源相关的事宜及普遍趋势做出的规划。在未来的分析中，为关键指标建立基数或参考值至关重要。这种框架分析将强调，可持续的进程的推进是长期持续的，并将避免生产商之间斗争的产生。

关于可再生资源的发展，至关重要的一点是，所有的适用于佛蒙特州的生态技术均依赖于非可再生的电网与发电站以及石化加工与其他制造业。毋庸置疑，对于众多的专业化工业产品，如润滑油、结构钢筋以及专业引擎与生态反应器，佛蒙特生态园必须依靠出售园内自产的过剩产品来换取。理想状态下，佛蒙特州的贸易伙伴将根据内部资源与贸易网同步推进能量与物质自给。而要在现实中实现这一设想，则可能需要依照精心设计的模拟模型做出大量的社交、政治与经济上的改变。

根据上文提供的基础分析，可使用基于过程的计算机模拟方法从生态与经济的角度出发来模拟货物的交换（Urban 等，2010）。例如，AD（佛蒙特州农场用于能源生产的生态技术）的操作依赖于不可再生能源，同时还会产生与圈养型畜牧业及作物生产系统相关的潜在生态影响。对于这些以及其他因 AD 生态技术造成的资源流动，佛蒙特州将基于其自身特点建立基线模拟，因而将确保 AD 在佛蒙特州境内以及 CFEA 的一系列独特背景下的正确应用。这种量化建模研究将在重复应用本章中的方法之后加以实施。

致 谢

非常感谢佛蒙特州大学 Gund 生态经济研究所与鲁宾斯坦环境与自然资源学院以及美国国家科学基金会的研究生助研奖学金项目为本章节做出的资料与资金贡献。

参考文献

Andersen, O., 2002. Transport of fish from Norway: energy analysis using industrial ecology as the framework. Journal of Cleaner Production 10 (6), 581–588.

Chambers, R., 1994. The origins and practice of participatory rural appraisal. World Development 22 (7), 953–969.

Chertow, M.R., 2007. 'Uncovering' industrial symbiosis. Journal of Industrial Ecology 11 (1), 11–30.

Cleveland, C.J., 1995. Resource degradation, technical change, and the productivity of energy use in US Agriculture. Ecological Economics 13 (3), 185–201.

Conway, G.R., Pretty, J.N., 2009. Unwelcome Harvest: Agriculture and Pollution. Taylor & Francis.

Demirbas, A.H., Demirbas, I., 2007. Importance of rural bioenergy for developing countries. Energy Conversion and Management 48, 2386–2398.

Devadas, V., 2001. Planning for rural energy system: Parts I, II and III. Renewable and Sustainable Energy Reviews 5 (3), 203–297.

Devendra, C., Leng, R.A., 2011. Feed resources for animals in Asia: issues, strategies for use, intensification and integration for increased productivity. Asian-Australasian Journal of Animal Sciences 24 (3), 303–321.

Edey, A., 1998. Solviva. Trailblazer Press, Vineyard Haven, MA.

Garza, E., 2011. Reacting to the Peak: Multiple Criteria Analysis and Energy Return on Energy Invested in Energy Decision Making. Natural Resources. University of Vermont, Burlington, VT.

Green, C., Byrne, K.A., 2004. Biomass: impact on carbon cycle and greenhouse gas emissions, pp. 223–236. In: Cutler, J.C. (Ed.), Encyclopedia of Energy. Elsevier, New York City, NY, USA.

Godfray, H.C.J., Beddington, J.R., Crute, I.R., Haddad, L., Lawrence, D., Muir, J.F., Pretty, J., Robinson, S., Thomas, S.M., Toulmin, C., 2010. Food security: the challenge of feeding 9 billion people. Science 327 (5967), 812–818.

Goodrich, P.R., 2005. Anaerobic Digester Systems for Mid-Sized Dairy Farms. The Minnesota Project.

Graedel, T.E., Allenby, B.R., 2003. Industrial Ecology. Pearson Education, Upper Saddle River, NJ.

Kahler, E., Perkins, K., Sawyer, S., Pipino, H., St Onge, J., 2011. Farm to Plate Strategic Plan Executive Summary. V. S. J. Fund, Montpelier, VT.

Malhotra, P., Neudoerffer, R.C., Dutta, S., 2004. A participatory process for designing cooking energy programmes with women. Biomass and Bioenergy 26 (2), 147–169.

Manomet Center for Conservation Sciences, 2010. Massachusetts Biomass Sustainability and Carbon Policy Study: Report to the Commonwealth of Massachusetts Department of Energy Resources. T. Walker, Brunswick, Maine. Natural Capital Initiative Report NCI-2010-03.

Mears, D.R., 2007. Energy use in production of food, feed and fiber. In: Fleisher, D.H., Ting, K.C., Rodriguez, L.F. (Eds.), System Analysis and Modeling in Food and Agriculture. UNESCO/EoLSS, Oxford, UK. Encyclopedia of Life Support Systems.

Peters, G.M., Rowley, H.V., Wiedemann, S., Tucker, R., Short, M.D., Schulz, M., 2010. Red meat production in Australia: life cycle assessment and comparison with overseas studies. Environmental Science and Technology 44 (4), 1327–1332.

Pimentel, D., 2009. Energy inputs in food crop production in developing and developed nations. Energies 2 (1), 1–24.

Pimentel, D., Pimentel, M., 1996. Food, Energy, and Society. University Press of Colorado, Niwot, CO.

Pizzigallo, A.C.I., Granai, C., Borsa, S., 2008. The joint use of LCA and energy evaluation for the analysis of two Italian wine farms. Journal of Environmental Management 86 (2), 396–406.

Porter, J., Costanza, R., Sandhu, H., Sigsgaard, L., Wratten, S., 2009. The value of producing food, energy, and ecosystem services within an agro-ecosystem. Ambio 38 (4), 186–193.

Royal Society of London, 2009. Reaping the Benefits: Science and the Sustainable Intensification of Global Agriculture. Royal Society, London.

Salerno, F., Viviano, G., Thakuri, S., Flury, B., Maskey, R.K., Khanal, S.N., Bhuju, D., Carrer, M., Bhochhibhoya, S., Melis, T., Giannino, F., Staiano, A., Carteni, F., Mazzoleni, S., Cogo, A., Sapkota, A., Shrestha, S., Pandey, R.K., Manfredi, E.C., 2010. Energy, forest, and indoor air pollution models for Sagarmatha National Park and buffer zone, Nepal implementation of a participatory modeling framework. Mountain Research and Development 30 (2), 113–126.

Schattman, R., 2009. Sustainability Indicators in the Vermont-Regional Food System. Natural Resources (MS). University of Vermont, Burlington, VT.

Smil, V., 1994. Energy in World History. Westview Press, Boulder, CO.

Spring Hill Solutions, 2008. Vermont 25 × '25 Initiative: Preliminary Findings and Goals. Vermont Department of Public Service.

Urban, R.A., Bakshi, B.R., Grubb, G.F., Baral, A., Mitsch, W.J., 2010. Towards sustainability of engineered processes: designing self-reliant networks of technological-ecological systems. Computers and Chemical Engineering 34 (9), 1413–1420.

Vayssieres, J., Lecomte, P., Guerrin, F., Nidumolu, U.B., 2007. Modelling farmers' action: decision rules capture methodology and formalisation structure: a case of biomass flow operations in dairy farms of a tropical island. Animal 1 (5), 716–733.

Wezel, A., Bellon, S., Dore, T., Francis, C., Vallod, D., David, C., 2009. Agroecology as a science, a movement and a practice. A review. Agronomy for Sustainable Development 29 (4), 503–515.

第七篇　测验与自测问题

生物能源简介

读者自我测验注意事项：参考本书（Carol Williams 等著）中章节名为"生物能简介"内容以及下文致谢中所述的 BioENl 项目。

第一部分 问题

1. 为什么生物能源被视为一种可再生能源？

a. 生物能源生产的原料是经过成千上万年的地质作用形成的

b. 生物能源生产的原料是近年来存在的生物材料，这些资源可被采集与再生

c. 有机物中的能量是经自然的光合作用从太阳能中捕获的

d. a 和 c

e. b 和 c

2. 用于生物能源生产的有机物原料的主要来源是什么？

a. 水生无脊椎动物、真菌以及细菌

b. 玉米、玉米秸秆以及茅草

c. 农业、森林以及废料

3. 转换技术的三种类型是？

a. 热能转换技术、化学转换技术以及生物化学转换技术

b. 燃烧、热解以及气化

c. 化学试剂、酶以及微生物

4. 判断正误：在美国，绝大多数的乙醇生产现均采用先进生产工艺从纤维素类生物作物中提取糖分进行乙醇发酵。

a. 正确

b. 错误

5. 什么原因驱动生物能的发展？

a. 政策措施推动生物能的研发

b. 出于实现美国能源自给的考虑

c. 部分由于使用不可再生能源使导致气候变化而产生的环境气候问题

d. 潜在的经济发展新方式

e. 以上全部

6. 政策在生物能发展的过程中扮演什么样的角色？

a. 在形成成熟稳定的市场之前，激励农民种植生物能源作物

b. 在缺乏经检测通过的技术的情况下，激励相关行业开发商业规模的生物能设施

c. 提供新兴产业所需的基础设施开发援助，以支持该产业的发展

d. 为潜在技术的开发提供研发资金，因商业企业不会为可能在近年内无法进行商业盈利的技术及产品投入大量资金

e. 以上全部

第一部分 问题答案

1. 答案：e。生物能生产的原料为近年来存在的生物材料，它们生长所需的能量来自于太阳，如果以一种可持续的速率采集生物资源，则生物能源的原料是可再生的。

2. 答案：c。有机物原料有多种来源；其中最主要的来源为农业、森林以及废料。有机物原料还可来源于藻类养殖业，即微藻类的生产。选项 b 仅列出了农业范畴内的三种主要有机物来源，但在现阶段，用于生物能源生产的主要原材料为木质有机物。

3. 答案：a。热能转换技术使用热能将有机物转换为其他形式。化学转换技术涉及使用化学试剂将有机物转化为液态燃料。生化转换技术则使用细菌酶或其他微生物分解有机物。

4. 答案：错误。在美国，几乎所有的乙醇生产在其发酵过程都使用玉米作为原材料（第一代生物燃料，由糖分或淀粉转换而成）。大部分研究的目的在于寻找成本效益好且可持续的方法将纤维素材料转化为生物燃料。

5. 答案：e。所提到的所有因素均有利于推动生物能源资源与技术的开发。

6. 答案：e。政策措施可为新产业开发的从业者提供动力。

第二部分 问题

1. 什么是第一代生物燃料？

a. 以纤维素材料（如柳枝稷或芒草）为原料制成的乙醇

b. 利用糖分发酵制成的乙醇，原料包括小麦、玉米或甘蔗

c. 对纤维素有机物进行预处理，将糖分分解释放用于乙醇的发酵

2. 什么是第二代生物燃料？

a. 以纤维素材料（如柳枝稷或芒草）为原料制成的乙醇

b. 利用糖分发酵制成的乙醇，原料包括小麦、玉米或甘蔗

c. 对纤维素有机物进行预处理，将糖分分解释放用于乙醇的发酵

3. 判断正误：生物电源（由有机物燃烧而产生的电能）的技术参数发展成熟。

a. 正确

b. 错误

4. 如何生产液态与气态生物燃料？

a. 发酵（用于生产生物乙醇）

b. 气化（用于生产合成气）

c. 热解（用于生产合成气与木炭）

d. 烘烤（用于生产生物煤）

e. 酯基转移 (用于生产生物柴油)

f. 厌氧分解（用于生产符合管道外输标准的天然气）

g. 以上全部

5. 为什么开发热电联产（CHP）单元很重要？

a. 联邦政策的指令

b. 大型发电厂对其投资巨大

c. CHP 的发电效率是单独利用燃烧发电的几倍

6. 发电厂或会选择废弃的木质有机物的潜在原因是什么？

a. 为达到可在再生能源的标准

b. 为了减少运送到锅炉的材料的量

c. 为了减轻煤炭燃烧造成的污染

d. 为了提高锅炉效率

e. a 和 c

f. b 和 d

7. 木质有机物的主要来源是什么？

a. 森林

b. 农业

c. 锯木厂废料

d. a 和 b

e. a 和 c

8. 农业能源作物的主要类型有哪些？

a. 玉米、柳枝稷以及芒草

b. 大豆、葵花籽以及油菜籽

c. 柳树及白杨

d. 多年生木质纤维素作物、木质纤维素残渣、糖分与淀粉作物、产油类作物

e. 玉米秸秆、稻糠以及燕麦壳

9. 废料残渣类的原料有哪些？

a. 锯屑

b. 土埋垃圾

c. 建筑垃圾

d. 可堆肥垃圾

e. 粪肥

f. 以上全部

10. 判断正误：生物能源副产品对决定生物能源企业的收益性无关紧要。

a. 正确

b. 错误

第二部分 问题答案

1. 答案：b。在美国，几乎所有现有的乙醇生产都使用玉米为原材料。在巴西，甘蔗为主要原材料。而在其他热带国家，则采用油料籽生产生物柴油。以上这些均属于第一代生物燃料。

2. 答案：a。第二代生物燃料来源于纤维素植物材料。现阶段的很多研发工作旨在开发第二代生物燃料。

3. 答案：错误。有机物燃烧过程中有许多技术上的挑战，包括原料的质量、锅炉化学反应、积灰以及除灰系统。

4. g。以上全部。

5. 答案：c。CHP指的是一种采用单一燃料来源的热电联产。CHP设备利用的是会散发到环境中的废热，因而能源系统的整体效率与其设备高度相关。

6. 答案：e。燃烧木质有机物有助于设施达到可再生能源标准并降低煤炭燃烧所产生的污染。然而，使用木质有机物将增加需传送进锅炉的原材料量，并会稍微降低锅炉效率。

7. 答案：d。森林是木质有机物的主要来源。鉴于短期轮作的木质作物属于一种农业原料，因而木质材料也可来自于农业。锯木厂废料并不是木质有机物的主要来源，它被作为一种废弃物原料。

8. 答案：d。这四种类型代表了不同类型的农业能源作物，而其他的选择均属

于同一类型的生物原料。

9. 答案：f。生物能废弃物原料的使用与转换涉及废弃物、能源以及垃圾填埋场的材料。

10.答案：错误。生物能源副产品具有经济用途，可为生物能源企业的盈利做出显著贡献。

第三部分　问题

1. 什么是生物燃料的生命周期评估？

a. 生物燃料生产与使用过程中能量平衡的评估

b. 关于生物燃料生产过程中排放的所有温室气体（GHG）的报告，农业与工业进程中的排放均包含在内

c. 关于生物燃料的生产与使用对人类健康影响的报告

d. 以上全部

2. 就生物能源而言，有什么关于食品 VS 燃料的问题？

a. 供生物能源使用的粮食作物的调用

b. 用于粮食作物生产的土地转为生物能源作物用地

c. 生产并出售生物能源大宗商品作物的发展中国家中的小规模农民 VS 将土地、人力及资金用于粮食作物生产的小规模生产农民

d. 政策措施拨款以刺激能源作物的研发 VS 提高粮食作物生产率研发计划的财政赤字

e. 以上所有

3. 判断正误：生物能源有做到碳中和的潜能。

a. 正确

b. 错误

4. 为什么要考虑使用边际土地种植生物能源作物？

a. 在边际土地种植农业行间作物会导致高土壤侵蚀率，而在边际土地上种植多年生饲料作物则可以将环境退化最小化

b. 在边际土地种植多年生作物将不会与粮食作物种植争地

c. 将种植粮食作物的陡坡地与湿地转为密度较低的生物能源作物用地具有产生更多生态系统服务的潜能

d. 以上全部

5. 生物能源作物之间的关系是什么？

a. 生物能源的生产将降低自然生态系统的自然调节能力

b. 生物能源作物的种植将降低其种植土地与生态系统的净生产量

c. 生物能源作物生产将不利于生态系统的调节与维持功能

d. 单一的土地使用类型或会改变生态系统而削弱该系统其他的功能与服务

第三部分 问题答案

1. 答案：d。生命周期评估是一种以效益成本终身分析的方式来评估生产活动对人类健康及环境产生的直接或间接影响的方法。

2. 答案：e。食品价格尖峰出现于2007—2008年，以及2011年，均由多种相互关联的因素导致，包括生物燃料政策对土地使用与粮食作物生产系统施加的压力。不过，"食品 VS 燃料"的问题已经发声，并将继续发声，必须要被解决。

3. 答案：正确。通过使生物能源产品的生产与使用过程中的碳排放量与土壤、植物及动物组织或其他物质（如海底）中投入及储存的碳含量保持平衡，生物能源可具有碳中和的潜能。然而，这并不能确保生物能源一定能达到碳中和，其在很大程度上主要依靠于农业与工业生产实践。

4. 答案：d。

5. 答案：d。选项a，b和c是可能结果，但不是必然结果。选项d是必要结果，对粮食作物用地与能源作物用地均适用。

第四部分 问题

1. 影响适用于有机物生产的土地的因素是什么？

a. 政策措施

b. 有机物的市场有效性

c. 机会成本——农民对该土地的其他用途

d. 土地所有者生产实践方面的经验认识

e. 以上全部

2. 农民将作物残渣作为生物能源原料使用时，运用如下哪项操作以确保生产系统的可持续性：

a. 在市场可承受的条件下，调动尽可能多的废料残渣

b. 基于特定位置的地球物理特征，考虑残渣的处理会对土地产生怎样的影响

c. 总是将多余的氮肥用于后茬作物，以抵消残渣清除的影响

d. 使用科学模型（如 RUSLE2）以预估残渣处理对特定条件的可能影响

e. a 和 c

f. b 和 d

3. 判断正误：生物能技术是被用于促进生物能作物与生物能行业发展的工具？

a. 正确

b. 错误

4. 以下哪种物质性基础设施要素是生物能行业扩张与增长所必需的？

a. 商业可行的转换设备

b. 农业与林业收割设备

c. 运输网络

d. 储存大量有机物的方法

e. 预加工设备

f. 以上全部

5. "无形基础设施"指的是什么？

a. 未来市场用于原料交易的软件程序

b. 纤维素原料转换的酶素作用过程

c. 支持生物能源行业的公共工程，如修路

d. 公共政策、监管机构、质量标准以及营销机构

6. 怎样降低生物质材料的存储费用？

a. 使材料在被运送到存储设施之前进行分解

b. 对化学制品进行预处理，以将材料转化为更小的形式

c. 将有机材料压缩成子弹状或砖头状，提高容积密度（密实化）

d. 在地价低的区域安置有机物燃烧或转换设备

7. 判断正误："燃料区"指的是拥有生物能源转换设备的原材料供应地区？

a. 正确

b. 错误

8. 为什么将纤维素材料转化为乙醇比将玉米转化成乙醇的费用更高？

a. 在每个重量基础上，纤维素原料比玉米原料占据更多的存储与运输空间

b. 纤维素类有机物的预处理中需将半纤维素分解为糖分以用于乙醇的发酵

c. 在热化学技术的条件下，必须对产品进行额外处理以实现运输材料的普适性

d. 以上全部

第四部分 问题答案

1. 答案：e。是否种植生物能源作物是生产者在考虑众多因素之后做出的复杂选择。

2. 答案：f。土壤侵蚀、土壤压实、土壤碳的流失以及随之而来的对土壤质量

及相关排水道的不良影响均与残渣清除相关。农民在移除田地上的残渣时，需按照可持续收割指南谨慎操作。

3. 答案：正确。目前，生物技术旨在解决原料的局限性（例如，更高的产量，更快的作物生长速度）并加速加工工艺的运转（例如，更好用的酶，更高效率的微生物）。

4. 答案：f。以上所有要素都将可能是生物能源行业成功所必需的。

5. 答案：d。（尤其是）国家政策会驱动新行业的发展。调控结构、质量标准以及营销制度均是实现所制定的可持续能源目标以及发展成熟的生物能源行业所必需的。

6. 答案：c。密实化降低了存储与运输费用。生物质材料必须加以贮藏以降低分解率。预处理用于分解纤维素，将其转化为糖分或淀粉，最后再转化为乙醇（不是作为一种降低体积的手段）。生物质燃烧设备应同地安置，尽可能接近其使用者。乙醇转换设备通常位于生物质原料丰富的地区，以降低运输成本。

7. 答案：正确。纤维素乙醇的生产成本中，原料（特别是纤维素材料）运输的费用所占比例巨大。为了削减成本，绝大多数转换设备将安置在原料丰富的地区。

8. 答案：d。纤维素材料转化为乙醇的技术正处于开发中，但造价昂贵。在这种情况下，行业及政府的激励计划正致力推动该技术从试验性规模向商业规模转变。

致 谢

本材料（1—4 部分）以"立足于 BioENl"与"生物能源作物的生产、生物能源的采集及其可持续性"系列课程为基础，并在国家食品与农业研究所及美国农业部的赞助支持下，根据协议 No. WISN-2007-03790 编写而成。BioENl 的项目负责人为 Carol Williams（威斯康星大学麦迪逊分校农业生态系统研究组）。在线地址：http:// blogs.extension.org/bioen 1/

木质能源

问题

1. 伐木有助于森林的可持续管理。

a. 正确

b. 错误

2. 在佛蒙特州的天气条件下，为一个平均耗能效率、适中尺寸、单亲家庭大小房间的木材炉提供供热燃料，则以下哪个数字与 16 英寸直径木料的层积数最接近？（提示：即每个冬季所需的木材层积数，木材层积数由 16 英寸直径的木料规定）

a. 1

b. 3

c. 12

d. 32

3. 用于伐木的森林均有森林马路。阻水栏栅（一种道路结构）保护森林的原理是：

a. 对路面上的水进行引流

b. 使地表的水逐渐渗入路面

c. 为当地的野生动物提供饮用水与社交资源

d. 使水流汇集到公路通道中

e. 将沉重的采运机械安置在敏感区域之外

4. 全木收获目前是将立木转化为有机木屑速度最快、效率最高的方法。

a. 正确

b. 错误

5. 术语"矮林作业"指的是：

a. 用"杯子"测量添加到汽油中的乙醇的量

b. 石油投资者试图阻止生物燃料进入市场的举措

c. 一种传统的林地管理方法

d. 通过模拟建模对未来进行预测

问题答案

1. a. 正确。

2. c. 12。

3. a. 对路面上的水进行引流。

4. a. 正确。

5. c. 一种传统的林地管理方法。

生物能源作物

读者自我测验注意事项：参考本书中章节名为"生物能源作物"（Dennis Pennington 等著）的内容以及下文致谢中所述的 BioEN2 项目。

第一部分　问题

1. 种植生物燃料作物之前，生产者应该提出哪些问题？

a. 有可靠的市场吗？

b. 哪些额外的装备或工作是必需的？

c. 生产的成本是多少？

d. 产量与价格比得上我目前种植的作物吗？

e. 以上全部

2. 根据"成本与收益分析"第 7 章（见上文注释）的表格 7-2，单价为 $60/ 吨时，哪种生物燃料作物收益最大（纯收益 /A）？

a. 玉米 + 秸秆

b. 柳枝稷

c. 当地牧场

d. 芒属类（廉价的根茎）

3. 在美国，不同的州之间甚至同一个州之内，生物质资源均有所不同。参考"潜在市场分析"第 7 章中的图 7-1 来确定您所在区域中 1000 吨 / 年的生物质资源（NREL——国家可再生能源实验室地图 ——见上文注释）。

4. 生物质资源的潜在市场是什么？

a. 汽油或柴油

b. 化学剂或酶

c. 甲醇或丁醇

d. 热能或热解

5. 确定交付的生物质的价格时，重量（以吨计算）与含水量极其重要。建议的生物质含水率应该为：

a. <20%

b. >20%

c. >30%

d. <30%

e. a 和 d

6. 根据生物质作物援助计划（BCAP），生产者交付合格的生物质材料的最高 CHST 匹配价格（$/ 干吨）是多少？（CHST：采集、收割、贮藏以及运输）

a. $30

b. $45

c. $50

d. $65

7. BCAP 中，生物质作物的建造成本与年支付额的合同期限是多少？

a. 2 年（木质作物 5 年）

b. 3 年（木质作物 10 年）

c. 5 年（木质作物 15 年）

d. 10 年（木质作物 20 年）

8. 乙醇副产品包括：

a. 湿酒糟

b. 浓缩溶液（糖浆）

c. 酒糟及溶液

d. 以上全部

9. 以下燃料均被用于供热与供电，根据燃料的温室气体排放量从低到高为以下燃料排序：

a. 煤炭

b. 天然气

c. 玉米秸秆

10.以下哪种生物质原料不符合 BCAP 的条件？

a. 柳枝稷

b. 芒属类

c. 藻类

d. 以上均不是

第一部分　问题答案

1. 答案：e。以上全部，都是非常值得一问的问题。

2. 答案：d。芒属类（廉价根茎）。

3. 答案：在美国的不同地区有所不同。

4. 答案：a 和 d。详见"潜在市场分析"。

5. 答案：a。生物质的含水率应低于 20% 以防止霉变，确保更长的储存期。

6. 答案：b。有资格的生产者向核准的生物质转换设备交付生物质材料最高可达 $45/ 干吨。

7. 答案：c。关于某些建造成本及土地使用的年度合同付款的偿还，对作物而言可达 5 年，对木质作物而言可达 15 年。

8. 答案：d。以上全部。

9. 答案：玉米秸秆是第一代生物燃料资源，其温室气体排放量最低。从高到低排序如下：煤炭，3；天然气，2；玉米秸秆，1。

10. 答案：d。以上列出的所有作物均符合 BCAP 的条件。

第二部分　问题

提示：回答下文中的某几个问题，您将需参考作物情况说明书——见上文注释。

1. 对柳枝稷及其他多年生生物质草茎植物的出苗至关重要。

a. 废料

b. 除草

c. 大豆作为前茬作物

d. 精心耕耘的苗床

2. 芒草是用以下哪种方法种植的？（可多选）

a. 根茎无性繁殖

b. 种子条播

c. 移植

d. 以上 a 和 c

3. 美国中西部地区种植的高粱与热带玉米产量增长巨大，原因是：

a. 该地区土地肥沃

b. 更丰富的阳光意味着光合作用的增强

c. 白昼长度不会促进繁殖生长

d. 夜间温度低使呼吸作用放缓，导致产量增长

4. 木质生物质作物每（　　）年收割一次

a. 3

b. 5

c. 2

d. 7

5. 玉米的全国平均产量为 152 蒲式耳每英亩，则这些玉米田的玉米秸秆的产

量为：

    a. 6.0 吨

    b. 2.5 吨

    c. 3.4 吨

    d. 4.2 吨

6. 哪种糖类作物可在美国北部种植？

    a. 甜小米

    b. 甜菜

    c. 甜高粱

    d. 甘蔗

    e. a 和 c

    f. b 和 c

7. 1 加仑的菜籽油可产出多少生物柴油？

    a. 1.4 加仑

    b. 2.3 加仑

    c. 0.75 加仑

    d. 1.0 加仑

8. 在美国，大部分的生物柴油以哪种油料作物为原料？

    a. 大豆

    b. 芥花籽

    c. 葵花籽

    d. 玉米

9. 按照亩产年产量从高到低的顺序，为以下这些多年生生物质作物排序。

    __大豆

    __芥花籽

    __葵花籽

    __玉米

第二部分　问题答案

1. 答案：b。出苗期间，杂草的防除对出好苗非常关键。出苗的年份并不推荐使用肥料。前茬作物在此处影响不大。柳枝稷可在免耕或耕种过的苗床上种植。

2. 答案：d。芒草没有可发芽的种子。

3. 答案：c。昼夜长度的循环并不能促进繁殖生长，导致植株长期的营养性生长。

4. 答案：a。木质生物质作物，如柳树与小黑杨，每 3—4 年采伐一次。

5. 答案：d。玉米秸秆产量与玉米产量密切相关（接近 1:1）。因此，152 蒲式耳（每蒲式耳为 56 磅）的玉米产量为 4.2 吨，其秸秆产量也约为 4.2 吨。

6. 答案：f。甜菜与甜高粱可在温带地区生长，甘蔗为亚热带到热带地区的作物。不存在甜小米这种作物。

7. 答案：d。制造 1 加仑生物柴油需要 1 加仑的植物油为原料。即 1 加仑的植物油加上 10% 的甲醇或乙醇以及催化剂可产出 1 加仑的生物柴油与 10% 的甘油。

8. 答案：a。大豆油是目前最常使用的制造生物柴油的原料。其大规模的生产与压碎机设备使其能满足极大地需求量。

9. 答案：3，4，2，1。芒草潜力最大，每英亩产量最高可达 15（或更大数量）干吨。玉米以 14 吨（250 蒲式耳 / 英亩）的亩产量位居第二。柳枝稷年产量为 5—7 吨每英亩，小黑杨年产量为 4—6 吨每英亩。

第三部分　问题

1. 多年生生物质作物提供的生态系统服务有哪些？

a. 侵蚀控制

b. 农药使用量的降低

c. 肥料使用量的降低

d. 以上全都是

2. 化石能源比率的概念是：

a. 生物燃料作物生产过程中化石燃料的使用量

b. 作物生产所使用的化石能源 / 生物质作物中的能源

c. 耕作过程中使用的柴油燃料 / 生物质作物产出的乙醇

d. 作物生产过程中使用的化石能源 / 该作物产出的生物能源

3. 根据可再生燃料标准，截至 2020 年加仑生物燃料的产量需为（　　　）。

a. 200 亿加仑

b. 360 亿加仑

c. 500 亿加仑

d. 300 亿加仑

第三部分　问题答案

1. 答案：d。以上全都是多年生生物质作物提供的生态系统服务。

2. 答案：d。纤维素乙醇的化石能源比率为生产生物堆所用的化石能源 / 生物堆产出的乙醇的能量。根据某些计算方法，柳枝稷制作乙醇的化石能源比率为 5:1，与玉米乙醇 1.6:1 的化石能源比率相比也非常不错。

3. 答案：b. 360 亿加仑。具体来源如下：150 亿加仑来自淀粉发酵的乙醇，50 亿加仑来自于新兴生物燃料，160 亿加仑来自于生物堆原料。

致 谢

本材料（以上 1—3 部分）以"立足于 BioEN2"与"生物能源作物的生产、生物能源的采集及其可持续性"系列课程为基础，并在国家食品与农业研究所及美国农业部的赞助支持下，根据协议 No. WISN-2007-03790 编写而成。BioEN2 的项目负责人为 Dennis Pennington（密歇根州立大学扩展计划，生物能源教育者）。在线地址：http://blogs.extension.org/bioen2/.

气 化

问题

1. 能释放能量并为气化反应 $H_2O + C$ 提供所需热能的过程或反应被称为：

a. 吸热反应

b. 放热反应

c. 无——并不需要任何反应

2. 关于富碳材料的热解，在该材料的加热过程中需要：

a. 化学惰性气体（无氧）

b. 氧气

c. 空气

3. 合成气是一种主要由以下气体混合而成的气体燃料：

a. 氢气、一氧化碳以及通常还含少量二氧化碳

b. 氧气、氮气以及少量二氧化碳

c. 以上全部

4. 碳（C）与水的反应只能在高温（>700 ℃）条件下发生。

a. 正确

b. 错误

5. 气体燃烧产生极少或根本不产生"灰烬"，因而换热表面被污染的概率及材料污染物因与燃烧产物直接接触而被加热的可能性被降低。

c. 正确

d. 错误

6. 典型的中型 -BTU 气体混合物包含以下气体：

a. CO、H_2 以及 N_2（一氧化碳，氢气，氮气）

b. 主要为甲烷（CH_4）以及少量的 H_2（氢气）

c. CO 与 H_2（一氧化碳与氢气）

7. 在移动床气化器中：

a. 气化器移动

b. 移动床移动

c. 都移动

8. 富碳材料气化的基本工艺形成于：

a. 19 世纪早期

b. 第二次世界大战

c. 第一次世界大战

9. 低热值气体混合物与气化炉一样通常用于同样的位置，原因是：

a. 它们很难存储

b. 它们都很便宜

c. 将这种混合气体压缩进长距离输气管成本太高

10.处理一氧化碳时务必非常谨慎，原因是：

a. 一氧化碳造价高

b. 一氧化碳是一种无色无味的有毒气体

c. 一氧化碳有难闻的气味

问题答案

1. b. 放热反应。

2. a. 化学惰性气体（无氧）。

3. a. 氢气、一氧化碳以及通常还含少量二氧化碳。

4. a. 正确。

5. a. 正确。

6. c. CO 与 H_2（一氧化碳与氢气）。

7. b. 移动床移动。

8. a. 19 世纪早期。

9. c. 将这种混合气体压缩进长距离输气管成本太高。

10.b. 一氧化碳是一种无色无味的有毒气体。

沼气，厌氧消化

读者自测注意事项：参考本书中章节名为"生物能源与厌氧消化"（M. Charles Gould）的内容以及下文致谢中提到的 ANDIG 项目。

第一部分　问题

1. 以下哪些属于复杂有机物？

a. 碳水化合物、蛋白质以及脂肪

b. 糖类与氨基酸

c. 脂肪酸

d. 甲烷

2. 在以下哪种主要元素存在的情况下不会出现厌氧消化？

a. 二氧化碳

b. 氧气

c. 氯化钙

d. 硫酸铵

3. 一般来说，沼气中的二氧化碳含量是多少？

a. 超过 60%

b. 50%—60%

c. 40%—50%

d. 30%—40%

4. 厌氧消化的步骤是什么（按顺序）？

a. 甲烷生成、水解作用、酸化过程、乙酸生成

b. 水解作用、酸化过程、乙酸生成、甲烷生成

c. 酸化过程、乙酸生成、甲烷生成、水解作用

d. 乙酸生成、甲烷生成、水解作用、酸化过程

5. 一般来说，沼气中的甲烷成分比例为：

a. 少于 35%

b. 35%—45%

c. 45%—65%

d. 大于 80%

第一部分　问题答案

1. 答案：a. 碳水化合物、蛋白质以及脂肪。
2. 答案：b. 氧气。
3. 答案：c. 40%—50%。
4. 答案：d. 乙酸生成、甲烷生成、水解作用、酸化过程。
5. 答案：c. 45%—65%。

第二部分　问题

1. 当发酵细菌产生有机酸的速度大于产甲烷菌将有机酸转化为甲烷的速度，沼气池将变"酸"，从而导致悬浮液的 pH 值降低。当 pH 值低于 6.8 时，产甲烷菌会相继死去，甲烷生产过程也会停止。

a. 正确

b. 错误

2. 厌氧情况出现于：

a. 氧气存在时

b. 某种特定的发酵菌种存在于悬浮液中时

c. 缺氧时

d. 当悬浮液 pH 值大于或等于 4.0 时

3. 产生沼气的过程中，发酵细菌与产甲烷菌无须共同作用。

a. 正确

b. 错误

4. 产甲烷菌必须要在发酵细菌产生有机酸的情况下才能生成甲烷。

a. 正确

b. 错误

5. 复杂有机化合物到甲烷形成的基本转化路线为：复杂有机物 → 乙酸 → 甲烷。

a. 正确

b. 错误

6. 沼气生产的原料可以是任何具有沼气生产潜力的有机材料。

a. 正确

b. 错误

7. 厌氧消化提高了气味与病原体水平。

a. 正确

b. 错误

8. 挥发性固体是总固体量（如有机物）的一部分，它可被转化为气体：

a. 正确

b. 错误

9. 一旦沼气池变"酸"，最佳选择为：

a. 向沼气池中加入悬浮液与酶，以迅速重启沼气生产

b. 清空沼气池，再采用新鲜的原料与消化液重新开始

c. 停止向沼气池中添加原料，并用一天的时间搅拌池中的悬浮液

d. 向悬浮液中注入沼气以补充产甲烷菌，因而重新开始沼气生产

10.稳定化指的是：

a. 一种（随着时间的推移）能减轻悬浮液刺鼻气味并降低对人体造成健康威胁的病原体水平的生化过程

b. 加固沼气池墙壁使其不至于坍塌

c. 将沼气生产最大化的必要过程

d. a 和 c

第二部分　问题答案

1. 答案：a. 正确。

2. 答案：c. 缺氧时。

3. 答案：b. 错误。

4. 答案：a. 正确。

5. 答案：a. 正确。

6. 答案：a. 正确。

7. 答案：b. 错误。

8. 答案：a. 正确。

9. 答案：b. 清空沼气池，再采用新鲜的原料与消化液重新开始。

10.答案：d. a 和 c。

致 谢

本材料（以上 1—2 部分）以"基于 ANDIG 生物能源作物的生产"与"生物能源的采集及其可持续性"系列课程为基础，并在国家食品与农业研究所及美国农业部的赞助支持下，根据协议 No. WISN-2007-03790 编写而成。ANDIG1、ANDIG2 与 ANDIG3 的项目负责人为 M. Charles Gould（密歇根州立大学，农业与农业商业研究所）。在线地址：http://blogs.extension.org/andigl/modules/ .